브레이킹
바운더리스

BREAKING BOUNDARIES:
The Science of Our Planet

For the curious
www.dk.com

DK

**BREAKING
BOUNDARIES**

브레이킹
바운더리스

기후 위기를 극복하기 위한
담대한 과학

오웬 가프니
요한 록스트룀

전병옥 옮김

그레타 툰베리 서문

사이언스북스
SCIENCE BOOKS

머리말

인류 문명이 이렇게 발달한 근본 이유는 지구의 기후 환경이 안정되어 있기 때문이다. 그리고 안정적인 기후 환경은 대기 중 이산화탄소 농도가 적절한 수준을 유지할 때에만 가능하다. 이것이 가장 기본적인 과학 상식이다.

대기 중 이산화탄소 농도 적정선은 350피피엠(ppm) 이하이다. 그러나 우리는 이 선을 이미 1987년에 넘어섰고, 2020년에는 415피피엠 선도 지나쳤다. 지구가 300만 년 동안 한 번도 경험해 보지 못한 수준이고, 증가 속도도 전례가 없다. 화석 연료에 의존하는 인류 문명이 이 현상의 근본 원인이고, 인류가 배출한 이산화탄소의 반은 지난 30년간 발생한 것이다. 그 결과 지구 생태계 유지에 최적화되어 있던 대기 환경이 점점 회복 불가능한 상태가 되고 있지만, 화석 연료 사용의 혜택은 소수에게만 집중되었다. 우리가 기후 불의(climate injustice)라고 부르는 상황, 즉 이익은 소수에게 집중되었는데 책임은 모두가 져야 하는 상황이 발생한 것이다. 기후 불의는 단순히 선진국과 개발 도상국 간의 문제를 넘어 모든 공동체에서 확인되는 현상이다.

잘사는 10퍼센트의 사람들이 나머지 90퍼센트 사람들이 배출하는 이산화탄소의 양보다 더 많은 양을 배출하고 있다. 평균적으로 소득 기준 상위 1퍼센트 사람들은 매년 1인당 74톤의 이산화탄소를 배출하는 반면, 하위 50퍼센트 사람들은 1인당 0.69톤만 배출하고 있다. 그러나 이산화탄소를 많이 배출하는 사람들이 사회적으로 성공했다고 평가받는다. 그들은 리더이고, 유명인이고, 아이들 동경의 대상이다. 실상은 그냥 돈만 많은 사람일 수도 있다. 지구는 심각한 기후 위기에 빠져 있는데, 이 상황을 직시하는 사람들은 거의 없다. 기후 불평등은 과학의 문제가 아니라 사회의 문제이기 때문에 문제의 심각성은 점점 더 커지고 있다.

기후 위기 상황을 윤리적인 관점으로 바라보지 말라는 사람들이 많다. 죄의식과 수치심만 불러일으키고, 생산적이지 않다는 게 이유일 것이다. 그러나 현재 가장 생산적인 역할을 담당하는 2015년의 파리 기후 협약(Paris Agreement)은 구속력이 없는 자발적 목표 설정으로 이루어져 있기는 하지만, 명백하게 윤리성과 평등성에 기초하고 있다.

게다가 청소년들의 기후 행동은 기후 정의(climate justice)를 염두에 둔 것이다. 윤리적인 행동이라는 의미이다. 죄의식이라고 하는 사람들도 있다. 이 운동이 그렇게 빨리 확산한 배경에는 현재의 무관심이 불러올 무시무시한 미래에 사람들이 공감했기 때문일 것이다. 먼 미래가 아니라 바로 현재의 청소년들이 겪을 상황이다. 먼 산 구경하

브레이킹 바운더리스

듯이 바라보던 사람들에게도 이 문제는 더는 남의 이야기가 아니다. 눈에 넣어도 아깝지 않을 우리 아이들의 건강과 행복을 뺏을 수도 있는 무서운 일이기 때문이다.

온실 기체 배출량을 줄이는 일은 인류 공통의 목표여야 하고, 무엇보다 지금 당장 시작되어야 한다. 가용한 자원과 우리의 모든 노력을 기울인다면, 충분히 할 수 있는 일이다. 불가능하다고 여겨지던, 코로나19(COVID-19) 백신의 조기 개발이 좋은 사례이다. 그러나 기후 위기의 진짜 문제는 이산화탄소 배출량 저감이 우리의 첫 번째 목표가 아니라는 점이다. 사람들이 원하는 것은 현재의 생활 방식을 유지하는 것처럼 보인다.

미국의 조지 부시(George H. W. Bush) 대통령은 1992년에 브라질 리우데자네이루에서 열린 지구 정상 회의(Earth Summit)에서 다음과 같이 말했다. "미국인들의 생활 방식을 문제 삼는다면, 더 이상 논의는 없다." 그때 이후로 사실 별로 달라진 것은 없다. 세계의 리더라는 사람들은 예의상 그럴싸한 말을 한 적은 있지만, 의미 있는 실천을 시작하지 않았다. 아니, 대부분 아무 일도 하지 않았다.

이산화탄소 배출량을 줄이지 않는 대신 다른 해결책을 찾으려는 사람들도 있다. 그런 사람들에게 물어보게 된다. 어떤 해결책이 있으세요? 대부분의 사람이 이제 막 알아 가기 시작한 기후 위기의 절묘한 해결책이 있을까? 아니면, 우리의 생활 조건을 과거로 되돌려 줄 마법의 지팡이라도 있는 것일까?

좀 더 구체적인 질문을 해 보자. 우리의 생활 방식을 유지하면서 기후 위기를 해결할 방법은 없을까? 과거에는 가능했을지 모르겠으나 지금은 너무 늦었다는 것이 정답이다. 신뢰할 만한 과학 보고서를 보면, 기후 위기는 현재 정치 경제 구조 내에서는 해결책을 찾을 수 없다는 것을 알 수 있다. 기후 변화에 관한 정부 간 협의체(Intergovernmental Panel on Climate Change, IPCC)에서 나온 「지구 온난화 1.5도 특별 보고서(SR1.5)」나 유엔 환경 계획(United Nations Environment Programme, UNEP)에서 발표한 「온실 기체 격차 보고서(Emissions Gap Report)」, 생물 다양성과 생태계 서비스에 관한 정부 간 과학 정책 플랫폼(Intergovernmental Science-Policy Platform on Biodiversity and Ecosystem Services, IPBES)에서 발간한 「생물 다양성 및 생태계 서비스에 관한 글로벌 평가 보고서(Global Assessment Report on Biodiversity and Ecosystem Services)」에서도 확인할 수 있다.

과학자들이 제시하는 지구 생태계의 안전선, 즉 산업 혁명 이전의 지구 평균 기온 대비 현재의 평균 기온 상승이 1.5도(이 책에 나오는 온도는 모두 섭씨 온도이다. — 옮긴이), 혹은 그보다 조금 완화된 기준인 2.0도를 넘지 않기 위해서는 무분별한 벌채와 같은 짓들을 당장 멈춰야 한다. 비록 합법적인 계약서에 따라 진행되는 일이라도 막아야만 한다. 나무는 이산화탄소를 흡수하는 소중한 자원인데, 이 나무들을 베어내는 일들은 상황을 더 악화할 뿐이다. 죽은 나무가 만들어낸 석탄을 버리고, 살아 있는 나무를 가꾸어야 한다. 뒤처지는 사람 없이 모두가 탄소 제로 사회(zero carbon society)를 향해 가야 한다. 이를 위한 선행 조건은 새로운 사회 질서를 만드는 것이다. 지금까지의 질서는 더는 유효하지 않기 때문이다. 이것은 소수 의견이 아니라, 수많은 과학자들의 제안이기도 하다.

기후와 생태계의 위기는 개인들이 노력한다고 해서 해결될 문제는 아니다. 보이지 않는 '시장' 질서에 의존해서도 안 된다. 역사상 찾아볼 수 없는 규모와 속도로 우리의 정치 경제 구조를 전환하고 생활 방식을 바꾸어야 한다. IPCC가 특별 보고서에서 제안한 것처럼 "사회의 모든 면에서" 전환이 일어나야 한다. 그러나 현재까지는 사회의 모든 면에서 이런 전환이 일어날 조짐이 보이지 않는다. 심지어 가까운 미래에 보일 것 같지도 않다.

코로나19 백신이 처음 선보였던 2020년 12월에 세계의 유명인들이 자발적으로 백신을 맞으면서 백신에 대한 사회의 의구심을 잠재웠다. 예전에도 종종 있던 방식이다. 우리는 사회적 존재이기 때문에, 호감이 있는 사람들의 의견이나 행동을 쉽게 받아들이는 경향이 있기 때문이다.

가장 최근에 발표된 「온실 기체 격차 보고서」에 이런 구절이 나온다. "'행동의 변화'와 '시스템의 변화'는 상충한다는 의견이 많았다. …… 그러나 이 두 변화는 사실 동전의 양면과 같다."

기후와 생태계의 위기는 실상 훨씬 큰 지속 가능성 위기의 한 증상일 뿐이다. 백신이 없는 세상에 살아가는 것과 같다. 이 위기는 단지 기후와 생태계의 붕괴 현상으로 표출되는 것을 넘어 사막화, 생물 다양성 실종, 해양 산성화, 숲 파괴, 야생 동물 멸종 등을 일으킨다. 그리고 새로운 질병과 전염병의 출몰이 빈번하게 나타나고 있다.

파리 기후 협약 이후 지난 5년 동안 많은 일이 일어났다. 그렇지만, 실효성 있는 대책은 어디에서도 볼 수 없다. 지금 이 순간에도 응당 했어야 하는 일과 해야만 하는 일의 간격은 더 넓어지고 있다. 잘못된 방향으로 계속 가는 것이다.

수없이 많은 다짐, 현실과 동떨어진 대책, 근사한 연설이 우리가 아는 대책의 전부이다. 말보다는 혁신적인 행동으로 새로운 틈을 찾아가지 못하면서 우리는 여전히 기후 위기를 부정하는 어리석은 상태에 머물러 있다.

솔직히 말한다면, 기후와 생태계의 위기를 극복할 수 있다는 전망은 그렇게 많은 지지를 받고 있지 못하다. 전 세계 유명인들이 소셜 미디어를 통해 기후 위기를 이야기하고 있기는 하지만, "좋아요."의 클릭 수만 늘어날 뿐 진정한 소통과 공감은 찾을 수 없다. 그래도 마땅히 해야 할 일을 해 나가야 한다. 진정한 희망은 꾸준한 실천을 통해 확인할 수 있기 때문이다. 우리는 사실에 기반한 해답을 탐색할 수 있을 만큼 성숙해야 할 것이고, 이 유산을 남긴다면 미래 세대도 계속 뒤를 따를 것이다.

과학자들의 제안은 우리가 할 수 없는 일을 요구하는 것처럼 보인다. 이것은 비유적인 표현이 아니라 우리의 현실이다. 그만큼 지구의 기후 환경은 급속히 악화되고 있다. 따라서 권력자들이 세운 모호하고 불투명한 목표에 신경 쓰기보다는 우리의 모든 노력을 기울여 진짜 현실에 대해 이야기해야 한다. 이 글을 읽는 독자들은 다르겠지만, 대부분은 우리가 마주하고 있는 현실을 잘 모르기 때문이다. 잘 모르는 것이 아니라 아예 모르고 있을 수도 있다.

그리고 계속 진정한 희망에 대한 질문을 해야 한다. 희망은 어디에 있고, 어떻게 찾을 수 있을까?

이런 상상을 해 보면 어떨까? 세상에 있는 유명인들, 연예인들, 방송국과 언론, 정치인들과 영향력 있는 사람들, …… 전체 인구에 비하면 소수이지만, 이런 사람들이 기후 위기의 진실을 이야기한다면, 그 영향으로 많은 사람이 기후 위기에 공감한다면, 변화는 순식간에 일어날 수 있다. 포기하기에는 너무 이르지만 우리가 진실을 이야기할 때에만 가능한 일이다.

사람들은 그들이 실질적으로 할 수 있는 일이 무엇인지 물어보곤 한다. 딱 한 가지만 이야기해야 한다면, 내 대답은 언제나 똑같다. 우리 지구가, 인류가, 지구 생태계가 직면한 위기 상황에 대해 더 많이 알고 주위의 사람들에게 전달하는 것이다. 우리가 이 위기에 대한 진실에 더 가까이 접근한다면 자연스럽게 무엇을 해야만 하는지 알게 될 것이란 믿음이 있기 때문이다.

과학이 발견하고 정리하는 지식과 사실 속에 우리의 희망이 있다. 그리고 이런 지식이 빠르게 확산한다면 희망의 크기도 커질 것이다. 이제 독자들의 시간이다. 나처럼 독자들도 기후 위기 극복의 과학을 모색하는 이 책을 통해 진정한 희망을 찾기 바란다.

2021년 1월

그레타 툰베리(Greta Thunberg, 스웨덴의 청년 환경 활동가)

들어가며

전 세계 친구들이여, 우리의 문명은 현재 자연과 격렬한 전투를 벌이고 있습니다. 그러나 이 전투의 결말은 뻔합니다. 인류의 패배입니다. 따라서 이 전쟁은 우리가 자연을 파괴하는 것이 아니라, 우리가 우리를 파괴하는 전쟁입니다. — 안토니오 구테헤스(António Guterres, 제9대 유엔 사무총장)

당신이 가파르고 굽이진 길을 따라 운전한다고 상상해 보자. 대낮이 아니라 어두운 밤에 말이다. 안전을 위한 가드레일이나 추락에 대한 경고 표지판도 없다. 자동차의 전조등은 고장 나 깜빡거리고 있을 뿐이다. 언제라도 도로에 바퀴 자국만을 남기고 협곡으로 굴러떨어질 수 있다. 차 안의 사람들은 혼란과 공포에 휩싸여 있을 것이고, 뒷좌석의 아이들은 계속 비명을 지르고 있다.

이런 도로 상황에서는 속도를 줄이며 가장 안전한 운전 방법을 찾아야 할 텐데, 무슨 확신이 있는지 당신은 어둠 속에서 이리저리 부딪치기를 반복할 뿐 속도를 줄이려 하지는 않고 있다.

***

한 번쯤 경험해 봤을 만한 악몽이지만, 인류는 이와 비슷한 일들

브레이킹 바운더리스

을 우리 삶의 터전인 지구를 상대로 자행하고 있다. 빙하와 해양, 숲과 강과 호수, 그 속에서 살아가는 다양한 생물 종들이 모여 생태계를 형성하고 있으며, 탄소, 물, 질소, 인과 같은 기초 물질들이 이 생태계를 순환하면서 원활하게 작동할 수 있도록 조절한다. 이 시스템은 현재 극도로 불안정해지고 있다. 언제라도 우리, 78억 인류는 벼랑 너머로 떨어질 수 있다.

지난 수십 년 동안 과학자들은 우리가 알고 있고 사랑했던 모든 것이 조만간 파괴될 수 있다는 두려움 속에서 얼마나 시간이 남아 있는지 알기 위해 미친 듯이 연구해 왔다. 다행히 10년 전 최소한 낭떠러지에서 떨어지기 전 어디에 가드레일을 설치해야 하는지 견적서를 뽑아내는 성과를 거두었다. 이 가드레일은 곧 '지구 위험 한계선(planetary boundaries)'이라는 이름을 얻게 되었다. 과학적으로 이 한계선은 미래 세대가 현세대와 동등한 행복권을 추구할 수 있는 안전 지대를 의미한다. 이것은 현세대가 미래 세대의 권리, 즉 행복을 추구할 권리와 이를 위한 자원의 확보를 인정할 때에만 가능한 일이기는 하다. 인류 문명이 태동하던 약 1만 년 전부터 우리의 문명은 모든 문명권에서 몇 세대만에 획기적으로 도약해 왔다. 안전 지대를 벗어난다는 것은 문명의 연속성을 위협하는 일이 될 것이다. 이 책을 통해 과학자들의 발견과 문명의 위기를 독자들에게 제대로 전달하는 것이 우리의 목표이다.

시간이 부족하다. 앞으로 10년 남짓, 2020년대는 인류에게 있어 결정적인 시기가 될 것이다. 지구 생태계와 미래 세대를 위해 인류 역사상 가장 극적인 전환이 이루어지는 순간이 될지도 모른다. 1960년대 달 탐사 계획(Moonshot)을 위해 전례 없는 조치들이 이루어졌듯이 2020년대에는 지구 회복 계획(Earthshot)을 위한 전례 없는 조치들이 이루어져야 한다. 지구 회복 계획의 목표는 우리 지구의 생명 유지 시스템을 안정화하는 것이다. 달에 인간을 착륙시키는 것과 비교한다면 더 많은 것이 걸려 있는 셈이다.

만약 우리가 이 목표를 달성할 수 있다면, 그리고 인류가 올바른 선택을 하고 계획을 하나하나 실행시킨다면, 역사의 이정표를 지구에 남길 수 있으리라. 호모 사피엔스(*Homo sapiens*)라는 하나의 종이 탁월한 지능을 활용해 다른 종들에게 긍정적인 역할을 했다는 것이다. 현재 상황을 보면 매우 먼 이야기처럼 들리기도 할 것이다. 지금까지 우리는 우리에게 필요한 몇 종의 생물들에게만 유리한 환경을 제공하는 것이 당연한 것처럼 행동해 왔기 때문이다. 다른 종들보다 훨씬 앞선 지능과 지식의 체계를 가진 인류가 지구 생태계에는 해악이 되어 왔다. 그러나 이기적인 인간의 모습이 우리 모두를 대표하는 것은 아니다. 수 세기 동안 이어진 인류의 부정적인 영향력을 극복하기 위해, 우리는 숲이 파괴되는 것을 막고 있고 온실 기체 배출을 감축하려 하며 대량 멸종 사태를 줄이려 하고 있다. 최근에는 바이러스 확산을 막기 위해 눈물겨운 노력을 하고 있기도 하다. 그 외에도 오존층을 회복시키고 산호초와 빙하의 파괴를 막으며 산불 확산을 줄이는 일들도 계속 진행되고 있다. 자연 환경에 대한 우리의 영향력은 단순한 지식의 문제가 아니다.

상황은 달라지고 있다. 지난 10년간, 우리는 100억 명까지도 늘어날 조짐을 보이는 전 세계 78억 명 인구가 지구 위험 한계선만 지켜낸다면 안전하게 살아갈 수도 있겠다는 증거들을 발견하기 시작했다. 대신 2050년까지 이 안전 지대를 사수해야 한다. 당장 2030년까지가 급한데, 최대한의 성과를 내려면 지금 바로 시작해야 한다.

회의적인 시선으로 보면, 지구 회복 계획은 사회적으로 심각한 기능 저하를 불러올 수 있다. 어느 날 NASA가 지구와 충돌하는 궤도를 가진 소행성을 발견했다고 상상해 보자. 남은 시간은 10년이다. 우리는 어떻게 할까? 과연 인류는 가용한 자원과 선의를 가지고 전 지구적 문제를 풀기 위해 합심할 수 있을까? 혹은 아무것도 하지 않을까? 운이 좋기만 바라고 있다가 돌덩어리만 남는 것은 아닐까?

아마도 이 책을 집필하고 있는 시점인 2020년 전 세계로 확산하는 코로나19가 문제 해결의 한 단초를 밝혀 줄지도 모르겠다. 코로나19의 확산은 '검은 백조'처럼 갑자기 툭 튀어나온 것이 아니다. 이미 과학계에서는 10여 년 전부터 새로운 바이러스의 확산에 대한 경고가 꾸준하게 제기되어 왔다. 의료 전문가들은 이런 상황에 대한 조기 경보 시스템을 구축하고 유지하는 데 매년 1인당 1~2달러가 필요할 것으로 추산하기도 했다. 그러나 각국 정부는 경고를 무시하고 충분한 예방 조치를 취하지 않았으며, 전염병 발생 후 몇 개월 동안 전 세계 인구의 반 이상이 봉쇄 조치(lockdown)로 인해 큰 어려움을 겪게되었다. 우리는 실존적 위험에 대한 지식을 외면하고 있다.

전염병의 확산, 기후 변화, 생태계의 멸종 사태와 같은 주요 문제들은 서로 강력하게 연결되어 있다. 근본적인 원인이 같기 때문이다. 지구 과학자들은 현재를 '인류세(Anthropocene)'라는 새로운 지질 시대로 분류한다. 이 시대는 빠른 변화와 확장, 밀접한 연결과 예상치 못한 사건 등으로 표현될 수 있다. 자연과 인간성을 배제한 경제 체제를 구축한 결과, 곳곳에 큰 위험 요인을 만들기도 했다. 현재의 전염병 사태와 이로 인한 혼란과 회복은 하나의 분기점이 될 수 있다. 지구의 기후 환경과 생태계는 필요할 때마다 쓰고 버릴 수 있는 존재가 아니다. 이런 인식의 전환과 함께 새로운 관계 맺기가 앞으로 더욱 필요할 것이다.

지금 이 순간에도 소중한 시간은 흐르고 있다. 따라서 이 책에서는 문제 해결을 위한 방안에 초점을 둘 것이다. 우리는 6가지 시스템 (체제) 전환이 필요하다고 생각한다. 에너지, 토지와 식량, 불평등, 도시화, 인구와 보건, 기술은 지구 생태계를 건강하게 유지하고 경제 체제의 안정과 번영을 위한 필수적인 요소들이다. 비관적인 독자들은 의아해할 수도 있지만, 우리는 이와 같은 변화가 충분히 달성 가능하다고 판단한다. 다음 4가지 요인들이 동시에 작동한다는 가정에서 그렇다.

① **사회적 변화** 미래를 위한 금요일(FridaysForFuture) 같은 자발적
　　시민 운동의 속도와 규모, 영향력이 폭발적으로 증가하고 있다.
　　여기에 참여하는 시민들은 사안의 심각성을 깨닫고 긴급한 행동을
　　촉구한다. 이러한 운동은 정치와 산업 분야의 실패를 드러낸다.
　　이들의 영향력은 큰 변화를 일으키는 원동력이 될 수 있다. 투자자,
　　기업가, 법률가 역시 그 목소리에 귀를 기울이고 있다.
② **정치적 변화** 세계 경제는 유럽, 중국, 미국의 3대 축으로 움직이고
　　있다. 2019년 유럽 연합(European Union, EU)은 2050년까지 탄소

중립을 달성할 것이라는 공약을 발표했다. 2020년 9월 중국은 2060년 탄소 중립을 약속했다. 미국은 조 바이든(Joe Biden) 대통령 취임 이후 2050년 탄소 중립과 2035년 신재생 에너지 100퍼센트(RE100)를 발표했다. G7이나 G20와 마찬가지로 새로운 G3(G3 for Climate)라고 할 수 있는 이 3대 경제 축이 만들어 낸 기후 변화가 강요하는 놀랍고도 필수 불가결한 경제적 체제 전환 움직임은 전 세계에 영향을 미칠 것이다.

③ **경제적 변화** 친환경 에너지의 생산 비용이 점점 감소하면서 화석 연료 산업은 역사의 저편으로 사라지고 있다. 태양광 발전은 이제 인류 역사상 가장 저렴한 발전 방법이 되었다.

④ **기술 혁신** 4차 산업 혁명이 모든 산업의 전통적 방식을 재구성하고 있다. 5G 통신 기술, 인공 지능, 생명 과학 기술 들이 새로운 산업 혁신을 이끄는 주역이다. 이런 혁신 기술들은 경제 체제의 전환에 가장 중요한 밑바탕이 될 것이다.

이 요소들이 종합적으로 작동한다면 지구 환경에 있어서 긍정적인 변화를 도모할 수 있다. 그리고 마침내 우리는 지구를 소중하게 관리할 수 있는 역량을 가지게 될 것이다. 우리는 이제 시작점에 서 있을 뿐이다. 긍정적인 요인들을 잘 활용해 더 높은 이상을 추구해야 할 것이다.

팬데믹(pandemic) 상황은 우리의 관점에 힘을 실어 주고 있다. 경제 구조에 대한 완전히 새로운 시각이 대두되고, 인류의 행복을 위해 가장 중요한 사항이 무엇인지 깨닫는 기회가 되고 있기 때문이다. 여러 도시가 시행한 봉쇄 조치는 맑은 공기의 소중함을 시민들에게 환기했고, 위기는 시민들의 연대를 강화했다. 공동체의 안전을 위한 시민들의 연대는 문제 해결의 큰 원동력이라는 확신도 자리 잡게 되었다. 문제점을 파악하고 대안을 모색하는 과정에서 시민들은 스스로 질문을 던지게 될 것이다. 우리에게 가장 큰 가치는 무엇인가? 우리가 원하는 사회의 모습은 무엇인가? 약간의 충격에도 휘청거리지 않는 건실한 경제 체제를 다시 세울 수 있을까? 동시에 심각한 손상을 입은 지구 생태계를 회복시킬 수 있을까? 이런 질문에 대한 해답은 이미 낡은 과거의 사고 방식을 폐기하는 것부터 시작해야 한다. 그다음에 우리가 '3R', 즉 회복(Resilience), 재생(Regeneration), 재순환(Recirculation)이라고 부르는 새로운 전략을 수립해야 한다. 지구 생태계의 희생을 강요하는 현재의 경제 성장 방식은 반드시 수정되어야만 하고, 새로운 방향은 'KIDSS', 즉 지식(Knowledge), 정보(Information), 디지털(Digitalization), 서비스(Services), 공유(Sharing)를 지향해야 할 것이다. 이것이 인류세 시대를 위한 바람직한 경제 전략이다.

적당한 전략이 마련되었다고 해서 꼭 성공한다는 보장은 없다. 문제는 실천이기 때문이다. 만약 향후 10년 동안 충분한 실천이 이루어지지 않는다면, 우리는 안전 지대를 벗어나 절벽으로 굴러떨어질까? 그럴 가능성이 크다는 것이 우리의 견해이다. 물론 2031년에 파국이 도래하는 것은 아니다. 그러나 미진한 상태로 2030년을 맞이하면, 지구 생태계는 회복 불가능한 지점으로 넘어갈 것이다. 구체적으로 보면, 이 기간 안에 열대 산호초 거의 전부가 회복 불가능한 상태로 파괴될 것으로 보인다. 아마존 열대 우림, 그린란드와 서남극 빙상도 거의 소멸할 것이다. 영구 동토층에 쌓여 있는 메테인(methane) 기체도 따뜻한 날씨로 인해 대기 중으로 확산할 것이다. 그러나 과학자들은 여전히 희망을 갖는다. 우리가 단호하게 대처한다면 이런 변화를 통제할 수 있다고 믿기 때문이다. 반대로 질질 끈다면 미래 세대에게 끔찍한 상황을 유산으로 남기게 될 것이다. 따라서 모든 문제는 실천으로 귀결된다. 되돌릴 방법과 시간이 있다면, 가용 가능한 모든 자원과 노력을 이 문제에 집중해야 하지 않을까?

이 책은 인류가 지구를 지키려면 어떻게 해야 하는지를 3가지 행동 규범으로 정리한다. 우리가 성취해야 할 진정한 목표가 무엇이고, 목표를 달성하는 과정에서 얻게 되는 새로운 기회와 우리의 책임이 무엇인지 이야기할 것이다.

행동 규범 I은 지구 과학이 주제이다. 지구 생태계 내의 순환 시스템을 담당하고 있는 물, 탄소, 질소, 인과 함께 서로 충돌하는 대륙들, 출렁이는 파도와 소멸해 가는 빙들, 부딪히고 흔들리면서 진화하는 자연과 생태계의 경이로운 모습이 우리의 주제이다. 지구 생태계는 모두 연결되어 있어서 작은 변화가 큰 변화를 촉발하기도 한다. 지구 기온의 상승이 이런 연쇄적 변화의 방아쇠라는 것을 살펴볼 것이다. 하나의 종이 지구 생태계 전체를 재편할 수 있다는 이야기도 할 것이다. 그리고 이 종이 현재 하는 일들이 지구 생태계 전체에 얼마나 큰 위험이 될 수 있는지 살펴볼 것이다.

행동 규범 II는 지난 30년간 과학이 찾아낸 결과물에 대한 것이다. 그동안 과학자들은 자신들이 발견한 정보들을 짜맞추기 시작했고,

지구 시스템의 극단적 변화를 확신하게 되었다. 그림이 맞추어질수록 이런 변화가 점점 더 빨라지고 있다는 점도 알게 되었다. 우리 문명의 바탕이 되었던 홀로세의 안정되고 따뜻한 기후는 이제 과거의 일이 된 것이다. 과학자들의 발견과 분석을 통해, 우리가 지구 생태계의 한계를 벗어나고 있다는 결론을 내리게 될 것이다. 지구는 불안정해지고 있고, 우리는 긴급 상황에 놓여 있다.

행동 규범 III은 가장 중요한 책임인 지구 회복 계획을 다룬다. 긴급 상황에서 시민들이 우왕좌왕하지 않고, 해야 할 과제를 정리하는 것이 목표이다. 이 과제를 성실히 실행하는 것이 다가올 수천 년 동안 지구 생태계의 운명을 결정할 것이다. 앞으로 10년 동안 그만큼 무거운 임무가 우리를 기다리고 있다.

오랜 기간 산발적으로 흩어져 있던 지구의 기후 환경과 생태계에 대한 지식은 이제 체계가 잡히고 있다. 그리고 이 체계가 최근에 더욱 튼튼해지면서 본격적인 패러다임 전환이 시작되고 있다. 그렇지만 과학적 지식 체계의 전환이 정치, 경제, 사회, 문화의 전환을 추동할 수 있을까? 오랫동안 인류가 잘 몰라서 반복했던 실수를 인정하고 수정할 수 있을까? 그 결과로 현재 혹은 가까운 미래에 예상되는 심각한 위기 상황을 극복할 수 있을까? 가능하지만, 이런 일들은 조용한 변화가 아닌 매우 혁명적인 변화를 요구할 것이다. 지구가 제공하는 천연 자원을 가공해 경제 성장을 추구하는 방식은 더는 유효하지 않다는 사실을 인정해야 한다. 이런 큼직한 전환이 우리가 이 책을 통해 독자들에게 전달하고 싶은 이야기이다. 우리의 관심은 과거의 오류가 아니라 미래의 전략이다.

우리는 불과 50년 만에 지난 1만 년 동안 유지된 온화한 기후 환경을 떠나 극단적인 위험 속으로 빠져 들어가고 있다. 엄밀히 말해 여기서 '우리'란 부유한 국가들의 중산층 이상 시민을 가리킨다. 그러나 앞으로 10년, 오늘의 결정들이 앞으로 50년의 운명을 결정할 것이고, 다가오는 1만 년 동안 지구의 안정화에 영향을 미칠 것이다.

3가지 인식이 우리를 결속시킨다. 진정한 지구 시민으로서 공감과 연대감을 가져야 한다는 것, 우리 지구는 어떻게든 지켜 나가야 한다는 것, 미래는 우리 모두가 함께 살아갈 공통의 것이라는 인식이 필요하다. 10년이 중요하다. 앞으로 10년 이내에 방향을 바꿀 수 있다면, 지구라는 거대한 배에 탑승한 선원으로서 우리의 책무를 완벽하게 수행하게 된다. 정말 그럴 수 있다면, 우리는 호모 사피엔스라는 이름대로 '슬기로운 사람'으로서 명성을 계속 유지할 수 있을 것이다.

마지막으로 독자들과 하나의 질문거리를 나누고자 한다. 우리가 우리의 아이들, 더 넓게 보면 우리의 미래 세대에게 남기고 싶은 세상은 어떤 모습일까? 우리의 주장은 아무것도 남기지 말아야 한다는 것이다. 미래 세대는 우리가 남긴 온실 기체, 대량 멸종, 빈곤 등에서 자유로워야 한다. 이것은 종이 위의 선언문도 아니고, 공허하게 울리는 웅변도 아니다. 인류의 손끝에 놓여 있는 두 선택 버튼 중 하나이다.

2021년 1월

차례

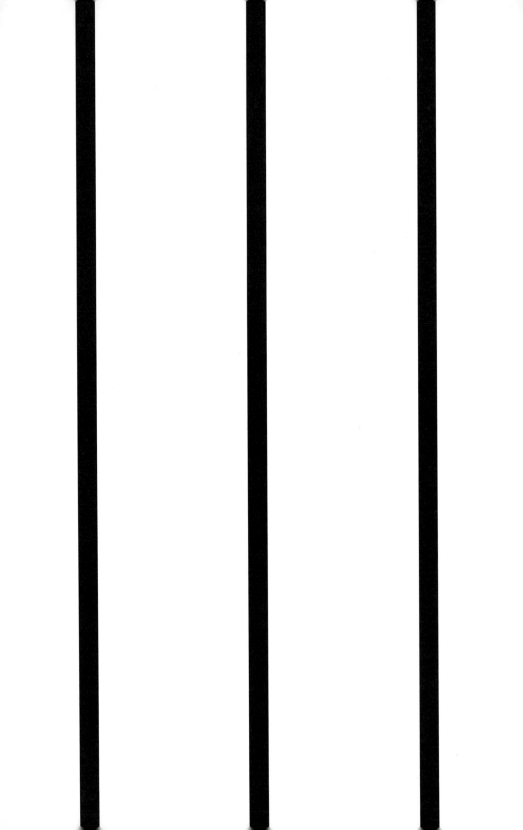

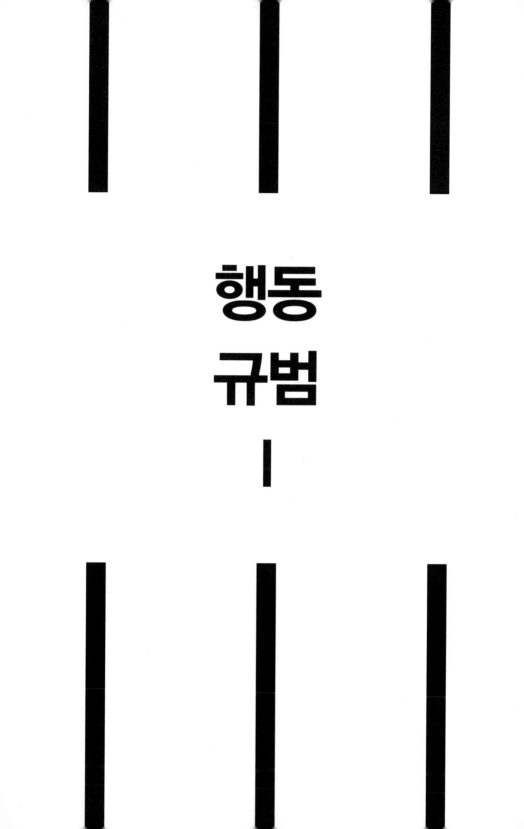

행동
규범

—

1장
현재의 지구를
만든 3가지 혁명

저 작은 점을 다시 들여다보십시오. 저 점이 이곳, 우리 지구입니다. 저 작은 점이 우리입니다. 저 점 속에, 당신이 사랑하고, 아끼고, 알고 있는 모든 사람이 살았고, 살아가고 있습니다. 개개인의 특성과 관계 없이 모든 사람은 이 점에서 그들의 일생을 꾸려 나갔습니다. — 칼 세이건(Carl Sagan), 『창백한 푸른 점(Pale Blue Dot)』(1994년)에서

1990년 NASA는 우리 태양계의 끝에 막 도착한 보이저 1호를 가지고 지구의 사진을 찍었다. 마치 가족 사진을 찍듯이. 탐사를 마치며 카메라를 지구 방향으로 돌려 거의 60억 킬로미터 떨어진 지구를 찍은 그 사진이 바로 유명한 '창백한 푸른 점' 사진이다. 이후 30년 동안 과학자들은 4000개 넘는 외계 행성(exoplanet, 태양계 밖 다른 별 둘레를 도는 행성)을 찾아냈다. 그중 일부는 지구와 상당히 비슷하다.

지구와 비슷한 행성들에 대한 우리의 지식은 매년 확대되고 있다. 과학자들은 이 행성들의 거주 가능성과 밀도, 질량 등을 측정하고, 결과에 따라 분류한다. 2020년대가 끝나기 전에 이 행성들의 대기 조성과 물의 유무를 밝혀낼 수 있을 것이다. 우주 저 멀리에 있는 행성들을 관찰하고 필요한 정보를 얻는 과학자들의 연구는 그 자체만으로도 대단히 경이롭지 않은가?

멀리 떨어져 있는 행성의 생명체가 '창백한 푸른 점', 즉 지구를 관

브레이킹 바운더리스

찰한다면, 곧바로 심각한 변화가 진행 중임을 알 수 있을 것이다. 대기 중 온실 기체 농도가 급격하게 증가하고 있다. 또한 바다의 저산소 지역(dead zone)이 확산하고 있다. 빙하가 소멸하고, 해수면은 상승한다. 해양 산성화도 전례 없이 빠르게 진행되고 있다. 외계 행성에 문명이 있어서 지난 100년간 지구의 변화를 관측했다면, 지구의 생태계가 망가지고 있음을 어렵지 않게 알 수 있을 것이다. 지구 생태계를 구성하는 수많은 생명에 감탄함과 동시에 그 종들이 빠르게 소멸하고 있다는 사실도 알아차릴 것이다. 지구에서 무슨 일이 벌어졌고, 앞으로 어떻게 될지 의문을 품을 것이다. 지구인 중에서도 같은 생각을 하는 사람들이 있다.

그 의문에 답하려면 지구 위험 한계선을 위협하는 요인들에 대해 알아야 한다. 그래야 우리가 어떻게 대처할 수 있는지 탐구함으로써 친애하는 창백한 푸른 점의 풍요롭고 공정한 미래로 이어지는 올바른 길을 찾을 수 있을 것이다.

∗∗∗

우주의 나이는 138억 년 정도 되었고, 지금도 풍선처럼 팽창하고 있다. 우주에는 최소 2조 개의 은하가 흩어져 있다. 그리고 우리가 은하수라고 부르는 우리 은하의 중심에는 400만 개의 태양이 뭉쳐 있는 것만큼 큰 블랙홀이 자리 잡고 있다. 오래전부터 궁수자리 A라고 불려 온 이 블랙홀은 1억~4억 개의 별들을 품 안에 끌어안고 있다. 이 은하의 변두리에 하나의 별이 8개의 행성과 함께 자그마한 마을을 형성하고 있다. 그리고 이 행성들 중에 하나의 행성에 수없이 많은 생명이 살고 있다.[1] 우리 지구이다. 지구는 태양과 적당한 거리를 두고 공전하기에 태양으로부터 풍족하지만 과하지 않은 에너지를 받고 있다. 생명체가 살기에 적당한 조건을 갖춘 셈이다.

지구에 사는 생명들에 대해 우리가 알고 있는 것은 무엇일까? 몇 가지 통계를 통해 지식을 가늠해 볼 수 있다. 지구에서 가장 숫자가 많은 생명체는 아마도 '펠라지박터 유비큐(*Pelagibacter ubique*)'라는 세균일 것이다. 이 생명체는 바다와 호수에서 발견되는데, 2002년에서야 처음으로 확인되었다. 과학자들은 이 미생물이 10^{29}마리가 있다고 추산했는데, 우주에 있는 별의 수가 10^{22}개인 것을 감안하면 어마어마하게 큰 숫자이다. 지구에 사는 모든 생물을 저울에 놓는다면 몸부림치고 꿈틀대는 덩어리의 무게는 5500억 톤 정도 될 것이다. 그중 식물들이 차지하는 비중은 약 82퍼센트나 된다. 지구에 있는 나무만 따져도 약 3조 그루가 있는데, 현재의 삼림 벌채는 매년 150억 그루의 나무를 쓰러뜨리고 있다. 인류가 농사를 시작한 시점을 약 1만 년 전으로 추산해 보면 이때와 비교해 46퍼센트의 나무가 줄어들었다. 대부분은 최근 200년 이내에 베어 없어진 것이기도 하다. 그동안 인류가 얼마나 숨 가쁘게 살아 왔는지 알려주는 지표이기도 하다.

포유류의 무게만 측정한다면 어떨까? 놀랍게도 전체 포유류 무게의 96퍼센트는 인간과 소, 양, 돼지 그리고 말이 차지한다. 고양잇과 야생 포유류, 큰 덩치의 고래, 엄청나게 많아 보이는 설치류, 약 6500종의 다른 포유류는 모두 합쳐 봐야 고작 4퍼센트에 불과하다. 이렇게 되기까지 몇백 년이 걸리지 않았다.

브레이킹 바운더리스

지구 1.0에서 지구 4.0까지

약 45억 년 전, 태양 주위를 돌던 뜨거운 기체와 작은 돌 들이 차츰 커다란 덩어리로 뭉치기 시작했다. 이 뜨거운 덩어리들은 곧 단단해졌는데, 이게 우리 태양계에 있는 행성들의 시작이다. **지구 1.0**이라고 부르는 이 시기에 지구는 사방에서 날아오는 운석과 충돌해야 했고, 바다도 생명체도 존재할 수 없었다. 그러나 지구에서는 혁명적인 일들이 3가지나 벌어졌다. 원시적인 단세포 생물들의 출현(지구 2.0), 광합성으로 대표되는 전혀 새로운 진화의 경로 시작(지구 3.0), 다양하고 복잡한 생명 종들의 발현(지구 4.0) 등이 지구 생태계에 벌어진 혁명의 모습들이다.

생태계의 혁명들은 몇 가지 공통점이 있다. 놀라운 혁신을 통해 주위 환경에 최적화된다는 점과 새로운 방식으로 에너지를 활용한다는 점이다. 진화의 단계마다 생명체들은 복잡하고 정교한 개체로 거듭나고, 동시에 자연 현상의 다양한 정보를 처리하는 능력이 계발되었다. 그리고 이것은 낯선 환경에 처한 생명체들이 신속하게 적응할 수 있는 능력을 배양하는 동력이 되었다. 실제로 생태계 혁명 이후 오랜 시간 동안 생명체들은 새로운 환경에 순조롭게 적응했다. 그렇다고 이 시기에 아무 일도 없었다는 것은 아니다. 생태계 혁명은 지구 내에 있는 물질의 순환 시스템을 만들었는데, 대표적으로 물, 탄소, 산소, 질소, 인과 같은 물질들은 수백만 년의 기간을 두고 지구 생태계를 순환하고 있다. 생태계는 이런 순환 체계를 받아들이고 최적화하면서 생존해 왔다. 폐기물을 남기지 않는 이런 조화로움과 물질

순환은 언제나 과학자들에게 경이로움을 느끼게 한다.

지구 생태계는 이제 또 하나의 혁명적 변화를 향해 나아가고 있다. 그에 따라 생태계의 변화 속도가 점점 빨라지고 있는데, 이전의 변화와 다른 점이 있다면, 이 변화는 하나의 종에 의해 추동되고 있다는 것이다. 바로 우리, 인류이다.

앞의 사실을 믿으려면 설득력 있는 증거가 제시되어야 한다. 어떤 증거가 있을까? 사실 인류의 지식은 급속하게 확장해 왔다. 우주가 팽창한다는 사실과 이중 나선으로 꼬여 있는 DNA의 구조, 인류의 기원과 심지어 여성이 남성보다 더 잘 웃는다는 결과까지 우리의 지식은 놀랍게 발전했다.[2] 모두 1665년 런던과 파리에서 처음 과학 학술지가 창간된 이후 현재까지 발표된 약 8000만 편의 논문 속에 담겨 있는 지식이다.[3]

과학의 지식 체계는 우주처럼 확장되고 있고 정교해지고 있다. 매년 300만 편의 학술 논문이 발표되고 있고(10초당 하나가 발표되는 셈이다.), p53이라는 단백질 하나에 대한 논문도 7만 편이 넘어서고 있다. 자율 주행을 위한 알고리듬 관련 논문도 이미 1만 편이 넘었다. 대부분 유료 서비스이기는 하지만, 학술지를 중심으로 한 논문들을 통해 어마어마한 정보가 새롭게 창출된다. 한 분야의 전문가라고 하더라도 이렇게 복잡하고 다양해진 과학의 발견을 쉽게 따라갈 수 없다. 과학의 지식 체계는 이전과 비교할 수 없이 커졌지만, 개별 과학자들은 점점 더 자신의 전공 분야에 몰두하고 있고, 유익한 정보가 이 전문가들을 위해 만들어진다. 이런 정보들을 활용해 우리는 하나의 큰 그림을 맞추어 갈 것이다. 궁극적인 목적은 독자들이 이 책을 하나의 여행 안내서처럼 받아들이는 것인데, 이 책을 통해 지구의 역사를 훑어보면서 생생한 역사의 현장을 체험해 볼 것이다. 300만 년 전 빙하기가 엄습하는 시기에 극적으로 현생 인류가 탄생한 사건들이 한 예가 될 것이다.

이제 지구 최초의 순간으로 돌아가 보자. 일단 지구 나이가 45억 년이라고 하는데, 과학자들은 이 사실을 어떻게 알았을까?

지구 1.0: 최초의 순간에 대한 과학적 추론

기원전 4세기경, 그리스의 철학자 아리스토텔레스는 지구가 아주 오래전부터 있었을 것이란 생각을 하게 됐다. 그러나 이 생각을 증명할 방법이 마땅치 않아서 생각이 더 발전하지는 못했는데, 이 생각은 19세기 근대 지질학의 창시자로 알려진 영국의 찰스 라이엘(Charles Lyell)에 와서 인정받게 되었다.

지구의 나이에 대한 최초의 단초는 3세기 로마의 네로 황제 시대의 연설가였던 율리우스 아프리카누스(Julius Africanus)의 기록에서 찾을 수 있다. 그는 역사에 대한 기념비적인 책을 다섯 권이나 집필했는데, 히브리 어, 그리스 어, 이집트 어와 페르시아 어로 구성된 책에는 지구의 연대에 대한 도표가 포함되어 있다. 그는 자랑스럽게 지구의 나이가 5720년이라고 발표했다. 그의 자부심에 동화되었는지, 이 주장은 이후 15세기 동안 별다른 도전을 받지 않았다. 본격적인 도전은 1650년 후반기나 되어야 나왔는데, 아일랜드의 대주교 제임스 어셔(James Ussher)는 느닷없이 지구는 기원전 4004년 10월 22일에 탄생했다고 주장했다. 아프리카누스의 주장과 큰 차이는 없는데, 정확한 날짜를 짚었다는 점만 다를 뿐이다. 지금 보면 얼토당토않은 주장이지만, 이들의 주장이 전혀 의미가 없는 것은 아니다. 최소한 문명의 형성과 기록의 탄생을 유추할 수 있게 해 주기 때문이다.

　드디어 19세기 말, 몇몇 지질학자들은 지구의 나이가 약 1억 년이라는 새로운 결론에 도달했다. 역시 과학적 증명과는 거리가 먼 주장이었다. 지구의 나이에 대한 결정적 힌트는 자연계에 존재하는 방사성 물질을 발견하면서 시작되었다. 이 물질들은 일정한 속도로 다른 물질로 전환되는데, 전환의 과정에서 방사선을 방출하는 특성이 있다. 과학자들의 생각은 지구의 나이를 직접 알 수는 없지만, 초기 지구와 충돌한 운석의 나이를 측정하면 비슷하게 추론할 수 있다는 것이었다. 이를 바탕으로 캘리포니아 공과 대학의 클레어 캐머런 패터슨(Clair Cameron Patterson) 교수가 1956년 발표한 역사적인 논문 「지구와 운석의 나이(Age of Meteorites and the Earth)」[4]는 가장 오래됐을 것으로 평가받는 운석에서 지르콘(Zircon)을 추출하는 것에서부터 시작했다. 이 지르콘은 작은 우라늄 입자들을 포함하고 있었는데, 대표적인 방사성 물질인 우라늄은 일정한 속도로 붕괴해 납으로 바뀌는 특성이 있다. 따라서 우라늄이 붕괴하는 속도와 지르콘 내에 있는 납의 질량을 측정하면, 이 운석이 언제 지구와 충돌했는지 알 수 있다. 패터슨 교수 연구진이 이 방법을 통해 측정한 결과, 지구의 나이는 대략 45억 5000만 년이라는 발견이 이루어졌다. 비록 오차 범위가 7000만 년 정도 되기는 하지만, 비로소 과학적 방법으로 지구

　　　　　　　　　　　　　　　　　　　　브레이킹 바운더리스

의 나이를 측정할 수 있는 길이 열린 것이다. 그 이후로 더 정교한 측정 기구들이 개발되어 다양한 시도가 이루어졌는데, 결론적으로 패터슨 교수 등의 추정과 큰 차이를 보이지는 않았다. **지구 1.0**은 이때부터 시작되었고, 초창기에 뜨겁던 지구가 식으면서 바다와 대기가 차례로 탄생했다.

지구 2.0: 원시 단세포의 등장

지구에 생명이 출현한 것이 언제인지는 아직 논쟁의 여지가 남아 있다. 약 38억 년 전후로 추측되는데, 이즈음에 드디어 단세포 생물이 탄생했다. 고세균류(archaea)라고 명명된 이 원시 원핵생물은 이후 바다가 형성되면서 진화를 거듭하게 되었다. 지구의 역사에서 삭막했던 무생물의 시대(지구 1.0)가 지나고, 새로운 지질 시대(geological aeon)[5]가 열린 것이다. 시생대(Archaean)라고 부르는 시기, 즉 **지구 2.0**이 시작된 것이다.

　현재의 생태계와는 달리, 고세균류는 생존을 위해 산소를 필요로 하지 않았다. 오히려 산소는 당시 생태계에 일종의 독가스였는데, 다행히 당시 대기 중에는 산소가 존재하지 않아서 문제 될 일은 없었다. 그러나 대기의 상황은 약 25억 년 전에 바뀌게 되었는데, 바다로부터 새로운 생명체가 출현했기 때문이다. 남세균(cyanobacteria) 혹은 청록균이 바다에서부터 활동 영역을 확장했는데, 이 생물은 태양으로부터 에너지를 받아서 활동하고, 몸 밖으로 산소를 배출했다.

지구 생태계의 핵심인 광합성(photosynthesis)이 등장한 것이다.[6] 지구 2.0 시대를 뒤로하고, 새로운 **지구 3.0** 시대, 지질학 명칭으로 원생대 (Proterozoic aeon)가 도래했다. 이 이름은 그리스 어로 '앞선(*protero*)'과 '생명(*zoic*)'을 합성한 것이다.

지구 3.0: 광합성과 산소의 시대

남세균의 등장은 지구 역사에서 가장 극적인 변화를 불러왔다. '산소 대폭발 사건(Great Oxygenation Event)'[7]이라는 거창한 이름이 붙은 이 변화는 미생물이 배출하는 산소가 결국 대기의 농도를 변화시켰기 때문에 가능했다. 산소 농도는 거침없이 상승했고, 이로 인해 대기권 의 가장 끝자락에 오존층이 형성되었다. 이 오존층은 태양으로부터 오는 유해한 전자파(자외선)를 차단해 생태계의 보호막 역할을 하게 되었다. 이제 지구 생태계는 안전한 환경에서 번창하는 일만 남은 것 이다. 이제야 20억 년 전에 도착한 것이기는 하다.

오래된 것은 가고 새로운 것이 남았다. 지구 2.0 시대의 생물들은 바다 깊이 혹은 산소가 없는 바위틈으로 숨었고, 산소 호성(好性)이 높은 생물들이 번창하기 시작했다. 이렇게 보면, 남세균은 자신들의 영향력에 의해 지구 생태계를 변화시킨 역사상 두 생물 종 중의 하나 로 분류할 수 있다. 다른 한 종은 거의 25억 년 후에 나타난 우리, 호 모 사피엔스이다.

남세균의 번창과 더불어 지구는 거대한 기후 변화를 겪게 되었다. 이 두 현상은 사실 서로 인과 관계가 거의 없는데, 시기적으로는 딱 맞았다고 할 수 있다. 이 시기 지구의 기온은 급격하게 떨어지고 있었는데, 지구 전체가 점점 커다란 눈덩이처럼 변했다. 여기서 잠깐 온도에 따른 지구의 상태를 3가지 형태로 분류해 살펴보자.

* **열실(hothouse) 지구** 지구 평균 기온이 매우 높은 상태로, 북극과 남극에 빙하가 모두 녹고, 다른 곳에서도 거의 얼음이 없어진다.
* **빙실(icehouse) 지구** 과거 수백만 년 전부터 현재까지 이어져 온 지구의 기온 상태. 남극과 북극에 빙하가 자리 잡고 있으며, 긴 빙하기와 짧은 온기가 주기적으로 반복되고 중간에 간빙기가 있다.
* **눈덩이(snowball) 지구** 온도가 급강하해 적도 지역을 포함한 거의 모든 지역이 1킬로미터 두께의 얼음으로 덮인다. 생명체들은 바다 밑에서 뿜어 나오는 소수의 뜨거운 물기둥 근처에서만 생존 가능할 것이다.

이해를 돕기 위해 3가지 상태를 가정해 볼 수 있다. 살짝 가열된 오븐, 빈번하게 문이 열리는 냉장고 냉장실, 거의 문이 안 열리는 냉동고가 세 상태와 비슷하다. 지구 3.0 시대의 대부분은 열실 상태의 지구였는데, 특이하게도 지구 3.0 시대의 시작과 끝 지점에서 지구는 눈덩이 상태였다.

모든 과학자가 지구가 단단한 눈덩이 혹은 얼음덩어리 상태였다는 점을 지지하는 것은 아니다. 그들은 적도 부근에는 일부 얼지 않은 호수나 바다가 있었을 것이고, 따라서 지구 전체로는 단단한 얼음

덩어리보다는 빙수와 같은 성긴 얼음 상태였을 것이다. 어떤 상태이 든 생명체에게는 매우 가혹한 환경이었을 것이다. 학계의 관심은 이런 척박한 상태의 지구가 어떤 과정을 거쳐 환경 변화를 겪었는지 밝혀내는 일이다. 얼음 덩어리는 태양광을 반사하기 때문에, 얼음의 면적이 지구 전체로 확대되면 지구의 기온이 더 빠른 속도로 내려가는 악순환이 발생했을 것이다. 그렇다면 어떤 계기가 있어서 지구의 얼음이 녹았을까? 현재 우리가 대면하고 있는 기후 변화의 궁극적인 방향은 뜨거운 지구가 아닌 황량한 얼음 감옥일까?

이에 대한 해답을 찾은 사람은 캘리포니아 공과 대학 지질학 교수 조 커슈빙크(Joe Kirschvink)였다. 1992년 그는 눈덩이 지구 탈출 방

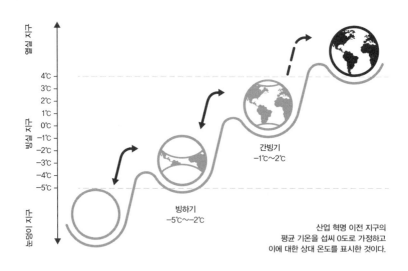

산업 혁명 이전 지구의
평균 기온을 섭씨 0도로 가정하고
이에 대한 상대 온도를 표시한 것이다.

평균 기온에 따른 지구의 기후 상태 변화.

법을 알아냈는데, 이 탈출의 주연은 화산이었다. 지구 내부의 지각 활동을 통해 지표나 바닷속에서 폭발한 화산의 분출물 속에는 소량의 이산화탄소가 포함되는데, 긴 시간 이런 활동이 반복되면서 대기 중의 이산화탄소 농도가 증가하게 된다. 대표적인 온실 기체인 이산화탄소는 얼음에서 반사되는 태양열의 일부를 차단하고 지구로 되돌리는데, 이 열이 적도 부근의 얼음부터 녹여 나갔다. 얼음이 걷힌 지표면은 태양열을 더 흡수하게 되고, 이는 다시 지구의 온도를 높이는 순환이 발생한다. 결과적으로 지구는 눈덩이 상태에서 빙실 상태, 그리고 열실 상태로 가는 거대한 전환을 시작하게 된다.

커슈빙크의 발견처럼, 이산화탄소는 지구의 열을 묶어 두는 강력한 온실 기체이다. 사실 이것은 1859년에 이미 밝혀진 것인데, 아일랜드의 촉망받는 과학자였던 존 틴들(John Tyndall)은 있는지 없는지 체감하기 어려운 이 기체가 다른 기체와 달리 열을 흡수하는 능력이 탁월하다는 사실을 발표했다. 이후 그는 이산화탄소의 이런 능력이 지구 기후에 영향을 미친다는 가설에 도달했다. 현재는 잘 알려진 사실이지만 틴들의 가설은 시대를 앞서간 면이 있었다. 실제로 이산화탄소나 다른 온실 기체가 없다면 지구의 평균 기온은 섭씨 −18도 정도로 떨어질 것이다. 다행히 온실 기체의 역할로 인해 지구의 평균 기온은 14도를 유지하고 있었다. 그러나 이 온도는 산업 혁명이 본격화되기 전인 1850년대의 기록이다. 1850년대 이후에 지구의 평균 기온은 빠르게 상승하는데, 과학자들은 산업 혁명 전의 평균 기온을 기준으로 이후 얼마나 온도가 상승했는지 비교 분석하는 것을 선호한다. 이 책도 같은 분석 방법을 사용할 것이다.

지구 4.0: 생태계의 폭발적인 확장 시대

지구 3.0 시대의 산소 대폭발 사건은 새로운 방향으로의 진화를 촉발했다. 약 5억 4000만 년 전 비교적 짧은 시기에 다양한 동물들이 출현하는데, 대기 중 산소의 농도가 급증한 것과 관계가 있다. '캄브리아기 대폭발(Cambrian explosion)'로 알려진 이 사건 이후 약 1억 년 동안 생태계는 꾸준하게 다양해지고 정교해졌다. 이것은 모든 방면에서 관찰되는데, 몸의 모양과 크기, 조직의 형태, 뼈의 구조, 신진 대사의 방식과 신경 구조, 발달해 가기 시작하는 뇌와 복잡한 눈의 구조 등에서 특히 진화의 다양성을 확인할 수 있다. 바닷속에서 다양해지기 시작한 생명체들은 이어서 육지로 진출했는데, 초기에는 이끼류나 고사리류의 형태였다가 이후 다양한 식물들이 출현했고, 양서류와 파충류가 나타났다. 시기상 눈덩이 지구의 상태가 끝나는 시점과 겹쳐서 일어난 변화이다. 복잡한 생명체가 출현한 다음에는 지구의 기온이 다시는 매우 추운 상태로 전환되지 않았는데, 나름의 인과 관계가 있는 것으로 보인다. 이후 세 번의 빙실 상태가 반복되었고, 열실 상태로 옮겨 가지는 않았다. 식물들이 땅의 주인이 되면서 탄소와 질소, 물의 순환 체계가 더욱 강화되었다. 자원의 순환은 지구 생태계를 더욱 풍부하고 정교하며 무엇보다 역동적인 상태로 만들었다.

지구의 크기를 생각하면 아주 좁은 지역에 대부분의 생물들이 모여 살고 있다. 해저 500미터에서 해발 11킬로미터까지가 생태계의 구역인데, 평평한 땅이라면 자전거로 1시간에 돌아 볼 수 있는 거리이다. 이 구역이 생물권(biosphere)이다. 대부분의 생물이 이렇게 좁은 지역에 촘촘하게 모여 살고 있기 때문에, 소행성이 충돌하는 정도의 사건으로도 대부분의 생명체가 소멸하는 일이 벌어질 수 있다. 단지 상상이 아니라, 6600만 년 전 지구에 실제로 일어났던 일이었다. 이 충돌로 인해 공룡의 시대는 저물었다.

지구 4.0 시대 동안 총 다섯 번의 대멸종 사태가 있었는데, 소행성의 충돌이 마지막 대멸종의 원인이었고 새로운 생태계를 구성하는 계기가 되었다.[8] 대멸종 시기에는 가공할 만한 힘이 작용해 생명체를 몰살시키는데, 다행인 것은 모든 생명체가 소멸한 것은 아니라는 점이다. 이 가공할 힘들은 대부분 화산 활동이나 소행성의 충돌로 야기된 것으로 보인다. 이런 사태들은 초기에 극심한 기후 변화와 해양 산성화, 산소 결핍을 야기한다. 가장 심각한 대멸종은 2억 5200만 년 전에 발생했는데, 화산 폭발로 인한 대규모 이산화탄소 분출이 원인으로 파악된다. 이 기간 바다 생물의 96퍼센트가 소멸했고, 육지 생물들도 심각한 피해를 입었다. 이런 대멸종 사태는 언제든 반복될 수 있는데, 과학자들은 기후 변화로 인해 여섯 번째 대멸종 사태를 예견하고 있다. 그리고 이 사태는 이미 시작되었다고 주장하기도 한다.

빙실 상태의 지구로

소행성이 충돌하기 전 약 1억 5000만 년 동안 지구는 공룡이 주름잡고 있었다. 그동안 지구의 대륙은 지금처럼 분리되지 않고 하나의 커다란 형태로 뭉쳐 있었는데, 그 초대륙을 판게아(Pangaea)라고 부른다. 그러나 지구 내부의 구조적인 힘이 이 대륙을 현재의 모양으로 분리하기 시작했다. 대륙의 사이에 새로운 대양이 형성되었고, 혼자 떠돌던 인도 대륙은 아시아 대륙과 부딪쳐 현재의 히말라야 지역을 밀어 올렸다. 현재의 기후 환경은 이렇게 대륙이 분리되면서 차츰 형성되어 갔다. 한 덩어리의 땅은 표류하다가 남극으로 흘러갔는데, 곧이어 차가운 바다에 둘러싸여 현재의 남극 대륙이 되었다. 이때가 약 3400만 년 전인데, 얼어붙기 시작한 대륙은 현재 약 3킬로미터 두께의 얼음을 가지게 되었다. 남극 대륙은 한 예이지만, 이렇게 지구는 천천히 빙실 상태로 전환되었다.[9] 이후 지구는 다시 열실 상태로 옮겨 갔고, 약 500만 년 전 지구는 열실 상태에서 벗어나 추워지는 과정에 들어갔다. 열실 상태의 지구는 평균 기온이 지금보다 약 4도 높았을 것으로 예상되는데, 대기 중 이산화탄소의 농도가 줄어들면서 차츰 식어 가게 되었다. 그 결과, 지구의 북반구는 얼음으로 덮이게 되었고, 북극 지방의 빙하는 주변 대륙에 의해 둘러싸여 계절에 따라 작아졌다 커졌다를 반복하고 있다.

지구의 자정 작용

약 38억 년 전, 지구 2.0 시대에 처음 나타난 생물권은 이후 놀랍도록 안정된 모습을 보여 주고 있다. 평균 기온은 비교적 좁은 구간인 물의 어는점과 끓는점 사이의 좁은 구간을 왔다 갔다 했고, 이런 점이 생물이 번성하게 된 근본 원인이 되었다. 그런데 한 가지 사실을 알면,

이런 현상이 매우 이상하다는 것을 알 수 있다. 지난 수십억 년 동안 실제로 태양의 밝기는 약 25퍼센트 증가했다.[10] 이렇게 많은 에너지가 주입되면 생명 자원의 흐름에 영향을 끼쳐 무시무시한 파괴를 초래할 것 같은데, 지구의 자정 작용은 주요 자원들(탄소, 질소, 물, 인 그리고 산소 등)의 순환을 통해 평균 기온을 균형 있게 조절하고 생태계를 안정시켰다. 결과적으로 매우 긍정적인 일인데, 어떤 메커니즘이 이것을 가능하게 했을까?

생태계가 오랜 기간 안정적으로 유지되었다는 점은 사실 매우 놀라운 일이다. 이것은 지구의 지질학적, 화학적, 물리학적, 생물학적 시스템이 지구의 온도가 골디락스 영역(Goldilocks zone, 너무 차갑거나 뜨겁지 않은 적절한 환경)을 벗어나지 않게 조절한다는 것을 의미한다. 매우 정교한 시스템이 기후 환경을 떠받치고 있기 때문인데, 수백만 년 동안 화산이 이산화탄소를 배출하면 지구는 금성처럼 뜨거운 상태가 되어야 하지만, 다행히 다른 방향으로 조절하는 요소가 이런 상황을 방지한다.

대기 중 이산화탄소가 끝도 없이 증가하는 것을 막는 것은 암석이다. 이산화탄소의 농도가 높아지면 평균 기온이 올라가고, 이런 상황은 물의 순환, 즉 수증기가 구름이 되고 비가 되어 땅으로 떨어지는 순환을 촉진한다. 이 과정에서 소량의 이산화탄소가 물에 녹아 땅으로 흡수되는데, 규산염 암석은 이런 이산화탄소를 받아들여 탄산염 암석으로 변해 간다. 이 암석들은 이산화탄소를 머금은 채로 바다로 흘러가고, 바다의 플랑크톤은 이 암석을 활용해 그들의 껍질을 만든다. 플랑크톤이 죽으면 바다 밑으로 가라앉고, 이후 수백만 년 동안 바다 밑바닥에서 침잠해 있게 된다. 이 메커니즘이 대기 중의 이산화탄소를 바다 밑으로 이동시키는 역할을 담당하고, 결과적으로 기후 상승을 방지하게 된 것이다.

지구의 기온이 올라가면 이 반응이 빨라져 이산화탄소를 고정해 지구가 과열되는 것을 방지한다. 지구 온도가 내려가면 이 반응이 느려진다. 산악 지역일수록 눈과 비가 자주 내리면서 이 과정이 다른 곳에 비해 더 빨라지므로 산악 지형이 많을수록 이산화탄소가 더 많이 바다로 이동한다. 인도 대륙의 충돌로 솟아오른 히말라야 산맥은 지구의 온도를 낮추어 빙실 상태로 움직이게 하는 주요 원인이 되었다.

식물과 미생물도 일정한 역할을 담당한다. 이들은 땅속을 산성으로 변하게 해 앞의 메커니즘을 촉진하기도 하고, 식물의 경우 뿌리와 줄기, 잎 속에 탄소를 저장해 이산화탄소 농도를 줄이는 역할을 담당한다. 4억 7000만 년 전부터 번창하기 시작한 식물은 지구 4.0 기간 동안 이산화탄소 농도를 조절하는 데 가장 크게 기여했다.

지구의 기후 조절 방식을 보면, 핵심은 이산화탄소라는 것을 알 수 있다. 그리고 생태계 내의 생명체들은 각각 이런 조절 작용이 급격하게 일어나는 것을 방지하는 방향으로 진화했다. 지구는 때때로 급격한 변화를 맞게 되는데, 일례로 7만 5000년 전 인도네시아 토바 화산의 분화로 지구 온도는 급격하게 내려갔다가 시간이 지나면서 다시 원상 복구되었다.[11] 그러나 눈덩어리 상태의 지구가 보여 주는 것처럼 이 조절 장치도 영원한 것은 아니다.

흥미로운 점은 지구 생태계의 안정성은 생물 다양성에 의해 어느 정도까지는 강화될 수 있다는 점이다. 과학자들의 연구와 모의 실험 결과가 보여 주듯 시간에 지나면서 다양성과 복잡성이 증가하므로 현재의 생태계는 이전 어느 시점과 비교해도 훨씬 더 풍부해진 상태 이다. 그러나 이렇게 축복받은 상황은 심각한 위험에 직면해 있다. 인류가 정신없이 파괴하고 있기 때문이다.

1970년대 영국의 과학자 제임스 러브록(James Lovelock)과 린 마굴리스(Lynn Margulis)는 지구는 하나의 거대한 생명체처럼 작동하며 스스로 균형을 유지하면서 진화한다는 경이로운 가설을 제시했다. 가이아 이론(Gaia theory)이 탄생한 것이다. 이 이론이 주장하는 것처럼 지구의 생명체는 순환 시스템에 수동적으로 적응하는 것을 넘어, 거주 환경을 유지하기 위해 순환 시스템에 개입하기도 한다.[12] 이 이론은 서문에 잘 정리되어 있는데, 후반부는 여전히 논란에 쌓여 있지만, 최소한 서문의 전반부에 기술된 내용은 과학적으로 입증되었다. 논란을 인정하더라도, 이 점은 분명하게 말할 수 있다. 지구의 구성 요소와 생명을 지원하는 생태계는 서로 밀접하게 연결되어 있고, 상호 작용하면서 진화한다.

과거로부터의 경고

우리는 이미 지구를 뒤흔든 몇 가지 사건들을 살펴보았는데 그게 전부는 아니다. 많이 알려지지 않았지만, 5600만 년 전에 일어났던 '팔레오세-에오세 극열기(Paleocene-Eocene Thermal Maximum, PETM)'

는 힘들었던 전투 중의 하나였다. 극열기라는 표현처럼 이 시기의 지구는 완전한 열실 상태였다. 평균 기온은 현재보다 8도나 높았을 것으로 보이고, 가장 추운 지역도 밤의 온도가 5도 정도 되어 그다지 춥지 않았을 것이다. 대부분의 공룡들은 지구 상에서 자취를 감추었고 지구는 말 그대로 대혼란(chaos) 상태였다.[13] 해양 산성화가 심해져서 생물 대부분이 사라졌고, 육지의 상황도 크게 다르지 않았다. '대멸종'의 시대가 도래한 것이다.

대기 중 이산화탄소의 농도가 급증하면서 상황은 정상적인 궤도를 벗어났다. 과학자들이 추론하는 상황은 바다 밑에 깔려 있던 메테인 퇴적물들이 화산 활동으로 인해 대기 중으로 뿜어져 나왔거나 석탄이나 석유와 같은 화석 연료들이 점화되어 이산화탄소가 분출되는 것이다. 중요한 것은 수십억 톤의 이산화탄소가 대기에 쌓여 가는 상황이 극열기 시대만의 상황이 아니라는 점이다. 현재 우리 지구가 겪는 상황이다. 실제로 현재 해양이 산성화되는 속도는 극열기 시대보다 더 빠르다.

극열기 시대가 마무리되면서, 지구는 새로운 포유류 종들을 맞이하게 되었다. 사회적인 활동을 하는 영장류뿐만 아니라 고래, 박쥐, 말과 엘크 등의 조상이 이때 출현했다. 기후 환경이 급변하면서, 영장류들은 억지로라도 환경 변화에 적응해야 했을 것이다. 무리를 지어 끈끈한 유대감을 확보하고, 이를 바탕으로 무리의 크기를 확대하는 방식이 도움이 되었을 것이다. 무리가 많아지면 해결해야 할 일이 증가하고, 이는 두뇌의 용량을 확장하는 계기가 되었다. 이에 대해서는 3장에서 자세하게 다룰 것이다.

극열기 시대 파국은 새로운 문명이 태동하는 계기가 되었지만, 임박한 빙실 상태로의 전환을 막을 수는 없었다. 이후 수천만 년 동안 대기 중의 이산화탄소는 느린 속도로 탄산암에 저장되었고 천천히 바다 밑으로 가라앉았다. 대륙들은 계속해서 분리되어 갔고 이 거대한 힘들은 지구 곳곳을 식혀 갔다.

이제 긴 이야기를 마무리할 시점이다. 약 45억 년을 거슬러 올라가는 동안 새로운 시대의 출발점이 되는 세 번의 혁명(생명의 탄생, 산소와 광합성, 복잡한 생명체의 출현)을 거쳐 도달한 최근 300만 년을 살펴보았다. 지구는 현재보다 4도 이상 온도가 높은 열실 상태의 지구, 현재보다 5도 정도 춥고 1도 더운 빙실 상태의 지구, 마지막으로 모든 것을 꽁꽁 얼리는 눈덩어리 지구라는 3가지 상태를 유지했다.

그렇다면 이제 우리는 어디로 가고 있는가?

＊＊＊

지난 200년 동안 지구와 지구의 생태계에 대한 지식은 기하급수적으로 확대되었다. 지질학자, 생물학자, 해양학자, 기상학자, 다른 많은 과학자들이 우리의 지식 창고를 가득 채웠고, 새로운 발견의 순간마다 놀라움과 기쁨이 함께했다. 특히 최근 몇십 년은 이전보다 훨씬 많은 지식이 채워졌다. 수십억 년의 지구 역사를 탐구하면서, 과학자들은 한 가지 사실을 확인할 수 있었다. 인류 문명의 영향력이 어마어마하다는 점이다. 아마도 지난 수십억 년 동안 일어났던 지구 생태계의 변화 중 가장 큰 것과 필적할 수 있을 것이다. 차이점이 있다면,

자연적인 변화는 수백만 년에서 수억 년에 걸쳐 일어나는 일인데 비해, 인류 문명에 의한 변화는 수십 년에도 가능하다는 것이다. 아니, 수십 년도 아닐 수 있다. 점점 빨라지고 있기 때문이다.

미래를 예상하는 것은 의미 있는 일이다. 새로운 빙하기가 시작되는 시점에서 향후 300만 년 동안 벌어질 여러 사건들을 예상하는 것은 과학자들의 의무라고 할 수 있을 것이다. 그러나 우리가 미래에 발생할 수 있는 어떤 위험을 가늠해 보고 싶다면, 과거의 비슷한 사례를 참고해야 한다.

2장
지구의 변화를 일으킨 사건들

과학적 발견에 대한 사람들의 반응은 세 단계가 있다. 처음에는 사실을 부정하다가, 이후에는 사실의 중요성을 애써 축소하고, 마지막에는 엉뚱한 사람들의 말을 믿는다. — 알렉산더 폰 훔볼트(Alexander von Humboldt, 독일의 지리학자, 박물학자, 탐험가)

지난 100년 동안 인류는 매우 중요한 과학 지식을 얻었다. 페니실린 개발과 DNA의 염기 서열 확인, 중력파와 블랙홀의 발견 등은 과학의 발전에 중요한 이정표로 남을 것이다. 그러나 이런 큼직한 발견에 가려 사람들은 우리의 생존에 가장 중요하고 놀라운 발견을 간과하곤 한다. 지구가 마치 살아 있는 생명체처럼 작동한다는 사실 말이다. 실제로 빙하기의 순환 주기를 따라 기온, 이산화탄소, 메테인 기체의 양 등이 규칙적으로 상승과 하강을 반복하는 모습을 보면, 병원 모니터를 통해 환자의 심장 박동 신호를 보는 것 같다.

✳✳✳

타임머신을 타고 270만 년 전으로 돌아간다고 상상해 보자. 우리의 눈앞에 다른 때와는 다른 빙하기가 시작되고 있다. 이 시기로 온

브레이킹 바운더리스

이유는 이때의 움직임이 현재의 기후 환경을 만들었기 때문인데, 열실 상태의 지구가 빙실 상태로 천천히 전환되는 시작점이었다. 남극 지방에 첫 빙하가 생기기 시작했을 것이고, 북아메리카와 남아메리카 대륙이 현재의 파나마 해협 근처에서 서로 부딪쳐 연결되었다. 이 연결은 해류의 흐름을 바꾸었고, 결과적으로 열의 흐름을 변화시켰다. 북극 주변은 겨울에 얼기 시작했고, 근처 대륙에 빙하가 나타났다.

춤추듯 미끄러지며 움직이는 대륙은 계속해서 지구 기후를 변화시켰다. 홍적세(Pleistocene)라고 명명된 새로운 지질 시대 270만 년 동안 빙하기가 반복되었다. 1장에서 여러 번 언급했지만, 기후 환경의 변화는 새로운 진화를 촉발한다. 그렇다면 이런 질문도 가능하다. 현재 우리가 겪고 있는 급격한 기후 변화도 새로운 진화를 불러올까?

과학이 빙하기의 비밀을 파헤치는 과정은 놀라운 두 주연 배우, 스코틀랜드의 박물관 수위와 세르비아의 수학자와 함께 시작해 1990년대 빙하에 구멍을 내 원통 모양 얼음 코어(ice core)를 추출하는 국제적 협업으로 마무리된다. 얼음 코어는 오랜 기간 녹지 않았기 때문에 지구 대기 환경의 강력한 증거물로 쓰이며, 1800년대 산업 혁명 이후 일어난 기후 환경 변화가 얼마나 갑작스러운 일인지 가늠하게 해준다. 이 정도 배경 지식을 가진 채, 우선 박물관 수위를 만나러 가자.

비틀리고 찌그러진

1800년대 지질학자들은 유럽, 아시아, 북아메리카의 상당 부분이 한

때 두꺼운 얼음층으로 덮여 있었다는 증거를 받아들이기 시작했다. 그러나 빙하기에 지구의 온도가 어떤 방식으로 여러 차례 크게 변화했는지는 알 수가 없었다. 이 의문의 실마리는 1864년에 풀렸는데, 스코틀랜드의 과학자인 제임스 크롤(James Croll)은 태양 주위를 도는 지구의 공전 궤도가 살짝 찌그러진 형태라는 것을 밝혀내고 이것이 빙하기의 근본 이유라고 발표한 것이다.

크롤의 삶은 그야말로 다채로웠다. 그는 13세에 학교를 나와 막노동을 하다가 홍차를 파는 판매상이 되었고, 이후 호텔 관리인과 보험 판매원으로 간신히 생계를 꾸렸다. 그러다가 1859년 글래스고의 앤더소니안 대학교(Andersonian University) 박물관에 수위로 취직하게 되었다. 어린 시절부터 다양한 경험을 한 덕분에 나름의 화술과 처세술을 익힌 그는 동생을 꾀어 자기 일을 거의 떠넘기고, 스스로 탐구할 시간을 낼 수 있었다.

도서관에서 천문학을 독학으로 공부한 지 불과 몇 년 후 크롤은 역작이라고 할 만한 논문을 발표한다. 1864년에 발표된 「지질학적 시대에 발생하는 기후 변화의 물리학적 원인에 대하여(On the Physical Cause of the Change of Climate during Geological Epochs)」에서, 빙하기의 발생 원인과 주기적 변화를 설득력 있게 기술했다. 지구의 공전 궤도를 정밀하게 계산해 보면, 이 궤도는 시간이 지나면서 원형에서 타원형으로 서서히 바뀐다. 따라서 지구와 태양의 거리는 궤도의 변화에 따라 변하는데, 빙하기의 주기는 이 변화와 직접적인 관계가 있다는 것이 논문의 주요 골자이다. 당연한 결과이지만 이 논문은 관련 학회를 통해 신속하게 퍼져나갔고, 매우 큰 관심을 불러일으켰다. 그러나 그의 연구는 아주 정교한 모형을 제시하지는 못했고 일부 내용은 사실과 달라 여러 도전을 받았는데, 이를 보완한 사람이 세르비아의 수학자 밀루틴 밀란코비치(Milutin Milankovitch)이다. 밀란코비치도 천문학에 대한 전문성은 없었는데, 우연한 기회에 접한 크롤의 논문을 바탕으로 기념비적인 이론을 발표했다. (과학의 역사를 보면 이 연구는 크롤과 밀란코비치의 공동 연구라고 평가할 수 있는데 아쉽게도 모든 학문적 영광은 밀란코비치에게 쏠리고 말았다.)

정교하지는 않았지만, 크롤의 발표 이후에 지구의 공전 궤도가 일정하지 않다는 점이 입증되었다. 시선을 태양계로 확장하면, 모든 행성이 각각 다른 속도로 태양 주위를 돌고 있다는 것도 밝혀졌다. 따라서 지구가 가까운 궤도로 돌고 있을 때, 목성의 속도를 따라잡기도 하고, 이로 인해 이 커다란 기체 행성의 중력에 영향을 받는다는 것도 알려졌다. 게다가 지구는 적도 부근이 더 볼록한 짱구 형태인데, 태양이나 다른 행성들은 이 볼록한 부분에 더 많은 힘을 행사해 지구 궤도를 살짝씩 건드리고 있다. 대단해 보이지는 않지만, 이런 작은 원인이 모여 커다란 변화를 만든다. 종합해 보면, 일정한 시간 간격 동안 타원 궤도인 지구 궤도가 조금씩 변하고, 지구의 자전축도 살짝 기울어 있어서 일정한 주기의 기후 변화를 만들어 내는 것이다. 수학자답게 밀란코비치는 이 궤도 운동에 복잡하기 짝이 없는 수식을 결합해 하나의 아름다운 방정식으로 정리했다. 그리고 그의 발견은 지구에 대한 기존의 사고 방식을 수정하는 계기가 되었다.

밀란코비치는 관련 수식을 정립하고도 30년 넘게 보충 연구를 수행했으며 1941년 『지구가 고립되는 근본 원인과 빙하기 발생에 대한 해석(*Canon of Insolation of the Earth and Its Application to the Problem of the Ice Ages*)』을 발간해, 빙하기와 지구의 천문학적인 운동을 놀랍도록 정밀하게 정리했다. 이에 따르면 지난 300만 년 동안 지구의 빙하기는 각기 다른 2개의 주기로 반복되는데, 약 4만 1000년의 주기로 반복되는 빙하기는 비교적 온화한 반면, 10만 년 주기의 빙하기는 극심한 추위를 불러온다. 빙하기 중간 중간 얼음이 극지방으로 몰려가면 다른 지역은 상당히 따뜻한 기후가 유지되는데, 흔히 간빙기(interglacial age)라고 하는 이 기간은 대략 1만~3만 년이다. 그리고 약 1만 1700년 전에 새로운 간빙기가 시작되었는데, 현재 지구 생태계가 번성하는 이유는 우리가 이런 간빙기에 살고 있기 때문이다.

지구의 축이 기울고 공전 궤도가 찌그러졌다고 해서 태양에서 받는 에너지의 총량에 변화가 생기는 것은 아니다. 다만 지구가 공전하면서 지역별로 태양광이 들어오는 각도가 달라져 계절의 변화가 발생하는 것이다. 초기에 과학자들은 극심한 겨울이 반복되면서 빙하기에 접어든다고 생각했다. 그러나 러시아계 독일 기후학자인 블라디미르 쾨펜(Wladimir Köppen)이 새로운 연구 결과를 발표했는데, 그에 따르면 기후 변화의 요인은 겨울이 아니라 여름이었다. 지구 북반구의 여름이 서늘해서 눈과 얼음을 모두 녹이지 못하면, 얼음에 의해 반사되는 태양광의 양이 증가하고 이는 다시 기후에 영향을 미쳐 그해 겨울을 더 춥게 만든다. 이런 과정이 반복되면 온도는 계속 내려가고 얼음은 지구 곳곳으로 확장된다. 손가락만 까딱해도 총알이 발사되듯이, 작은 변화가 발생하면 그 변화가 지구라는 거인의 시스템 전체로 확산해 가는 것이다. 이 장의 후반부에서 이 거인을 섣부르게 깨우면 어떤 위험이 발생하는지 살펴볼 것이다.

빙하기를 일으키는 이 천문학적 기계 장치가 아주 오래전에는 지구에 빙하기를 일으키지 못한 것처럼 보인다. 그것은 당시 지구 대기의 이산화탄소 농도가 너무 높았기 때문이다. 약 300만 년 전 대기 중 이산화탄소의 농도는 350피피엠 정도였을 것으로 추측되는데, 이때부터 북아메리카와 유럽 지역에 얼음이 많이 생성되었기 때문에 이 농도가 일종의 변곡점이 되었을 것이다. 이후 계속해서 줄어들던 이산화탄소의 농도는 산업 혁명 이후에 방향을 바꾸어 1988년 다시 350피피엠 수준을 넘었다. NASA의 과학자였던 제임스 한센(James Hansen) 박사는 미국 의회 청문회에 출석해 인간의 활동이 지구의 온도를 상승시키고 있다고 증언하기도 했다. 그리고 다시 수십 년이 지난 지금 인류는 어마어마한 양의 이산화탄소를 대기 중으로 배출했고, 빙하기로 돌아가기에는 너무 먼 길을 온 것이 아닌지 의심받고 있다. 지구는 열실로 가고 있는 것처럼 보인다.

공기 방울 속의 진실

중요한 질문을 해 볼 수 있다. 지구의 공전 궤도가 태양과 목성의 영향을 받아서 변한다는 사실은 알겠는데, 그 정도의 변화가 이렇게 큰 온도의 편차를 어떻게 만들 수 있을까? 실제로 지구가 빙하기를 벗어나면, 평균 기온은 예상보다 훨씬 높게 상승한다. 이에 대한 과학자들이 해석은 작은 변화들이 연쇄적으로 작용해 변화를 증폭시킨다는 것이다.

20세기 말에 빙하기에 대한 마지막 퍼즐이 맞춰졌다. 1990년대에 국제적인 과학 조사대가 결성되었고, 그들은 남극에 굴착기를 가지고 집결했다. 모습만으로는 원유를 탐사하는 것처럼 보였으나, 이들의 목적은 우리의 생존에 기름보다 가치 있는 것을 채취하는 것이었다. 그것은 바로 남극의 얼음에 갇힌 공기 방울이었다. 수십만 년 동안 녹지 않고 차곡차곡 쌓여 있는 얼음은 그 속에 공기 방울을 담고 있는데, 이 방울들은 자신들이 속했던 시대의 정보를 포함하고 있다. 남극에서 채취한 얼음 기둥은 지난 80만 년 동안 있었던 8번의 빙하기 정보를 포함하고 있었다. 공기 방울 속에 있는 주요 온실 기체, 즉 이산화탄소와 메테인에 대한 정보는 모의 실험을 통한 예측이 아니라 과거 지구 환경에 대한 직접적인 정보를 전달해 주었다.

공기 방울이 들려준 것은 지구라는 커다란 생명체의 심장 박동이었다. 이를 통해 우리는 지구가 어떻게 천천히 빙하기로 접어들고, 또 얼마나 급격하게 빙하기를 탈출하는지 알게 되었다. 지구의 심장 박동은 3개의 신호가 중첩되어 있다는 점도 알게 되었다. 지구 평균 기온, 이산화탄소와 메테인 기체의 농도가 이 신호들이다. (지구 평균 기온과 이산화탄소 농도가 다음 쪽 그림에 표시되어 있다.) 밀란코비치의 행성 주기와 겹쳐서 보면, 행성 운동의 영향으로 지구는 빙하기에 들어가기도 하고, 빠져나오기도 한다는 것이 명확해졌다. 그렇다면 온실 기체가 늘어나는 메커니즘은 무엇일까? 바다는 대기 중에 있는 이산화탄소의 일부를 흡수하는데, 바다의 수온이 차가울수록 더 많은 이산화탄소를 흡수한다. 따라서 지구의 평균 기온이 내려가면, 더 많

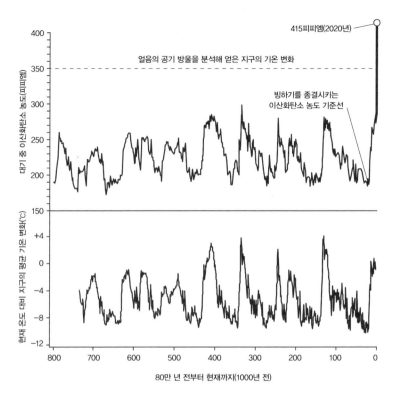

빙하기 주기.

은 이산화탄소가 바닷물에 용해되고, 그에 따라 바다의 산성화가 심해진다. 대기 중의 이산화탄소 농도가 줄어들면 온실 효과는 감소하고, 지구의 평균 기온은 다시 내려간다. 즉 하나의 현상이 발생하면, 다른 효과들이 서로 가세해 그 현상이 점점 증폭되는 것이다. 반대의 경우에도 그대로 적용된다. 지구의 온도가 올라가면, 바닷속에 있는 이산화탄소가 공기 중으로 배출되고 이렇게 증가한 이산화탄소는 온실 효과를 통해 지구를 다시 데운다. 이 원리를 이해하면 지구의 평균 기온과 이산화탄소의 농도가 같은 패턴을 보이는 이유를 알 수 있다.

빙하기의 중간에 나타나는 간빙기는 양상이 조금씩 다르다. 어떤 때는 좀 더 춥고, 반대로 좀 더 따뜻한 경우도 있었다. 또 좀 더 긴 간 빙기가 있는 반면 어떤 때는 비교적 짧은 기간만 나타나기도 했지만 일정한 범위를 벗어나지는 않는다. 현재 우리가 살고 있는 지질학 시 대인 홀로세 약 1만 년 동안의 평균 기온을 기준으로 보면 간빙기에 는 기온이 2도를 넘어 상승한 적은 없고, 빙하기에는 5도 정도 내려 갔다. 공기 방울의 암호를 풀어낸 과학자들은 다음과 같은 결론에 도 달했다. 지구는 온실 기체의 작은 변화에도 매우 민감하게 반응한다 는 것이다. 이 결론에 비추어보면, 짧은 시간 안에 온실 기체의 농도 가 급격하게 높아진 현재의 지구는 조그만 충격에도 터질 수 있는 시 한 폭탄을 품고 있는 셈이다.

공기 방울의 암호는 지난 270만 년 동안 지구의 기후 환경이 왜 그렇게 불안정했고, 반대로 최근 1만 년 동안은 어떻게 안정적인 상 태가 계속될 수 있었는지 알려주었다. 또한 지난 몇 세기 동안 일어 난 일들이 얼마나 예외적인 상황인지 보여 주었다. 특히 지난 몇십 년 동안 급격하게 증가한 온실 기체 농도는 지구의 심장 박동을 불규칙 하게 만들고 있고, 지금에 와서 보면 지구는 심정지 상태가 아닌가 의심될 지경이다. 지난 300만 년 동안 대기 중 이산화탄소 농도는 빙 하기에 약 170피피엠, 간빙기에 280피피엠 정도의 수준을 유지했다. 결코 이 범위를 벗어난 적이 없다. 그러나 약 10년 전 이산화탄소의 농도는 350피피엠을 넘어서 거침없이 상승했고, 2019년 415피피엠 수준을 뚫고 올라갔다. 매년 2~3피피엠씩 올라가고 있다. 지구의 평균 기온은 산업 혁명 전과 비교하면 약 1.1도 증가했는데, 10년마다 약 0.2도씩 올라가는 중이다. 이 상태가 계속된다면 몇십 년 후에 지구의 기온은 2도 이상 상승하게 될 것이다. 이는 지구가 지난 270만 년 동안 경험해 보지 못한 상황이다. 마지막 빙하기 이후, 우리는 지구의 최대 평균 기온을 넘어서 미친 듯이 춤추고 있다.

*＊＊

270만 년 동안 극심했던 기후 변화 추이는 지구의 진화 과정에 영향을 미쳤을까? 그렇다. 다음 장에서는 이 주기를 인류 진화의 관점에서 다시 살펴볼 것이다.

3장
'슬기로운 사람'이
나타났다

은하계의 서쪽 나선의 끝, 그다지 주목받지 못했던 곳에 작고 노란 태양이 있다. 이 태양을 중심으로 약 1억 5000만 킬로미터 거리에서 귀여운 행성이 공전하고 있다. 이 청록의 영롱한 곳에서 유인원의 후손으로 보이는 생명체들이 놀랍도록 원시적인 삶을 살고 있다. 이들의 문명이 어찌나 유치한지, 이들은 디지털 시계 따위를 최첨단 기기라고 떠받들고 있다.─
더글러스 애덤스(Douglas Adams), 『은하수를 여행하는 히치하이커를 위한 안내서(The Hitchhiker's Guide to the Galaxy)』
(1070년)에서

인류는 까마득한 옛날부터 지구에 있었다. 그러나 우리의 조상은 정말 그렇게 오래전 사람들일까? 조금만 생각해 보면 그렇게 멀리 있지 않다. 산업 혁명의 시작점을 기준으로 고작 10세대가 지났고 현재의 이라크 지역에서 발현한 메소포타미아 문명과는 300세대, 중동에서 처음 농사가 시작된 시점과는 500세대의 차이가 있을 뿐이다. 인구가 1만 명 정도로 줄어들어 자칫 우리 종이 사라질 뻔했던 '진화 병목(evolutionary bottleneck)'의 시점으로부터 3500세대가 지났다. 더 거슬러 오르면, 약 20만 년 전, 아프리카의 초기 인류와는 약 1만 세대의 간격만 있다.[1]

***

현생 인류를 호모 사피엔스로 명명한 최초의 학자는 스웨덴의 식물학자이자 분류학자인 칼 폰 린네(Carl von Linné)이다. 즉 생물학적 분류 체계상 사람 '속(genus)'[2]에 속하고 슬기로운 동물이라는 의미이다. 과연 우리가 이 의미에 맞게 살고 있는지는 의문이다. 다른 종들과 비교했을 때 인류는 똑똑하고 융통성이 있으며 지구에서 함께 사는 다른 종들과는 비교할 수 없을 만큼 엄청난 지식을 축적했다. 그렇다고 정말 슬기롭다고 할 수 있을까? 만약 멀리 떨어진 외계 행성의 생명체가 우리 지구를 관찰한다면, 그리고 지구 생태계가 파괴되는 모습을 알게 되었다면, 지구 생명체가 슬기롭지 않다는 결론을 내릴 것이다. 생태계가 복원되거나 안정화된다면 지구 생명체가 비로소 지혜를 가지게 되었다고 판단할 수 있을 것이다. 21세기 지구의 현실에서 빠르면 2050년 전에 생태계가 파괴되거나 복구되는 식의 변화가 있을 수도 있다. 우리가 2030년 이전에 획기적인 전환점을 찾는다면 말이다. 더 자세한 이야기는 「행동 규범 III」에서 다루기로 하고, 이 장에서는 우리의 시작점으로 거슬러 올라가 보자.

인류의 태동기

엉거주춤한 4족 보행의 침팬지가 점점 직립 보행하는 인간으로 진화하는 모습(최근에는 컴퓨터 앞에 꾸부정하게 앉아 있는 인간의 모습도 보인다.)을 그린, 이른바 '인류 진화도'는 사실 정확한 게 아니다. 초기 인류의 진화는 수많은 갈림길로 얽혀 있기 때문이다. 과학자들이 지난 500만 년 동안 아프리카와 유라시아 지역에 있었다고 추측하는 약

31종의 호미닌(hominin, 사람족) 중에는 이미 멸종된 종도 있고, 우리와 사촌지간인 종들이나 현생 인류로 진화한 종들도 있었다. 이후 두 번의 지질학적 기(紀, period)에 최소한 6종이 서로 공존했고, 이들 사이에 피가 섞여 현생 인류의 모습으로 진화했다.[3] 그리고 이제 호모속, 즉 사람속 중에는 오직 한 종, 현생 인류만 살아남았다. 지금 우리이다.

초기 인류의 역사를 보면, 진화는 총 4단계에 걸쳐 일어났다. 첫 단계, 즉 1000만 년 전과 500만 년 전 사이에 이들은 직립 보행을 시작했다. 여러 증거를 보면, 약 330만 년 전에 이미 간단한 도구를 사용했던 것으로 보인다. 두 번째 단계는 약 180만 년 전에 시작되었다. 그동안 호모 에렉투스(Homo erectus)라는 새로운 종이 갈라져 나왔다. 이들은 전보다 훨씬 똑바로 걸을 수 있었다. 직립 인간들은 몸의 형태가 다른 종들과 일부 차이가 있었고, 유아기[4]가 훨씬 길었다. 그러나 이 종들이 확연하게 다른 점은 따로 있었는데, 다른 종들보다 훨씬 큰 뇌 용량이다. 게다가 이 용량은 다음 50만 년 동안 계속 확대된다. 호모 에렉투스는 불을 활용할 줄 알았고, 음식을 익혀 먹으면서 더 큰 에너지를 축적할 수 있었다. 뇌는 에너지를 많이 소모하기 때문에 이렇게 축적된 에너지는 뇌의 활동을 촉진해 결과적으로 용량이 증가할 수 있게 했다.

호모 에렉투스 이후 새로운 종들이 나타났는데, 약 70만 년 전에 등장한 진화의 세 번째 단계인 호모 하이델베르겐시스(Homo heidelbergensis, 하이델베르크인)이다. 이들은 현생 인류와 비교해 봐도 별 차이가 없는 큰 뇌 용량을 가지고 있었다. 이 시기에는 일련의 유전자 돌연변이 덕분에 언어 능력이 생기기 시작했을 것으로 보인다. 하이델베르크인들은 현생 인류와 인류의 사촌인 호모 네안데르탈렌시스(*Homo neanderthalensis*, 네안데르탈인)들의 공통 조상이다. 그리고 마침내 호모 사피엔스가 등장한다. 현생 인류는 약 20만 년 전에 나타난 것으로 보이는데 최근에 발굴된 증거를 바탕으로 호모 사피엔스의 출현은 채 10만 년이 안 되었을 것이라는 추정도 나오고 있다. 20년 전만 해도 대부분의 과학자들은 인류의 기원이 동아프리카의 대지구대(Great Lift Valley)라고 생각했다. 그러나 이후 밝혀진 사실들은 좀 더 복잡한데, 호모 사피엔스는 아프리카의 여러 지역에서 진화했을 것으로 보이며, 환경에 따라 이 그룹들은 서로 연결되거나 단절되었다.

뇌의 힘

현생 인류는 가장 가까운 유인원에 비해 단지 뇌가 좀 더 큰 동물에 설명할 수 없다. 우리 뇌는 매우 정교한데, 우리 몸에 필요한 에너지의 20퍼센트를 가져다 쓰면서 놀라운 정신 활동을 하고 있다. 뇌 혼자서 너무 많은 에너지를 쓰는 것 같지만, 계산해 보면 LED 전구와 비슷한 전력(13와트)으로 사용이 가능한 효율적인 생체 부품이라고 할 수 있다.

현생 인류의 뇌가 이렇게 빠르게 진화한 이유에 대해 3가지 해석이 있다. 첫 번째는 사회적 두뇌 가설이다. 우리는 사회적인 동물이고, 사회 속에서 다른 사람들과 협력하고 지시하고 스스로를 방어해야 하는데, 이런 복잡한 일들을 원활하게 처리하기 위해서는 뇌의 용량이 커야 한다는 것이다.[5] 이 가설은 매우 설득력이 있는데, 사회가 복잡해지고 다른 무리와의 경쟁이 치열해지면 무리 내의 정서적 동질감이 커지며 그 과정에서 더 영리한 개인이 우대받는 환경이 조성되어 뇌의 확대를 촉진했을 것이다. 두 번째는 환경 탐지 가설이다. 큰 뇌는 환경의 변화를 감지하는 데 도움이 되어 사냥을 하거나 도구를 만드는 일의 효율을 높였다는 것이다. 실제로 인류 진화의 4단계는 시기적으로 모두 빙하기로 인한 기후 변화와 연결되어 있는데, 이런 환경 변화에 기민하게 대처하기 위해 뇌가 커졌을 것이다.

세 번째이자 마지막 가설은 뇌의 확대를 문화적 코드로 해석한다. 이 가설이 강조하는 것은 축적된 문화적 지식과 교육의 역할인데, 앞의 두 가설과 함께 진화의 단계를 지나며 언어 능력이 생긴 것이 인류의 뇌가 확대된 가장 큰 이유라고 보고 있다.

우리가 살펴본 기간 사이인 약 270만 년 전에 첫 빙하기가 시작되었고, 4만 1000년 전에 마지막 빙하기가 시작되었다. 기후 환경은 비교적 일정하게 빙하기와 간빙기를 주기적으로 반복했다. 이 기후 변화는 적도 근처 대지구대에 살던 우리의 조상들에게 큰 위협이 되지는 않았을 것이다. 그러다가 100만 년 전에 빙하기 주기가 약 10만 년 단위로 바뀌었고, 기후는 더 혹독해졌다. 얼음으로 덮인 지역이 점점 커져 가면서 인류의 생존을 위협했다. 각 빙하기는 약 4000년 계속되다가 어떤 원인으로 인해 상당히 온화한 간빙기를 맞이했다. 인류가 거주하던 아프리카 지역은 극심한 가뭄과 우기가 반복되면서 열대 우림 지역이 초원과 사막으로 변화했고, 초기 인류는 이런 환경 변화에 적응해야만 했다. 따라서 환경 변화에 가장 민첩하게 대응하거나 협력을 이끌어 내어 다른 무리와의 경쟁을 유리하게 만들 수 있었던 사람들이 경쟁의 승자가 되었을 것이다. 그리고 10만 년 전에 이르러 인류의 뇌는 이전과 비교할 수 없을 정도로 커졌고, 세련된 언어들이 여러 문화권에서 발달했다.

최근 연구자들은 컴퓨터 모의 실험으로 대지구대에 살던 조상들이 비슷한 정도의 사회적 그리고 환경적 조건에서 뇌의 크기가 어떻게 변화하는지 그 양상을 살펴볼 수 있는 모형을 개발했다. 결과를 보면, 기후 환경의 변화가 빠른 상황에서는 생태계의 변화폭도 커지며 인류의 뇌는 이에 맞게 탄력적으로 확대되었다. 이 시기에 협력과 경쟁이 더해지면서 이런 경향은 더욱 강화되었다. 처음에는 가설이었지만, 지금은 과학자들이 분석한 증거를 통해 사실로 확인되었다. 그리고 호모 사피엔스와 네안데르탈인들의 뇌는 10만 년 전까지 상당히 비슷했을 것으로 보인다. 호모 사피엔스의 뇌는 약간 둥글고 볼록한 형태였는데, 이런 모양의 변화가 눈과 손을 더 원활하게 통제하고, 복잡한 도구의 사용, 자아 형성과 기억 능력 향상, 수학적 처리 능력 강화 같은 진화의 기초가 되었다. 이런 식의 진화가 약 3만 5000년 전까지 계속되면서 호모 사피엔스의 두뇌는 현재의 인류와 차이가 없어진다. 2020년 심리학자인 사이먼 배런코언(Simon Baron-Cohen)은 이런 변화의 의미를 설명하는 새로운 이론을 발표했다. 그에 따르면 이 시기의 진화는 정보를 분석하고 패턴을 찾아내는 데 적합한 방식으로 진행되었다. 그리고 이 방식은 언뜻 보기에는 단순하지만 사실 복잡한 알고리듬을 만들어 냈는데, 이 심리학자는 이를 "만약(if), 그리고(and), 그러면(then)"으로 설명했다. ("만약 내가 씨앗을 심었는데, 비가 충분히 내려 준다면, 식물은 자랄 것이다.") 이 알고리듬은 모든 발명의 어머니이다. 농사에서 목공, 과학과 수학에서 문학과 예술에 이르기까지 모든 혁신과 창의성은 이 알고리듬에 뿌리를 두고 있다.

그런데 우리와 뇌 용량이 비슷했던 네안데르탈인들은 왜 이런 진화 경로에서 이탈했을까? 해답의 열쇠는 머리, 정확하게는 두개골(머리뼈)의 형상과 관계가 있다. 지난 20만 년 동안 호모 사피엔스의 두개골은 처음에는 앞으로 볼록한 형태를 가지고 있다가 점차 납작하고 둥근 형태로 진화했다. 볼록한 형태는 사실 네안데르탈인과 거의 비슷한데, 호모 사피엔스는 다른 형태로 진화한 것이다. 두개골 형태의 변화는 얼굴 모습만 바꾼 것이 아니라, 성격에도 영향을 미쳤다. 남성성과 관계 있는 테스토스테론(testosterone) 분비를 억제해 과격하고 즉흥적인 행동을 조절하게 된 것이다. 테스토스테론 분비가 많은 침팬지를 보면, 작은 무리에 살면서 종종 매우 거친 행동을 하는데, 콩고 강 근처에서만 살면서 진화한 침팬지의 사촌 보노보는 이 호르몬의 분비가 적고 큰 무리를 이루고 살면서 평화로운 분위기를 조성한다. 테스토스테론의 분비가 적다고 해서 유전적 돌연변이라고 할 수는 없지만, 종의 진화 과정과 관계가 있다고 유추해 볼 수 있다. 만약에 암컷들이 상대적으로 덜 과격한 수컷을 자신의 짝으로 선호한다면 어떤 일이 벌어질까? 혹은 과격한 수컷이 무리로부터 배척을 당해 결과적으로 차분하고 사회적인 수컷이 사회적으로 존중받는다면? 이 전략은 '다정한 것이 살아남는다.'라고 요약할 수도 있겠다. (인류학자 브라이언 헤어(Brian Hare)와 작가 버네사 우즈(Vanessa Woods)는 이 전략을 소개하는 『다정한 것이 살아남는다(*Survival of the Friendship*)』(2020년)를 펴낸 바 있다. ─ 옮긴이) 즉 인류가 스스로를 길들였다는 흥미로운 결론으로 이어지는 것이다.

두개골과 뇌의 사례처럼 진화의 양상은 매우 까다로운 수수께끼인 경우가 많다. 우리의 뇌는 복잡하면서도 정교하며 합리적인 추론이 가능하도록 미세 조정되어 있다. 이런 점이 더 나은 선택을 하는 데 도움을 준다고 생각해 볼 수도 있다. 그러나 개인이든 사회이든 우리는 사실과 증거를 활용하는 데 종종 미숙한 면을 보이곤 한다. 기후 변화처럼 전 세계 모든 사람에게 영향을 미치는 문제들은 특히 더 어려운데, 촉박한 시간 내에 효과적인 대응책을 마련하고 광범위하게 실행해야 하기 때문이다. 우리의 언어 체계와 정신 작용은 같이 진화하는 경향이 있다. 그러면서 독특한 언어 특징이 형성되는데, 다른 사람들을 억제하고 강요하면서 어르기도 하는 능력, 즉 설득력이 중요하게 작용한다. 이런 점에서 현생 인류는 탁월한 설득력을 가지고 있다. 그렇지만 남을 설득하는 힘은 진실에 기반하지 않는 경우가 많다. 과학자들에게는 억울한 일이지만 남을 내가 원하는 방향으로 움직이게 하는 능력은 진화의 가장 중요한 특징이다. 에이드리언 바던(Adrian Bardon)은 『거절에 대한 진실(*Truth About Denial*)』에서 다음과 같이 말했다. "우리 조상들이 살던 환경을 유추해 보면 주위 환경에 대한 지식이 많고 정확한 사람들이 생존에 유리한 상황이었을 것이다. 작은 무리에서 협업과 설득력은 사회를 유지하는 중요한 요소

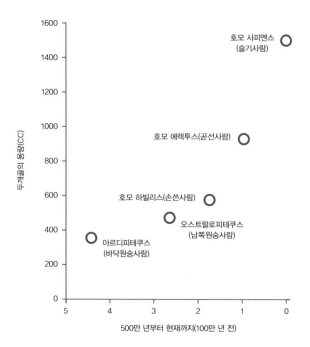

1600

1400

1200

1000

800

600

400

200

0

두개골의 용량(CC)

호모 사피엔스
(슬기사람)

호모 에렉투스(곧선사람)

호모 하빌리스(손쓴사람)

오스트랄로피테쿠스
(남쪽원숭사람)

아르디피테쿠스
(바닥원숭사람)

5   4   3   2   1   0

500만 년부터 현재까지(100만 년 전)

시간별로 늘어나는 뇌의 용량.

였다." 한 개인이 무리 속에서 살아남고 짝을 찾기 위해서는 무리 전체의 집단 지식과 믿음에 순종해야 했을 것이다. 그리고 이런 사회적 조건은 세대를 거쳐 인류의 DNA와 정신 세계에 깊이 각인되었다.

정리해 보면 인류의 인지 능력은 두 단계의 진화를 거쳐 혁신적으로 발달되었다. 첫 단계는 정보를 처리하는 독특한 능력의 진화이다. 앞에서 이야기한 '만약, 그리고, 그러면' 구조가 핵심 엔진이다. 그리고 두 번째 단계는 다른 사람들과 협력하고 공감하고 교육하고 심지어 남을 기만하는 일까지 모든 사회적인 활동을 할 수 있는 능력의 진화이다. 이는 무리와 종족 전체를 지속 가능하게 만들었고, 점차 확대해 가면서 새로운 문명을 출현하게 하는 바탕으로 작용했다. 배런코언은 『패턴 탐색자(*Pattern Seekers*)』(2020년)에서 이렇게 썼다. "인류의 인지 능력에 대한 두 작동 원리를 연구해 보면, 현생 인류와 다른 종들의 진화 경로에 차이가 발생한 이유를 알 수 있다. 그리고 이는 현대인들 사이에 놀랄 만한 다양성이 존재하는 이유도 설명해 준다." 실제로 어떤 사람은 정보를 체계적으로 처리하는 능력은 탁월한 데 비해, 사회적 활동은 미숙하거나 불편해한다. 반대 성향의 사람도 많다. 이 두 성향은 한 사람의 내적 환경과 사회 전체의 운영 방식 사이에서 일정한 긴장과 균형을 만들어 내는데, 이를 조절하는 능력이 오늘날 성공과 실패를 좌우한다. 현재 인류가 지구의 시스템에 미치는 영향력을 생각해 보면, 인류의 인지 능력에 대한 지식은 매우 중요한 통찰력을 제공한다.

인구의 병목 현상

압도적인 인지 능력이 있다 하더라도, 위기가 없었던 것은 아니다. 가장 큰 위기는 약 7만 년 전에 다가왔다. 큰 재앙이 우리 조상에게 들이닥친 것이다. 유전자 분석에 따르면 호모 사피엔스의 출산 가능 인구는 당시 남녀 각 1만 명밖에 되지 않았을 것으로 보인다.[6] 실제로 우리 모두는 이런 작은 무리의 후손인 셈이다. 그렇다면 당시 무슨 일이 있었기에 호모 사피엔스가 멸종할 뻔했을까?

지질학 조사에 따르면, 지난 250만 년 동안 가장 큰 화산 활동은 7만 5000년 전에 발생한 인도네시아 토바 산 분화로, 이후 수십 년 동안 지구는 화산 겨울(volacanic winter)을 맞이했다. 화산 활동으로 분출된 미세한 화산재가 대기를 뒤덮어 햇빛을 차단하기 때문에 생긴 이름인데, 잠잠해진 이후에도 수백 년 동안 기후 환경을 차고 건조하게 만들었다. 따라서 과학자들은 이때의 기후 환경 변화를 우리 종을 위협한 근본 원인으로 추정해 왔다. 최근에는 조금 다른 증거도 발견되었다. 토바 화산의 분화가 위협적이긴 했지만, 우리 조상들은 아프리카 거주지에서 비교적 잘 살아남았다. 인구 병목 현상의 원인은 아직 더 많은 연구가 필요해 보인다.

＊＊＊

　　왜 우리의 뇌는 계속해서 확장하지 않았을까? 당연히 물리적인 한계가 존재하기 때문이다. 여성의 골반은 한계가 있어서 태아의 머리 크기를 제한한다. 그러나 사회 환경을 바꿀 만한 새로운 혁명이 곧 다가온 것으로 보인다. 산업 혁명이 아닌 농업 혁명(agricultural revolution)이다. 지구를 뒤덮었던 얼음이 북극 지방에 한정되면서, 인류는 식량 확보 방법을 혁신했다. 농업은 두뇌 발달에 흥미로운 영향을 미쳤고, 아마 여러분의 예상과는 조금 다른 방식일 것이다.

4장
골디락스 시대

두 말할 필요 없이 나는 다른 시대로 넘어가고 있다. 1만 2000년 전부터 인류에게 농사짓기 적당하고 살기 좋은 날씨를 줘서 결과적으로 문명을 꽃피우게 했던 홀로세에 태어났지만, 이제 다른 지질학적 시대로 가고 있다. 불과 한 시대에, 그것도 내가 살아 있는 동안 이런 변화가 발생한 것이다. 홀로세는 끝났고, 에덴 동산은 이제 사라졌다. 우리는 삶의 터전인 지구를 정신없이 바꿔놨으며, 그 결과 과학자들은 새로운 지질 시대가 왔다고 주장한다. 그리고 이 시기는 '인류세', 즉 '인간의 시대'라는 이름이 붙었다. — 데이비드 애튼버러(David Attenborough), 2019년 다보스 세계 경제 포럼 인류 문명의 역사는 정확히 홀로세의 역사이다. 이 시기에 주어진 온화하고 안정된 기후가 아니었다면, 인류 문명은 지금보다 훨씬 더디게 발전했을 것이기 때문이다.

***

홀로세의 시작과 끝은 매우 분명하다. 이 시기는 1만 2000년 전에 시작되었고, 1950년대에 막을 내렸다. 10만 년 동안 계속된 혹독한 추위가 사라지고 난 후, 지구의 공전 궤도 변화와 지구의 역동성이 결합해 빙하기는 차츰 힘을 잃어 갔다. 그렇다고 해서 시대의 변화가 원만했던 것은 아니다. 따뜻한 날씨에 크기가 작아진 빙하들은 계속 부서졌고 빙하가 녹은 만큼 해수면은 상승했으며 큰 홍수가 반복되었다. 초기에 호모 사피엔스는 이런 환경을 견뎌내야 했을 것이다.

브레이킹 바운더리스

차가운 담수가 해양의 순환을 천천히 멈춰세우면 유사 빙하기의 기후 환경이 나타나는데, 당시가 그런 상황이었을 것이다.

시간이 흐르면서, 지구는 과학자들이 홀로세(그리스 어로 '완전히 새로운 시대'를 뜻하며 완신세(完新世)라고도 한다. — 옮긴이)라고 이름 붙인 시대에 들어서는데 빙하기 사이에 나타나는 따뜻한 기간 중의 하나이다.[1] 너무 덥지도 않고 너무 춥지도 않은 흔치 않은 이 시기를 우리는 '에덴 동산' 혹은 '골디락스 시대(황금기)'라고 부른다. 홀로세를 규정하는 특징은 다른 간빙기 시대보다 더 온화하고 안정적이라는 점이다. 상당히 특이한 현상인데, 그만큼 이 안정성은 취약한 면이 있기도 하다. 2장에서 봤듯이, 지구는 모든 요소가 역동적으로 연결되어 있어 하나의 조건이 바뀌면 그것이 방아쇠가 되어 연쇄적인 변화가 일어난다. 궤도에 대한 계산은 박물관 수위와 수학자의 기여로 인해 이미 완료되었다. 이 계산대로라면 홀로세는 앞으로 5만 년은 더 계속될 터였다. 누군가 지구에 내장된 방아쇠를 강하게 당기지만 않았다면 말이다. 온화한 기후 환경은 뿔뿔이 흩어져서 수렵 채집을 하던 한 종을 전 세계가 모두 연결된 첨단 사회로 나아가게 했다. 그러나 골디락스 시대는 이 시대를 규명하기 위해 수십 년간 연구한 과학자들의 노력과 무관하게 더는 우리 곁에 남아 있을 수 없게 되었다.

홀로세 이야기

홀로세는 하나의 이야기 구조를 이루고 있다. 이 이야기는 한 종이 지구의 지배자로 등극하게 되면서 정교하고 상대적으로 안정적이었던 생태계를 괴멸시키는 과정을 다루고 있다. 그러나 이 이야기는 하나의 서사가 아닌 여러 서사가 중첩되어 있다. 다양한 방식으로 얽혀 있는 사회와 환경, 특히 기후와 생물권이 이 이야기의 주요 구성 요소이다. 또한 혁신과 발명에 대한 내용도 포함되어 있다. 협력과 탄압, 사회 계층과 권력의 이야기도 있고, 사람들의 연대가 봉건적 사회 구조를 와해시켰던 역사도 담겨 있다. 그런 면에서 홀로세 이야기는 인류 문명의 발전에 대한 이야기이기도 하다. 산업 혁명으로 인해 최근에 더욱 활발해졌지만, 문명의 발전은 사회를 복잡하게 만들었고, 복잡한 요소들이 얽혀 있는 지구는 예상치 못한 방향으로 흘러가고 있다.[2]

홀로세 시대의 모든 이야기를 풀어내려는 것은 아니다. 우리의 관심사는 온화하고 풍부한 환경이 새로운 문명을 촉진했고, 결과적으로 과학 기술 분야에서 놀라운 발전을 이루어 낸 과정이다. 이 과정에서 무엇을 얻었고 무엇을 잃었으며 어떤 부분들이 위험한 상황에 놓여 있기에 사회가 기민하게 대응하지 못하는지 분석하고 이에 대한 정보를 제공할 것이다. 또한 우리는 희망을 제시할 것이다. 한때 인류를 괴롭혔던 전쟁과 기아, 질병은 점차 감소하고 있다. 신분 제도의 철폐와 민주주의 확산, 여성 인권의 상승은 우리 사회가 올바른 길로 가고 있음을 보여 준다. 그러나 우리가 성취한 것들에 지나치게 안주해서는 안 된다. 계속되는 과학자들의 경고에도 불구하고, 2020년 이후 창궐한 코로나19가 한 예이다. 사회는 언제든지 새로운 위험에 처할 수 있다.

서로 얽혀 있는 사회와 환경

홀로세가 시작되는 시점에서 호모 사피엔스는 남극을 제외한 대륙 전체로 이주하면서 영역을 확장해 나갔다. 세계화는 이때부터 시작된 것이다. 그렇지만 여전히 변화가 심한 기후 환경은 농업의 출현을 막고 있었다. 올해 겪었던 날씨가 내년에도 반복되리라는 믿음이 있어야 한곳에 정착해 농사를 지을 텐데, 아직 그런 환경에 도달하지는 못했다.

그러나 날씨는 점차 안정되고 일정한 리듬을 타게 되었다. 건기와 우기, 계절의 변화가 수천 년간 일정하게 유지되면서 인류는 이것을 자연스럽게 받아들였다. 지구 생태계의 모든 구성원은 이 환경에 적응하게 되었고, 살기 좋은 환경을 만끽했다. 지구의 평균 기온은 홀로세 내내 위아래 1도의 범위를 벗어나지 않았고, 온도 조절기 역할을 하는 이산화탄소는 280피피엠 수준을 유지했다. 이런 축복받은 환경은 산업 혁명 전까지 계속되었다.

그러나 홀로세에 접어들어서도 전 세계 모든 지역이 동시에 안정적인 기후 환경을 가지게 된 것은 아니었다. 따라서 농사를 짓고 가축을 기르는 일은 환경이 허락하는 일부 지역에서 시작되었다. 과학자들의 발견을 보면 1만 1000년 전 지금의 이라크 지역, 즉 티그리스 강과 유프라테스 강 사이의 비옥한 땅에서 농사를 짓는 메소포타미아 문명이 나타났고, 1만 년 전에는 중국과 중앙아메리카 내륙 지역에서 각각 농사가 시작되었다. 그리고 다시 8000년 전에는 인도, 아프리카, 북아메리카와 남아메리카의 안데스 산맥 부근과 다른 지역에서도 농사가 시작되었다는 흔적이 보인다. 우리 조상들은 처음에는 개를 길들였고, 다음에 밀과 보리, 콩, 소, 돼지, 병아리콩, 고양이를 순서대로 길들이거나 재배했다.[3]

식물을 재배하고 동물을 길들이는 행위는 세계 곳곳에서 개별적으로 시작되었다. 이는 문명의 탄생 배경에 온화한 기후 환경이 있었다는 증거일 것이다. 무리들 간의 정보 교환이 없었음에도 예상 가능한 기후 환경만으로 최초의 산업 혁명이 탄생했기 때문이다. 이제 인류는 생존의 가장 중요한 수단인 식량을 일정한 계획에 맞게 확보할 수 있게 되었고, 문명의 발전에 있어서 처음으로 '현대적인 사회'를 구축했다.

농업 혁명은 지구 생태계에도 큰 영향을 미쳤다. 홀로세의 초기에 지구에는 약 6조 그루의 나무가 있었는데, 현재는 반 정도만 남아있다. 농업 혁명 이후 수천 년간 농업 기술은 세계 여러 지역으로 확산되었고, 경작지 확보를 위해 그만큼 많은 나무를 베어야 했다. 이런 행위는 대기 중 이산화탄소 농도에 변화를 주었지만, 아직 자연의 한계를 넘지 않는 미미한 수준이었다. 무분별한 벌채가 지구 생태계의 기능을 방해하는 것은 훨씬 나중에 일어난 일이었다.

기후 변화가 정말 그렇게 심각한 일인지 의구심을 표하는 사람들도 있다. 이들의 주장에 따르면, 이례적으로 날씨가 따뜻했던 '중세 온난기(medieval warm period)'에 로마 사람들은 영국의 런던에 포도밭을 일구었고, '소빙하기(Little Ice Age)'에 런던 사람들은 템스 강에서 스케이트를 즐겼다는 사실을 환기한다. 이런 사례는 기후 변화가 특정 지역에 한해서 일어나고, 지구 전체의 기후 환경과 큰 관계가 없

브레이킹 바운더리스

다는 점을 의미한다. 기후 변화에 대한 회의론자들은 지금의 기후 변화도 국지적인 현상이라는 주장을 하기도 한다. 지구의 기후는 일정한 순환 주기와 화산 분출과 같은 급작스러운 변화에 영향을 받기에 확실하게 눈에 띄는 조짐이 없는 현대의 기후 변화는 원인이 아직 불분명하다는 게 이들의 생각이다. 그러나 오랜 기간 지구의 평균 기온은 위아래 1도의 좁은 범위를 벗어난 적이 없다. 이에 비하면 지금의 지구 온난화 추세는 정상 궤도를 이탈했다고 봐야 한다. 여기에 대해 회의론자들은 빙하기나 열실 상태의 기후를 생각해 보면 지구의 기후는 언제나 변하고 있으며 변화의 폭이 조금 커졌다고 해서 큰 문제가 있는 것처럼 호들갑을 떨 필요가 없다고 반박한다. 그럴싸하지만 지구는 약간의 변화에 매우 예민하게 반응한다는 것을 간과했다. 홀로세 기간 동안 기후 환경은 거의 변화가 없었고, 이것이 문명의 출현과 발달에 가장 기본적인 바탕이 되었다.

인류 문명이 지구의 모든 지역에서 관찰되는 것은 아니다. 시베리아 지역처럼 춥고 황량해 사람이 거의 살지 않는 지역도 있고, 적도의 밀림 지역처럼 덥고 습해 전염병의 위험이 큰 지역도 있다. 이런 지역들을 제외하면 지도에 좁은 띠를 그려 볼 수 있는데, 이 띠에 포함된 지역들에 높은 수준의 정치적 자유와 기술적 발전을 이룬 사회가 집중되어 있다는 사실은 우연이 아니다. 결과적으로 '운 좋은 위도대 (lucky latitudes)'라고 평가받는 이 지역들이 경제적으로 앞서 있고 세계 질서를 선도하고 있다.

홀로세 시대 내내 계속된 온화한 기후 환경이 우리의 삶에 든든한 버팀목이 되어 주었다. 앞에서 이미 이런 기후 안정성이 얼마나 중요한 것인지 언급했고, 이에 따라 이 안정성을 보호하는 것이 우리의 엄중한 책임이라는 점도 충분히 이해할 수 있는 일이다. 실제로 이런 세계관은 모든 문명권에 녹아 있다. 우리가 씨를 뿌리고 곡식을 거두고 생활을 꾸려 나가는 방식은 자연과의 조화를 중요하게 여겼다. 그러나 고립된 지역에서 일어나는 재앙은 피할 수 없었다. 태평양 한가운데 있는 라파 누이(Rapa Nui) 섬은 거대한 석상으로 유명한데, 이곳에 있던 문명은 1600년대 혹은 1700년대 초에 멸망한 것으로 보인다. 나름 적당한 문명을 보유하고 있던 사회가 갑작스럽게 사라져서 그 배경에 대한 해석이 분분했는데, 결론은 그들의 무분별한 벌채 때문이었다. 별것 아닌 것처럼 보이던 숲의 기능이 사라지자 삶의 조건이 급격하게 붕괴한 것이다. 이런 상황은 고립된 지역이라면 곳곳에서 찾아볼 수 있는데, 고도로 연결된 현대 사회는 문명의 붕괴까지 진행되지는 않을 것이다. 그러나 절대적으로 안전한 사회는 있을 수 없다. 자연과 단절된 문명은 그 나름의 취약점을 가질 수밖에 없기 때문이다. 2020년의 전염병 확산은 이를 보여 주는 상징적인 사례이다.

혁신과 창의성

문명의 경쟁에서 최초의 승자는 메소포타미아 문명을 개척한 수메르 인들이었다. 농사법과 사회가 점점 더 정교해짐에 따라 잉여 생산물이 늘어났다. 7000년 전 즈음에 몇 개의 도시가 메소포타미아 평원에 형성되었는데, 어떤 도시는 인구가 8만 명이 넘었을 것으로 추정된다. 바로 이곳에서 인류의 최초 기록이 발견되었다. 쐐기 문자가 등장한 것이다.[4] 수메르 인들은 이 문자를 상거래나 물품 재고를 관리하는 데 사용했다. 그리고 점차 법률이나 역사 기록, 소설 집필이나 정책 관리의 용도로 확대되었다.[5] 문자로 기록을 남긴다는 것은 사회 발전의 근본적인 혁신이라고 할 수 있는데, 문자를 통해 문명의 발전이 더욱 확대되고 관리 체계가 정교해져서 더 큰 집단, 즉 국가의 출현을 가능하게 만들었다.

문자 이전 언어의 사례도 그랬지만, 기록을 남긴다는 것은 새로운 혁신을 촉진했다. 누군가가 바퀴의 원리와 쓰임새를 기록해 놓는다면, 다른 사람들이 굳이 바퀴를 새롭게 발명할 필요가 없는 법이다. 이렇게 기존의 지식은 문자와 언어를 통해 계속 축적되었다. 그러나 황제에 의한 통치나 종교적 사고가 굳건한 사회에서는 글을 익히는 것 자체가 소수의 엘리트들에게만 허용되는 일종의 특권이었다. 그들은 민중을 더 쉽게 통치했으나 반대로 획기적인 아이디어나 기술적 혹은 사회적 혁신은 1000년이나 미루어졌다. 또 다른 획기적인 혁신은 수메르 인들의 쐐기 문자로부터 약 6000년이 흐른 후에야 나타날 수 있었다. 요하네스 구텐베르크(Johannes Gutenberg)가 개발한 인쇄술이 그 주인공이다. 인쇄술은 홀로세를 관통하는 가장 중요한 분기점이었다. 영국의 역사학자인 닐 퍼거슨(Niall Ferguson)에 따르면 1500년대 유럽 곳곳으로 확산된 인쇄술은 18퍼센트에서 80퍼센트까지 도시가 성장하는 데 크게 기여했다. 인쇄술로 인해 사람들은 경제의 원리를 알게 되었고, 기술자가 가지고 있던 기존 지식, 예를 들면 맛있는 맥주를 제조하는 법도 손쉽게 전파할 수 있게 되었다. 이렇게 활자화된 지식은 여러 사회를 거치면서 더욱 새롭고 개혁적인 사고 방식을 장려했고, 사회의 분위기는 점차 계몽주의(Enlightenment)와 과학적 합리주의로 이동하기 시작했다.

협업과 강압, 계층과 권력

진화의 역사에서 협업만큼 문명의 발전에 크게 기여한 것은 거의 없을 것이다. 홀로세 초기부터 협업의 역할은 절대적이었는데, 가장 중요한 것은 농사에 필요한 물을 관리하는 것이었다. 물을 일정한 곳에 확보하는 것은 가뭄에 대비하는 가장 중요한 수단이었지만 관개 시설은 큰 공사가 필요해서 개인보다는 사회가 해결해야 할 과제였다. 자연스럽게 개인의 노력보다는 집단의 협업이 필요하게 되었고, 초기 사회에 강한 연대감이 자리 잡았을 것이다. 이렇게 축적된 사회적 경험은 더 효율적인 협업 방식을 고민하게 만들었고, 결과적으로 오랜 기간 축적된 경험은 학문 체계로 구체화되고 사회 혁신의 촉매제가 되어 자원을 효율적으로 관리하는 중앙 집중식 관리 방법의 개발로 이어졌고, 이를 바탕으로 더 큰 공동체, 즉 국가가 출현할 수 있었다.

초기의 국가는 관개 시설 관리가 주요 목적이었다. 이 시설을 통해 농업 생산성이 향상되었고, 그 대가로 잉여 가치가 생겨 마을과 도시가 성장하는 밑거름이 되었다. 물 관리 기술들은 발전을 거듭해 깨끗한 물을 도시에 공급하고, 오수는 외곽으로 빼 버리게 했다. 문명이 발전하고 정교해지면서 물의 수요는 급격하게 증가했다. 그리

브레이킹 바운더리스

고 이렇게 증가한 수요의 70퍼센트는 관개 시설을 통해 해결되었다. 1900년 이후의 기록을 보면, 전 세계 담수의 수요는 약 6배 증가했는데, 1950년대에 개발된 트랙터와 비료 등의 혁신적인 기술이 농업 분야에 적용된 것도 한 이유이다. 물을 중심으로 한 농업 분야의 혁신은 수십억 명의 사람들에게 안정적인 식량을 제공할 수 있었다. 다만, 현재는 농업 분야의 생산성이 어느 정도 한계에 도달한 것처럼 보이기도 한다. 아마도 쓸모 있는 수자원이 더는 남아 있지 않아서 그런 것일 텐데, 세계 은행의 추산에 따르면, 2050년까지 늘어나는 인구를 감당하기 위해 현재보다 15퍼센트가 늘어난 농업 용수가 필요할 것으로 보인다. 이 물은 어디서 가져와야 할까?

다시 옛날로 돌아가, 도시들이 성장하면서 권력은 부족장, 왕 혹은 황제에게 집중되었다. 거대한 제국들이 등장한 것이다. 권위주의적인 사회 체제에서 기술 혁신은 전쟁의 도구를 개발하는 데 집중되었다. 그리고 건축 기술은 권력을 찬양하는 데 동원되었는데, 이집트와 마야 문명의 피라미드나 유럽의 성당 들이 그 예라고 할 수 있다. 이 시기에 권력은 숲과 노예, 말과 소를 통해 얻는 에너지에 비례했고, 유용한 정보는 오직 지배 계급에서 하층민으로 한 방향으로만 전파되었다. 메소포타미아 문명의 거대한 관개 시설처럼 주요 시설 공사들이 착착 진행되었지만, 서서히 스며드는 소금물로부터 농산물을 보호하는 것은 아무리 지배 계급의 힘이 강하다고 할지라도 중과부적이었다.

시민의 연대가 권위주의를 무너뜨려

제국들은 스스로 통치 시대에 대한 역사를 남겨 놓아 후세에 잘 알려져 있다. 그에 반해 기층 민중의 역사는 상대적으로 덜 알려져 있으나[6] 더 흥미로운 면이 있다. 이에 대해 퍼거슨은 『광장과 타워: 연대와 권력, 프리메이슨부터 페이스북까지(Square and Tower: Networks, Hierarchies and the Struggle for Global Power)』(2018년)에서 "혁신은 권력자들의 명령보다는 시민들의 연대에 의해 성취되는 경우가 많았다."라고 주장했다. 특히 인쇄술이 개발된 이후로는 이런 경향이 매우 강화되었다.

종교 개혁은 오랜 기간 유럽을 실질적으로 지배하던 로마 가톨릭교회 세력과 유럽 북부의 정치 세력 간의 알력에 의해 탄생했다. 특히 유럽 북부의 세력은 인쇄술의 영향으로 소수의 사람들이 공유하던 사상을 유럽 전역으로 확산시키면서 더 많은 영향력을 획득할 수 있었다. 더 의미 있는 것은 이후 계몽 운동으로 승화해 철학과 법률, 과학과 산업 그리고 경제 운영에 대한 전반적인 혁신의 계기가 되었다는 점이다. 소수의 엘리트 지배 체제에서 민주적이고 자유로운 사회로의 전환이 천천히 진행된 것이다. 역사의 발전 속에서 자유 시장 이론을 들고 나온 학자가 스코틀랜드 글래스고 대학교의 애덤 스미스(Adam Smith)이다.[7] 그는 자유 시장 경제 체제가 권위주의 체제보다 자원의 배분을 더 효율적으로 수행할 수 있다고 주장했고, 이는 현대 자본주의의 첫 걸음이었다. (현대의 월마트와 같은 거대한 유통 기업을 보면, 글로벌 시장에서 효율적인 자원 분배가 얼마나 원활하게 조정되는지 알 수 있다. 이런 기업들의 내부 사정을 들여다보면, 강력한 통제와 느슨한 연대가 절묘하게 맞물려 있다는 것을 알 수 있다.)

그러나 시민들의 연대가 항상 긍정적으로 작동한 것은 아니었다. 때때로 사회 공통의 목표와는 다른 행태를 보이곤 하기 때문인데, 이에 대해 퍼거슨은 "연대는 창조적이지만, 전략적이지는 않다."라는 주장을 하기도 했다. 일례로, 사람들 간의 자유로운 연결 고리는 좋은 아이디어뿐만 아니라 해로운 소식도 그만큼 빨리 전파할 수 있다. 사실, 디지털 혁신 속에 살고 있는 현대인들은 매일매일 이런 점을 확인할 수 있다. 디지털 네트워크를 통해 백신이나 기후 변화에 대한 가짜 뉴스가 범람하면서 페이스북이나 트위터는 가짜 뉴스 방지 대책을 수립해야만 했다. 지구가 평평하다는 주장을 굽히지 않는 '플랫 어스 소사이어티(Flat Earth Society)'도 이런 디지털 환경에 편승해 좀처럼 사라지지 않고 있다.

문명의 성장

미국의 저술가이자 인류학자인 재러드 다이아몬드(Jared Diamond)는 농업 혁신이 인류 문명사에서 최악의 실수라는 말을 남긴 적이 있다. 수렵 채집 사회에서 농경 사회로 전환한 것이 발전의 경로라는 관점을 뒤집는 주장이다. 농경 사회가 되면서 개인이 감당해야 할 노동의 양이 증가한 것은 분명한 사실이고, 음식의 영양도 아주 좋아지지는 않았다. 그러나 농사 특히 쟁기가 개발된 이후의 농사는 농지의 단위 면적당 생산성을 크게 늘려서 더 많은 사람을 먹여 살릴 수 있게 했고, 그로 인해 사회의 규모는 점점 더 성장할 수 있었다. 농업 중심의 경제 체제가 사회의 근간으로 자리 잡았다. 원활한 농업을 위해 한 지역에 정착해 생활하는 사람들이 늘어났고, 유목민들이었던 사람들이 마을과 도시로 계속 모여들었다. 농업 혁명이 좋은 점만 있는 것은 아니지만, 마을과 도시의 성장은 삶의 질을 높이는 계기가 되었기 때문에 농업은 단점보다는 장점이 많은 일이었다.

농업이 시작되면서 제국이 건설되고 도시화와 무역이 활발해졌지만, 홀로세에 전 세계 인구는 매우 점진적으로 증가했다. 경제 규모도 천천히 성장하기는 마찬가지였다. 새로운 혁명은 삶의 방식을 바꾸기는 했지만 기하급수적인 인구 증가로 연결되지는 않았다. 도시가 일정한 크기로 확장되면 도시의 크기는 서서히 정체되는 반면 인구 밀도는 계속 높아졌다. 높은 인구 밀도는 사람들의 연결을 강화했고, 그만큼 새로운 사상과 혁신을 장려하는 사회 분위기가 형성되었다. 그리고 이것은 전염병이 창궐하는 바탕으로 작용했다. 1340년대에 발발한 흑사병이 대표적인 예인데, 아시아와 유럽에서만 2억 명이 목숨을 잃었을 것으로 추산된다. 또한 경쟁이 심해지면서 천연 자원을 채굴해 쓸모 있는 상품으로 만든다고 해도 큰돈을 벌기는 어려워졌다. 따라서 봉건 시대의 주요 제국들은 경제를 양적으로 성장시키거나 질적으로 발전시키는 일에 큰 관심을 두지는 않았다. 그러나 자본주의 사회 질서가 도래하고 시장의 힘이 커지면서 영국이나 스페인, 포르투갈과 같은 제국들은 더 많은 부를 위해 다른 지역을 식민지화하고 식민지 자원을 수탈하는 일에 집중했다. 소수의 귀족들은

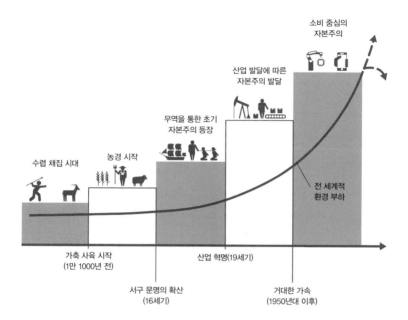

소비 중심의
자본주의

산업 발달에 따른
자본주의 발달

무역을 통한 초기
자본주의 등장

수렵 채집 시대

농경 시작

전 세계적
환경 부하

가축 사육 시작
(1만 1000년 전)

산업 혁명(19세기)

서구 문명의 확산
(16세기)

거대한 가속
(1950년대 이후)

사회의 발전에 따른 환경 부하의 증가.

점점 부자가 되었지만 사회의 전반적인 경제 발전을 이끌지는 못했
다. 질적인 발전은 1800년대에야 가능해졌는데 석탄과 석유가 사람
들에게 생각지도 못한 에너지를 제공하게 된 것이 결정적 계기였다.
그러나 신기하게도 대부분의 경제학자들은 문명의 성장을 분석하면
서 이 에너지의 역할을 축소하는 경향이 있다.

　1775년 스코틀랜드의 엔지니어 제임스 와트(James Watt)는 석탄
을 원료로 사용해 기존보다 훨씬 더 안정적이고 효율적인 증기 기관
을 발명했다. 그의 발견은 당시 선진 공업국으로 발돋움하던 영국의
광산과 공장 들로 빠르게 확산했고 이후 철도 산업에 활용되었다. 이
전까지만 해도 공장은 수력에 의존했다. 강물의 흐름으로 수차를 돌

려 동력을 얻었던 공장들이 수차를 증기 기관으로 대체했다. 효과는 바로 나타났다. 증기 기관과 결합된 제니 방적기는 대량의 옷감을 빠르게 제조할 수 있게 했다. 초기 섬유 산업의 생산성이 크게 향상되었고, 면화에서 면을 추출하는 기계도 개발되어(미국에서는 노예 제도를 통해) 옷감의 생산성을 획기적으로 끌어올렸다. 이후에 전기 기술이 개발되어 전구와 전화, 라디오와 텔레비전, 냉장고까지 다양한 전자 제품들이 시민들의 일상으로 스며들었다. 또 철근 콘크리트 건축 방식은 도시의 빌딩 숲과 사통팔달의 도로망을 가능하게 만들었다. 기술 혁신을 통한 문명의 발전은 각각의 혁신이 서로 상승 작용을 일으켜 더 높이 뛸 수 있는 도약판을 마련해 주었다. 그리고 인류는 기술 혁신을 바탕으로 한 산업 혁명의 시대를 체험하게 되었다.

1804년 무렵 세계 인구는 10억 명의 문턱을 넘어섰고, 인류의 총생산(GDP)은 현재 가치로 1조 달러 정도 되었다. 이 시점부터 총생산은 빠르게 증가했다. 첫 번째 국가는 영국이었다. 특히 영국 북부에 여러 공업 지대가 형성되면서 다양한 제품이 생산되었다. 이런 양상은 유럽과 북아메리카 지역, 이어서 전 세계로 빠르게 확산했다. 215년이 지난 2019년, 전 세계 총생산은 86조 달러로 추산된다. 적절한 표현이 없을 정도로 우리의 경제는 엄청나게 발전했다.

1800년 세계 인구의 90퍼센트는 촌락에 살았다. 산업 혁명이 본궤도에 오르면서 많은 사람이 도시의 공장 지대로 이주했는데, 높은 인구 밀도는 발전과 창의적인 사고의 배경으로 작용했다. 오늘날, 현생 인류는 도시에 사는 종으로 진화했다. 인구의 51퍼센트가 도시에 살고 있고 그중에 3분의 1은 빈민가에 몰려 있는 문제를 가지고 있기

브레이킹 바운더리스

도 하다. 가장 인구가 많은 도시는 일본의 수도인 도쿄로 주변 위성 도시까지 다 합치면 약 3800만 명의 사람들이 살고 있는데 가장 생산성이 높은 도시(그 다음은 뉴욕이다.)인 것도 놀랍지 않다.

도시는 자원과 에너지 측면에서 매우 왕성한 식욕을 가진 동물이다. 이렇게 빽빽하게 모여 살게 되면, 교통과 난방 등의 효율성이 높아져서 개인별 탄소 배출이 상대적으로 감소하는 경향이 있다. 인구가 많다는 것 자체는 더 많은 물자를 요구하며 그로 인해 도시 간에는 전례 없을 정도의 물류 이동이 일어났다. 도시화가 급격하게 진행되면 그만큼 철, 시멘트, 도시를 치장할 화학 제품 수요가 같이 상승한다. 실례로 20세기의 통계를 보면, 미국에서만 약 46억 톤의 시멘트가 도시 건설에 사용되었다. 2008~2010년 중국은 단 3년 사이에 미국이 100년간 쓴 것보다 더 많은 시멘트를 사용했다. 이렇게 도시화는 세계 곳곳에서 점점 빨라지고 있고 2050년까지 70억 명이 도시에 거주할 것으로 예상된다.

홀로세와 함께 시작한 농업 혁명은 우리 조상들이 작은 땅을 일구면서도 더 많은 사람을 먹여 살릴 수 있게 만들었다. 이런 경향은 산업 혁명 전까지 오랜 기간 계속되었는데, 단위 면적당 생산량은 거의 한계에 도달해 있는 상태였다. 농업 생산성은 비료에 의해 다시 성장할 수 있는 계기를 가졌는데, 초기의 비료는 바닷새의 배설물이 누적되어 만들어진 구아노(guano)라는 천연 물질이었다. 산업 혁명의 초기에 매년 수백만 톤의 구아노가 남아메리카에서 유럽으로 수출되어 농업 분야에 사용되었다. 이후에 두 독일인, 프리츠 하버(Fritz Haber)와 카를 보슈(Carl Bosch)가 공기의 대부분을 차지하고 있는 질소로부터 합성 비료를 만드는 법을 개발해 더는 새들의 신진 대사에 의존할 필요가 없게 만들었다. 이 발명은 농업 생산성을 크게 상승시켜 과학 기술 역사의 한 페이지를 장식했다.

1000년 전에는 농사가 가능한 땅 중에 오로지 4퍼센트만 농경지였다. 지금은 남아메리카 크기의 땅에 농사를 짓고, 아프리카 크기의 땅에 가축을 기르고 있다. 인류가 거주할 수 있는 땅의 50퍼센트가 농업과 축산업에 활용되고 있는 셈이다. 그러나 이렇게 상승한 농경지의 면적도 농업 생산성의 증가에 비하면 미약해 보인다. 합성 비료와 농업 분야의 기술 혁신이 농업 생산성 향상에 크게 기여했기 때문이다. 통계를 보면, 1860~2016년에 약 1억 2800만 명이 기아로 사망했다. 기아의 원인은 다양했다. 흉년이 들기도 했고, 가격이 불안정해지거나 극심한 빈곤, 무역 금지 조치 등이 원인으로 작용했다. 그러나 사람이 굶어 죽는 끔찍한 상황은 1960년대 이후 서서히 자취를 감추고 있다. 최근에는 정치 체제가 불안정한 지역에서 주로 발생하고 있을 뿐이다. 이런 상황은 분명히 우리 문명이 이룬 성과로 평가할 만하다. 물론, 모든 위험이 사라진 것은 아니다. 오히려 최근의 기후 변화는 농업 생산성에 상당한 나쁜 영향을 주고 있는데, 더 악화된다면 식량 부족 사태가 세계 곳곳에서 다시 발생할 수 있다.

농업과 의료 분야 혁신을 비롯해 지난 100년 동안 이루어진 수많은 혁신은 결과적으로 인구 증가를 불러왔다. 1804~1927년에 전 세계 인구는 약 10억 명 증가했다. 그러나 불과 48년 후인 1975년에 인구는 2배 더 늘어나 약 40억 명이 되었다. 그리고 지금은 78억 명을 넘어서고 있다. 정신없이 상승하던 인구는 여성들의 교육 수준이 향상되고 사회 진출의 기회가 커지면서 증가 속도가 현저하게 느려지고 있는 추세이다. 인가 증가 속도는 1960년대 최정점에 도달한 후 꾸준하게 감소했고, 이제 스웨덴 학자인 한스 로슬링(Hans Rosling)이 제기한 것처럼 여성 1명이 2명의 아이를 가지는 '피크 차일드(peak child, 출생 꼭짓점)' 단계에 진입하고 있다. 이 단계가 되면 출생에 따른 실질적인 인구 증가는 없어지는 것으로 보고 있다.

지구의 인구는 21세기 내에 100억~110억 명에서 정점을 찍은 후 약간 줄어 100억 명 수준에 도달할 것으로 보인다. 어마어마한 규모이기는 하지만, 「행동 규범 III」에서 보듯이 생활 방식을 조절하면서 농업 기술을 혁신하면 충분히 유지할 수 있는 수준일 것이다.

출생률이 떨어져도 인구가 계속 성장할 것으로 예상하는 이유는 수명이 연장되기 때문이다. 1900년 이후 120년 동안 인간이 평균 수명은 35세에서 70세 이상으로 획기적인 개선을 이루었다. 위생이 개선되고 의약품이 개발되면서 모든 연령대 생존율 통계가 좋아졌다. 그중에서도 눈에 띄는 것은 유아 사망률이 엄청나게 감소했다는 점이다. 천연두 백신이 처음 등장한 1796년 이후 다양한 질병에 대한 백신 개발도 큰 역할을 담당했다. 19세기 말까지 천연두, 콜레라, 악성 전염병, 광견병의 백신들이 개발되었고, 외과 수술을 위한 소독제도 널리 확대되었다. 1928년, 스코틀랜드의 과학자 알렉산더 플레밍(Alexander Fleming)은 우연한 기회에 항생제 페니실린을 개발했다. 1950년대 제임스 왓슨(James Watson)과 프랜시스 크릭(Francis Crick), 로절린드 프랭클린(Rosalind Frankin)은 DNA의 이중 나선 구조를 밝혀냈는데, 의약의 역사에 또 다른 기념비가 세워진 순간이었다.

1800년, 대부분은 지독한 가난 속에 살고 있었다. 가난에 대한 현대의 기준은 한 사람이 하루 1.9달러만으로 연명하는 정도인데, 이 기준으로 보면 세계 인구 중 10퍼센트(7억 명) 정도가 현재 절대 빈곤 상황 속에서 힘들게 살고 있다. 여전히 높은 수치이지만, 1800년과 비교해 보면 50배 개선된 셈이다. 세계가 빈곤을 벗어나는 과정을 되짚어 보자. 전쟁이 끝나고 문명의 이기가 본격적으로 확산되는 시기였던 1950년대를 기점으로 인류는 빈곤을 빠르게 극복할 수 있었다. 그리고 인구 증가율이 눈에 띄게 줄어든 2000년대를 지나면서 빈곤율은 다시 크게 개선되었다. 10년 전에는 전 세계 인구의 25퍼센트만이 하루에 10달러 이상을 사용할 수 있었지만, 현재는 이 비율이 34퍼센트로 개선되었다. 이렇게 빠르게 나아진 것은 인구가 많은 중국과 인도가 2000년대 이후 빠르게 경제를 성장시켰기 때문일 것이다.

현대는 미래학자를 비롯한 모든 사람이 혁신을 이야기하지만, 사람들의 일상을 획기적으로 변화시킨 혁신은 지난 세기에 더 많이 개발되었다. 전기 혁명, 항생제와 합성 비료 발명 등에 비하면 아이팟은 소소하게 보일 정도이다.

경제적 번영은 인류 문명이 가장 최근에 성취한 업적이다. 의심의 여지없이, 지난 200년 동안 우리의 경제는 눈부시게 성장했다. 그리고 경제 성장은 우리를 덜 가난하게 더 오래 살며 더 안전하고 쾌적한 환경에서 살 수 있게 해 줬다. 인류 문명을 통틀어 가장 풍요로운 세계를 건설한 것이다. 특히, 1950년대 이후의 발전 속도는 어떤 수식어를 붙여도 부족해 보이는데, 반대로 이때부터 산업 혁명이 과열되는 조짐이 드러나기 시작했다. 게다가 빠른 경제 성장은 큰 성장통을 내포하고 있었다. 화석 연료와 천연 자원에 지나치게 의존하는 경제 구조가 지구 생태계의 안정성을 저해하고 있기 때문이다. 또한 생명체가 모여 사는 생물권의 회복력을 급격하게 떨어뜨리고 있다. 홀로세가 제공해 준 안정적인 생존 환경을 우리 스스로 차 버린 것이다.

대기 중 이산화탄소의 농도는 로켓처럼 솟구치고 있다. 자동차의 기어처럼 이산화탄소 농도는 지구의 기후 환경을 조절하는 역할을 한다. 화석 연료를 이용한 경제 발전은 현재의 농도를 지난 300만 년간 최고 수준으로 끌어올렸다. 홀로세만 비교해 봐도 평균 50퍼센트 이상 상승한 것이다. 게다가 지금도 빠르게 올라가고 있다. 메테인을 포함한 다른 온실 기체들도 비슷한 양상을 보이고 있다. 해양도 빠르게 산성화되고 있는데, 이 속도는 지난 3억 년 동안 비교 대상이 없을 정도이다. 바닷속의 산소가 줄어들고, 뜨거운 공기는 바닷속 산호초를 학살하고 있다. 실제 오스트레일리아 북동부에 넓게 분포하는 대보초(Great Barrier Reef)의 절반이 지난 10년 동안 사라진 것으로 파악된다. 또한 우리는 오존층에 구멍을 뚫었다. 지구 생태계의 근본인 물과 탄소, 인과 질소 등의 순환 과정도 우리가 이룩한 경제 성장으로 인해 뒤틀리고 있다. 우리가 앞에서 본 것처럼 지구의 환경은 언제나 변화하지만, 인류는 이런 변화를 압도적인 속도로 해치우고 있는 셈이다. 그 결과 여섯 번째 대멸종이 눈앞에 나타나고 있다.

홀로세에 인간 성인이 섭취하는 음식과 소모한 에너지의 평균적인 수치는 하루 약 90와트였다. 현재 미국인이 1인당 사용하는 에너지는 1만 1000와트이다. 상상하기 어렵지만, 코끼리 12마리가 사용하는 에너지와 비슷하다.[8] 왜 이렇게 많은 에너지가 필요하게 되었을까?

거대한 가속의 원인은 무엇인가?

지난 수십 년간 여러 분야의 과학자들이 고심했던 문제 중 하나는 지구에 어떤 변화가 일어나고 있는지 종합적으로 파악하는 것이었다. 처음에는 산업 혁명 때부터 인류의 문명이 지구를 바꿀 수 있는 힘을 갖게 되었다고 보았다. 그러나 이런 관점은 곧 도전을 받게 되는데, 이후 나온 여러 증거를 보면 인류 문명은 1950년대 들어서야 본격적으로 지구 생태계를 쥐고 흔들었기 때문이다.

제2차 세계 대전 이후, 세계는 역사상 혹은 지구가 생긴 이후 가장 극적인 변화로 꿈틀대고 있었다. 자본주의 황금 시대(Golden Age of Capitalism) 혹은 영광스러운 30년(Les Trente Glorieuses)의 시작이었다. 그만큼 이 시기에 우리는 엄청난 번영을 이룩했는데, 학계에서는 거대한 가속(Great Acceleration)이라는 표현을 사용한다. 현재까지도 이어지고 있는 이 시기는 학자들에게 새로운 연구 주제를 주었는데, 한 가지 확실해 보이는 것은 이 시기를 지나면서 지구는 골디락스 시대인 홀로세를 벗어났다는 것이다. 지질 시대는 생명체의 수명보다 훨씬 길어서 생명체는 시대의 변화를 체험하기 어렵기 마련이다. 그러나 거대한 가속으로 인해 우리는 한 사람의 일생 동안, 거대한 지질 시대의 변화를 목격하게 되었다. 이제는 인류세가 시작된 것이다.

인류세라는 이름에 의문을 표시하는 학자들도 있다. 그들의 대안은 자본세(Capitalocene)이다. 산업 혁명은 노예제나 식민지화와 같은 자본가 계급의 악행에 의해서만 가능했기 때문에 산업 혁명에 의한 지질 시대 변화에 자본세라는 이름이 적당하다고 보는 것 같다.

잠자는 거인: 남극

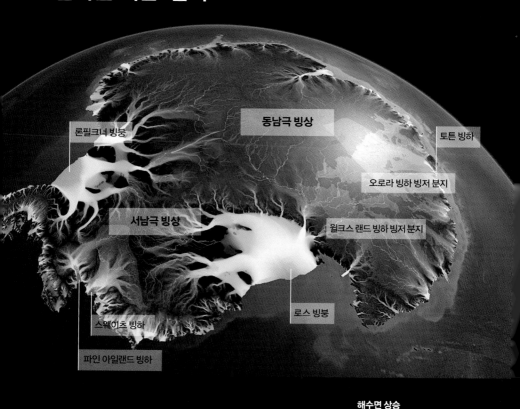

론필크너 빙붕

동남극 빙상

토튼 빙하

오로라 빙하 빙저 분지

서남극 빙상

윌크스 랜드 빙하 빙저 분지

로스 빙붕

스웨이츠 빙하

파인 아일랜드 빙하

얼음 소멸 속도

미터/년

0   200   400   600   800   ≥1000

해수면 상승

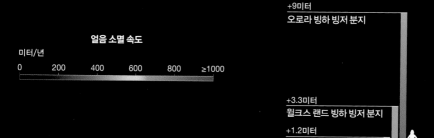

+9미터
오로라 빙하 빙저 분지

+3.3미터
윌크스 랜드 빙하 빙저 분지

+1.2미터
파인 아일랜드 빙하 +
스웨이츠 빙하

남극 대륙은 엄청난 양의 얼음을 보유하고 있다. 이 얼음이 모두 녹는다면 해수면은 현재보다 60미터 이상 상승할 것이다. 전체 얼음의 3분의 1은 해수면 아래에 있는 바위 위에 놓여 있어서 바닷물과 직접 맞닿아 있는데, 이 빙상들부터 소멸하기 시작했다. 온도가 조금만 상승해도 급격하게 녹을 수 있기 때문이다. 최근 10년 사이에 약 3000조 톤의 얼음이 소멸한 것으로 추산된다. 여기에 더해, 서남극 지역의 빙상으로부터 여러 불길한 조짐들이 관측되고 있다. 그 빙상만으로도 해수면의 높이가 3.3미터 상승할 수 있고, 특히 여기 속한 파인 아일랜드 빙하와 스웨이츠 빙하는 더 소멸 위험이 크다고 예상된다. 이 빙하들만 녹아도 해수면이 1.2미터나 상승할 것이다. 반면 남극 동남부 지역의 빙상은 상대적으로 위험이 낮아 보이는데, 이곳 얼음이 녹으면 해수면은 9미터가량 상승할 것이다.

과거와는 다른 지구의 온도 변화

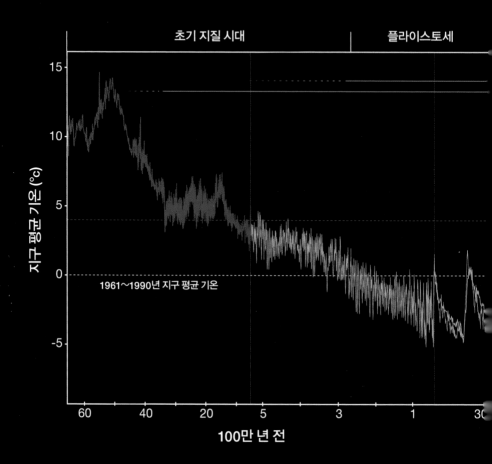

초기 지질 시대 · 플라이스토세

지구 평균 기온 (°c)

1961~1990년 지구 평균 기온

100만 년 전

6500만 년 동안 지구의 평균 기온 변화는 여러 실험 결과로 분석되었다. 각 실험은 색으로 구분했다. 0도 선은 1961~1990년의 지구 온도 평균값이다.

과거: 이 시기 지구 평균 기온은 급격하게 상승하여 5500만 년 전의 극열기 시대와 비슷한 양상을 보였다. 이대로 계속 진행되면 열실 지구 상태로 진입할 것이다. 북반구의 빙붕 소멸 전에 지구 온도를 낮춰야 하며, 온실 기체 감축이 가장 시급한 과제이다. 열실 상태가 아닌 빙하기와 간빙기를 유지해야 한다.

미래: 홀로세 시대의 온화한 기후는 지구 생태계에 가장 적합한 조건이다. 지구 회복 프로젝트를 통해 지구 환경을 다시 홀로세 시대로 돌려야 한다.

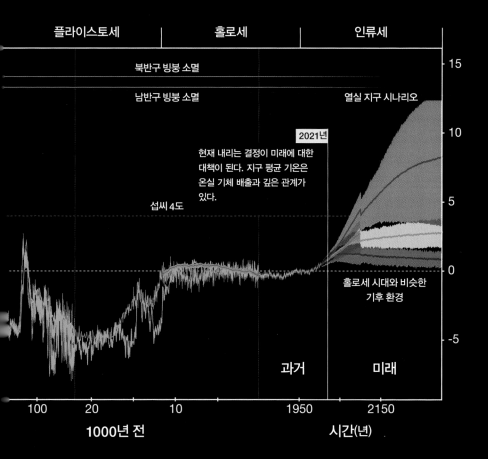

플라이스토세	홀로세	인류세

북반구 빙붕 소멸   15

남반구 빙붕 소멸   열실 지구 시나리오

2021년   10

현재 내리는 결정이 미래에 대한
대책이 된다. 지구 평균 기온은
온실 기체 배출과 깊은 관계가
있다.
섭씨 4도   5

0

홀로세 시대와 비슷한
기후 환경

-5

과거   미래

100   20   10   1950   2150
1000년 전   **시간(년)**

A3

지구 회복 계획

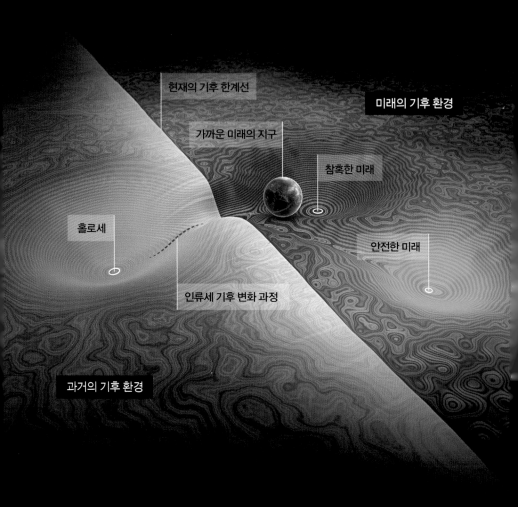

현재의 기후 한계선

미래의 기후 환경

가까운 미래의 지구

참혹한 미래

홀로세

안전한 미래

인류세 기후 변화 과정

과거의 기후 환경

지구의 기후 환경은 온화한 홀로세를 지나 불확실한 미래로 가고 있다. 지구 회복 계획의 목적은 실천 가능한 모든 조치를 통해 지구의 기후 환경을 다시 안정된 상태로 되돌리는 것이다.

실제로, 산업화의 선두였던 영국, 프랑스, 독일, 미국 등이 세계의 주도권을 확보했고, 제2차 세계 대전 이후에는 더욱 큰 영향력을 보유한 것이 사실이다. 이들의 영향으로 자본주의 사상은 지구 곳곳으로 뻗어 나갔고, 아프리카나 남아메리카의 국가들은 자원만을 수탈당한 채 여전히 저개발 상태로 남아 있다.

제2차 세계 대전 후인 1945년부터 원유 가격이 갑자기 4배나 오른 1973년의 오일 쇼크까지 자본주의는 주류 경제 사상으로 자리 잡았다. 그 외에도 여러 가지 변화가 이 시기에 일어났다. 제2차 세계 대전은 미국을 제외한 거의 모든 지역의 경제 기반을 무너뜨렸다. 그로 인해 최강국이 된 미국은 지속적인 경제 성장을 위해 주요 국가의 생산 시설을 복구해야 한다고 판단했다. 마침 전시에 획기적인 기술들이 개발되었다. 비행기 엔진, 레이더, 전자 제품, 컴퓨터 등 전쟁을 위해 개발된 기술들이 곧바로 민간용으로 재개발되었다. 미국의 지원과 기술 혁신이 경제 성장의 바탕이 된 것이다. 미국과 영국은 전시에 확보한 글로벌 리더십을 활용해 새로운 국제 기구를 창설했는데, 유엔이 대표적인 사례이다. 국제 기구의 표면적인 목표는 분쟁을 선제적으로 해결해 평화를 유지하는 것이지만, 그와 동시에 무역과 경제 성장을 촉진하는 조치를 강화하기도 했다. 새롭게 창설한 세계 은행은 개발 도상국들에 자금을 빌려 주었고, 국제 통화 기금(International Monetary Fund, IMF)은 회원국들의 재정적 안정성을 도모했다. 또한 세계 무역 기구(World Trade Organization, WTO)는 국가 간 무역의 걸림돌을 제거하기 시작했다. 여기서 더 발전해 유럽 국가들은 EU를 창설해 과거의 유산인 식민지를 철폐하고, 국가 간 경제적, 정치적, 감정적 파괴 행위를 금지했다. 냉전 시대는 가혹했지만, 이에 대한 반성으로 세계는 정치적인 안정성을 확보하기 위해 노력했다.

거대한 가속은 다른 면도 포함하고 있다. 변화는 생산뿐만 아니라 소비 측면에서도 두드러졌다. 행동 심리학이 발달하면서 마케팅과 광고가 기업의 주요한 경영 전략이 되었고, 특히 미국은 이런 변화를 선도하는 국가가 되었다. 마케팅의 시작은 1920년대 이후지만 곧이어 발생한 대공황(Great Depression)으로 인해 큰 진전은 없었다. 미국 정부는 시장 자유화를 잠시 뒤로 미루고, 적극적인 개입을 통해 경제에 생명력을 불어넣었다. 그리고 이어진 제2차 세계 대전은 정부의 시장 개입을 더욱 당연한 일로 만들어 버렸다. 이 시기에 마케팅과 광고는 기업 활동의 한 축으로 발전을 거듭했다. 동시에 유럽 일부와 영국에서는 좌파 계열의 정당이 집권해 의료 보험과 교육 체계를 전례 없는 규모로 확대하는 대담한 정책들을 집행했다. 결과적으로 이 정책들은 위생과 사회적 이동성을 크게 개선했고, 사람들의 수명은 늘어났다. 또한 대학과 연계한 혁신 프로그램들이 각계 각층으로 확대되었다. 자본주의라는 기계는 커다란 부를 창조했고, 이를 통해 확보한 세금으로 국가는 중산층의 확대를 위한 정책에 투자했다. 또한 고속 도로와 병원, 대학 등의 교육 기관과 같은 사회 기반 시설이 늘어나 발전을 촉진했다. 이런 과정은 확실히 긍정적이었는데, 중산층이 늘어나면서 더 많은 세금을 거둘 수 있었고, 넉넉한 세금은 빈곤 퇴치를 더욱 촉진하는 선순환 구조가 이루어진 것이다. 거대한 가속은 자본주의의 효율성과 사회주의의 공공성이 결합한 결과였다.

현재 위치

경제 성장은 강력한 이론이 되었다. 정치인들과 경제학자들로부터 시작된 이 이론은 성장통이 있다고 하더라도 경제가 성장하기만 하면 사람들의 삶은 계속 발전할 것이라는 믿음으로 자리 잡았다. 그러나 이제는 양적 성장보다 질적 성장이 중요해졌다. 화석 연료는 더는 주요 에너지원이 될 수 없다. 1973년 경제학자 케네스 볼딩(Kenneth Boulding)이 의회 청문회에서 주장했다. "한정된 세계에서 기하급수적인 성장이 계속될 것으로 믿는 사람은 미친 사람과 경제학자밖에 없을 것이다." 게다가 최근의 연구 결과는 선진국의 경제 성장이 더는 사람들을 행복하게 만들지 않는다는 점을 보여 준다. 부유한 국가는 더 부유해지는 데 비해, 시민들이 체감하는 혜택은 정체되어 있다. 그렇다고 경제 성장을 멈추는 것이 해결책이 될 수는 없다. 아직 세계에는 힘겹게 하루하루를 연명하는 사람들이 많기 때문이다. 이들에게 경제 성장은 여전히 필요한 일이다. 인류가 구축한 자본주의 경제 체제는 매우 강력한 도구이다. 앞으로의 발전은 이 도구를 활용해 지구 환경을 복원함과 동시에 빈곤을 종식하는 것이다.

*＊＊

홀로세에 성장하지 않은 것이 있다면 그것은 우리의 뇌이다. 실제로 홀로세의 시작부터 농업 혁명을 거치면서 우리의 뇌 용량은 10~17퍼센트 축소되었다. 아마도 영양 상태가 부실했기 때문일 것

이다. 뇌의 용량이 다시 회복되는 것은 홀로세를 지나 인류세에 와서
야 가능했다. 위생이 개선되었고, 무엇보다 아이들의 영양 상태가 향
상된 것이 주요 원인일 것이다.

결론적으로 홀로세는 농업 혁명과 함께 시작했고, 과학 및 산업
혁명과 함께 끝을 맺었다. 지질학의 기준에서 보면, 눈 한 번 깜빡일
시간에 하나의 종이 지구 생태계를 완전히 장악했고, 생태계의 작동
방식을 조절하는 위치에 오른 셈이다. 인류는 막강한 힘을 가지게 되
었다. 이제 우리는 신중하게 행동해야 한다.

행동
규범
II

5장

3개의
과학적 통찰

티핑 포인트는 무시무시한 의미를 내포한다. 우리가 이 지점
을 넘어서면, 기후 환경은 통제 불능의 상태에 빠지기 때문
이다. 빙하가 녹아서 바닷물과 합쳐지면, 우리가 할 수 있는
것은 없다고 봐야 한다. ― 제임스 한센(James Hansen, 전
NASA 연구원), 2009년

과학자로서 지난 20년은 감탄과 한숨의 연속이었다. 지구의 작동 방식에 대해 더 많은 것을 알수록 근심도 같이 커졌다. 우리가 건설한 문명의 힘은 지구의 시스템 자체를 흔들 정도로 세졌다. 나는 지구를 상징하는 파란색 구슬을 항상 주머니에 넣고 다닌다. 우리가 위험 상황에 있다는 점을 잊지 않기 위해 가지고 다니는 이 작은 구슬은 우리가 이제 큰 행성의 작은 세계에 사는 것이 아니라 작은 행성 위에 건설된 큰 세계에 살고 있음을 보여 준다. 상징적이기는 하지만, 주머니 속의 이 작은 구슬은 그 모든 것을 돌볼 책임이 우리에게 있음을 깨닫게 해 준다. ─ 요한 록스트룀

***

2020년 세계를 혼란에 빠뜨린 코로나19의 확산으로 인해 우리

는 현대 문명에 뭔가 심각한 문제가 있다는 의심을 가지게 되었다. 감염자의 수는 순식간에 2배가 되고, 다음날에 다시 그 2배에 이를 정도로 가파르게 증가했다. 감염병 초기에는 그저 찻잔 속 태풍에 그칠 것이라는 예상이 많았다. 경제적 위험에도 불구하고 중국이 초기부터 강한 조치로 확산을 막았기 때문에 다른 국가들은 실제 전염병 환자가 발생해도 위험을 크게 평가하지는 않았다. 한국과 대만처럼 비교적 최근에 SARS의 확산을 경험한 국가들만이 신속하고 적극적인 정책을 펼쳤을 뿐이다.

세계는 지난 70년간 모든 면에서 기하급수적으로 성장했다. 그러나 그 분명한 성장 곡선은 세계 대전, 냉전, 사이버 전쟁에 더 관심이 있는 역사학자들로 인해 얼버무려지곤 했다. 그 성장의 규모는 많은 이에게 낯선 개념이다. 미국의 핵물리학자 알 바틀렛(Al Bartlett)이 일찍이 말했다. "인류의 가장 큰 약점은 우리가 지수 함수를 이해하지 못한다는 데 있다."

문명의 성장과 지구를 같이 들여다보면, 프랑스의 연못 수련 수수께끼가 떠오른다. 어느 연못의 수련은 매일 2배씩 증가하다 30일이 지나면 연못을 빼곡히 채운다. 그럼 연못의 반을 채우기까지는 며칠이 필요할까? 처음에는 15일이라고 생각하기 쉽다. 좀 더 생각해 보면 답은 29일이다. 기하급수적으로 성장 중이라면 한계에 다다르기 직전까지는 인식하기가 어렵다. 29일째의 연못은 공간도 여유 있고 안락하게만 보인다. 그러다 다음날이면 꽉 차는 것이다! 포화 상태에 이르고, 이음매가 터지고, 한계선이 깨진다.

지구와의 관계 재정립

산업 혁명 이후에 우리는 사회와 경제에서 같은 논리를 추구했다. 석탄을 태워서 열 에너지를 얻고, 이것을 일 에너지로 전환하는 증기 기관의 효율이 대폭 상승하면서 문명의 발전은 지구 자원을 먹고 자라는 생명체가 되었다. 지구가 연못이라면 증기 기관을 개선한 와트는 우리에게 두 번째 날을 선물한 셈이다. 그리고 우리는 현재 29일 혹은 30일째에 있다.

그 결과 인류는 현재 매우 불안정하고 위험한 지구 생태계를 목도하고 있다. 만약 우리가 이 생태계를 더 가혹하게 밀어붙인다면, 지구는 질적으로 완전히 다른 상태로 접어들 것이다. 한 번 엇갈리면 다시는 돌아갈 수 없는 위험한 갈림길이 바로 우리 눈앞에 있다. 조금만 더 들여다보자. 비교적 최근, 즉 1980~1990년대 초반까지 지구 환경을 조절하는 시스템은 겉으로 보기에 별다른 문제가 없었다. 여전히 인류 문명은 맹렬하게 성장하고 있었으나 성장의 이면에 뭐가 있는지는 분명치 않았다. 그러나 1990년 중반 이후 지구 생태계 곳곳에서 여러 문제가 나타나기 시작했다. 이때 문제의 본질을 눈치챘으면 좋았을 텐데, 불행히도 그렇지 못했다. 그 결과가 현재 우리 눈앞에 있는 지구 환경의 갈림길이다.

이제 더는 생태계의 위기를 잠재적이라고 표현할 수 없다. 현재 아마존의 열대 우림과 그린란드의 빙하에서 벌어지는 일들은 과학자들에게 의심보다는 확신을 주고 있기 때문이다. 숲의 파괴와 평균 기온 상승은 잠자는 거인들을 깨우고 있다. 인류학자들은 세대를 여러

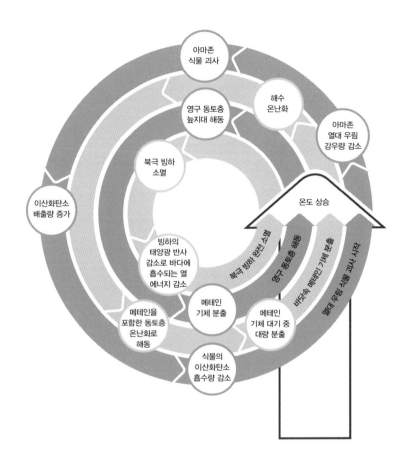

지구의 악순환 경로.

인류에 의한 지구 온난화로 지구의 기온이 상승하면서 자가 증폭하는 복잡한 순환 고리가 만들어졌다.

이름으로 구분하는데, 독자들이 어떤 세대(베이비붐 세대, X세대, 밀레니엄 세대 혹은 Z세대)에 속하더라도 지구 생태계가 급속도로 악화하고 있다는 과학자들의 증언에 귀를 기울여야 한다. 다음에 벌어질 일은 전적으로 우리가 현재 어떻게 대응하느냐에 따라 달라질 것이기 때문이다.

그렇다면 지금껏 우리는 이 상황에 어떻게 대처해 왔을까? 기후 환경에 대한 경고음은 1960년대부터 줄기차게 울려 왔지만(산성비나 오존층 파괴 등은 초기 경보음에 속한다.) 과학자들이 산업 구조와 연결해 이 문제를 바라본 것은 20년에 불과하다. 21세기에 들어서 과학자들이 정리한 가장 중요한 발견 3가지를 정리해 보자. 아마도 가장 의미 있는 시사점을 줄 것이다.

발견 1. 우리는 새로운 지질 시대에 살고 있다

4장에서 보았듯이, 거대한 가속은 인류의 문명 활동을 설명하는 최근의 표현인데, 이것이 첫 번째로 언급되어야 할 과학적 발견이다. 1950년대 이후 인류 문명의 정신 없는 질주는 지구의 시스템에 엄청난 부담으로 작용했다.[1] 그동안 축적된 많은 과학적 사실을 종합해 보면, 우리는 홀로세를 전속력으로 탈출하고 있는 것처럼 보인다. 그 결과, 우리는 현재 인류세에 살고 있으며, 이것은 인류의 영향력이 자연 현상(화산 활동, 지진, 공전 궤도 변화)의 충격과 변동보다 훨씬 크다는 것을 의미한다. 의심의 여지없이 인류는 지구라는 자동차의 운전

브레이킹 바운더리스

석에 앉아서 지구와 생명 전체를 어디론가 끌고 가도 있다.

시대와 관계 없이 인류는 수많은 도전을 받아 왔다. 최초의 문명이라고 평가받는 메소포타미아 사회는 안정적인 관개 시설을 건설하지 못해서 결국 소금기가 많은 땅만 남기고 사라졌다. 한때 융성했던 마야와 잉카 문명은 자연 자원을 무분별하게 낭비해 소멸했다. 처음에는 인구가 늘고 융성했지만, 늘어나는 인구를 감당하기에는 농업 생산이 부족했고, 토양 침식은 땅의 자연 회복력을 감소시켰다. 대제국을 건설했던 로마도 도시화로 인한 중금속 오염, 물 관리 실패, 전염병 유행 등이 복합적으로 작용해 쇠락의 길을 걷게 되었다. 그러나 이런 문명의 흥망성쇠는 국소적인 일이었을 뿐, 지구 전체에 영향을 미치는 것은 아니었다. 인류의 발자국이 지구 전체를 뒤덮고 있었지만, 큰 상처를 남기지는 않았다. 그러기에는 여전히 지구는 커다란 행성이었다. 그러나 1950년대 중반을 지나면서 상황이 급변했다. 기하급수적인 팽창 단계에 접어든 것이다. 문명의 발전과 자연의 파괴, 기후 환경의 급변이 서로 맞물려서 재앙을 향해 나란히 솟구친 것이다.

거대한 가속 그래프(화보 B2~3 참조)는 지구가 받아들여야 하는 압력을 보여 준다. 지구가 비행기라면, 점점 흔들림이 커지고 있는 셈이다. 만약 독자들에게 행복을 위해 가장 중요한 자연 자원이 무엇인지 묻는다면 깨끗한 물, 흙, 충분한 음식, 숲과 초원, 희토류 같은 공업 생산에 필요한 자원 등을 선택할 것이다. 과학에 관심이 있는 독자는 자외선을 차단하는 오존층이나 식물의 생식을 돕는 꽃가루 매개자 등을 고를 수도 있을 것이다. 그 선택이 무엇이든 현재는 모두 비슷한 양상을 보인다. 깊은 바닷속에서부터 대기의 끝까지, 인간의 손길이 닿지 않은 곳은 없다. 그렇다면 거대한 가속은 어디까지 계속될까? 지구는 이런 상승 곡선을 언제까지 감내할 수 있을까? 불행히도 과학자들의 전망은 낙관적이지 않다. 최근 발견된 사실에 따르면 인류는 지구가 감내할 수 있는 거의 마지막 지점에 도달했기 때문이다.

국제 지구권-생물권 프로그램(International Geosphere-Biosphere Programme, IGBP. 1987~2015년에 운영되었던 연구 프로그램으로서 전 세계적인 기후 변화 현상을 다루는 프로젝트이다. — 옮긴이)의 학회가 2000년에 멕시코에서 개최되었는데, 물리학, 화학, 생물학부터 지구 과학과 지질학, 농업 등 거의 모든 분야 과학자가 참석한 그야말로 국제적인 과학 회의였다. 주요 주제는 홀로세의 마지막 시점에 대한 최신의 연구 결과였다. 회의가 진행되는 내내 노벨 화학상 수장자이자 IGBP 회원이었던 폴 크루첸(Paul Crutzen)은 매우 불편한 기색을 내보였다. 의장인 윌 스테판(Will Steffen)이 이유를 묻자 크루첸은 대답했다.

"그만, …… 홀로세에 대한 논의는 이제 그만두는 게 낫겠습니다. 더 이상 홀로세가 아니기 때문입니다." 좀 더 명확한 개념을 제시하고 싶었던 그는 잠깐 생각한 후에 말을 이었다.

"우리는 이제 인류세에 살고 있습니다."

회의실에 있던 사람들은 뭔가 새로운 개념이 등장했음을 알아차렸다. 휴식 시간 동안 크루첸은 동료 학자들에 둘러싸여 그들의 질문에 대답해야 했다.

2000년 이후 인류세에 대한 개념은 과학계에 폭넓게 수용되었다. 지층 연구를 통해 시대 구분을 정의하는 층서학자들이 인류세에 대한 논의를 공식화하는 동안, 이 개념은 이미 과학적으로 정립되었다. 이후, 인류세에 대한 위원회가 구성되어 다양한 연구 분야의 학자들이 관련 자료를 점검했는데, 결론은 새로운 지질 시대에 대한 확고한 증거가 누적되고 있으며, 아마도 미래의 학자들은 현재를 새로운 지질 시대, 인류세로 평가하리라는 것이었다.

오히려 논란의 중심은 인류세의 시작점에 대한 것이었다. 처음 제안한 크루첸은 산업 혁명이 시점이라고 주장했지만, 4장의 하키스틱 그래프는 좀 다른 이야기를 보여 주었다. 모든 데이터가 폭발하기 시작하는 1950년대가 그 시작점이라는 것이다.

발견 2. 홀로세 지구 환경은 신기할 정도로 안정적이었다

두 번째로 소개할 과학적 통찰은 홀로세 시대의 안락함과 관련이 있다. 「행동 규범 I」에서 설명했듯이, 인류의 현대 문명은 홀로세에 지구가 제공해 준 안정적인 기후 환경에 크게 의존하며 발전해 왔다.

불길한 예감 속에서, 과학자들은 빙하의 얼음 코어와 나무의 나이테, 바위 속의 흔적으로부터 수많은 증거들을 확보하고 있다. 이 증거들을 분석한 후 얻은 결과는 홀로세는 다른 간빙기와 비교해 특이하게 안정적인 환경이었고, 이로 인해 인류는 문명을 꽃피울 수 있었다는 것이다. 홀로세 이전에 인류는 수렵과 채집이 주요 활동이었고, 차가운 빙하기의 기후 아래 생존에 급급했다. 기껏해야 수백만 명의 사람들만 살고 있었고, 지구는 지금처럼 수십억 명이 살 만한 환경이 아니었다. 주어진 기후 환경에 수동적으로 적응하며 가까스로 살아

남아야 했다.

과학적 증거가 어떤 이야기보다도 더 극적인 경우가 있다. 우리의 현재 상황도 마찬가지인데, 홀로세의 온화한 환경 속에서 맘껏 기지개를 편 인류가 스스로의 밥그릇을 발로 차버리고, 홀로세를 떠나 더 불안하고 불길한 시대로 접어든 모양새이다. 어떻게 보면, 인류는 지난 2세기 동안 지구를 대상으로 젠가(Jenga) 놀이를 한 셈이다. 오존층, 해양, 숲, 빙하 등이 젠가의 블록들을 다 빼버려 이제 지구라는 탑은 뒤뚱거리며 무너지려 하고 있다. 이 놀이를 계속해야 할까? 아니면 어서 새로운 블록으로 보강해야 할까?

발견 3. 지구 환경의 변곡점은 바로 눈앞에 있다

세 번째 발견은 지구 환경의 경이로운 회복력에 대한 것이다. 지구는 인류로부터 셀 수 없이 많은 주먹질을 받았지만, 아직 카운터 펀치를 날린 적은 없다. 그러나 우리의 응석을 묵묵히 받아 준 이 친구도 인내의 한계는 있는 법이다. 하나의 상태가 질적 수준이 완전히 다른 상태로 진입하는 지점을 티핑 포인트(tipping point, 임계점 혹은 변곡점)라고 한다. 지구가 참을 수 있는 지점, 즉 티핑 포인트를 넘어서면 우리는 완전히 다른 얼굴의 지구를 보게 될 것이다. 홀로세 이전의 지구 환경과 비교하면, 매우 무자비한 모습일 것이다.

우리는 지난 70년간 지구를 두들겨 왔다. 지구가 어떻게 반응할까? 지구는 록키 발보아(권투 영화 「록키(Rocky)」의 주인공)와 같았다.

브레이킹 바운더리스

록키는 수많은 펀치를 맞고 수없이 쓰러지면서도 끝끝내 다시 일어선다. 다리는 풀리고 눈은 침침해져도 그는 무너지지 않는다. 지구도 수없이 많은 펀치를 맞았지만, 허물어지지 않았다. 물론 그러면 안 된다는 경고는 살짝 했는데, 불행히도 상대방은 알아차리지 못했다. 그러다 마지막 9라운드에서 그는 반격하기 시작했다. 처음에는 가벼운 잽만 날리면서 상대방을 구석으로 몰더니 곧 무시무시한 펀치로 한 방에 보내 버렸다. 그러면서 록키의 또 다른 면이 드러나는데, 상대방을 배려하던 사려 깊은 모습이 아니라 링을 지배하는 무자비한 성격으로 변한 것이다.

지구는 어지간한 충격과 스트레스는 별로 티 나지 않게 감당할 정도로 회복력이 큰 시스템이다. 따라서 적당한 한계선을 넘지만 않으면 별 문제는 없는데, 이미 지난 일이다. 지구 생태계의 한 종이 이 한계선을 무너뜨리는 방아쇠를 당겨 버렸기 때문이다.

그렇다면 과학자들이 이야기하는 티핑 포인트는 정확히 무슨 의미일까? 사전적인 의미로 '갑자기 뒤집히는 점'이라는 이 표현은 서로 다른 물리적 상태의 경계 지점이다. 하나의 시스템이 이 지점에 가까이 다가서고 있다는 것은 그 시스템이 질적으로 완전히 다른 상태가 될 준비를 마쳤다고 해석할 수 있는데, 때때로 이런 변화는 사소해 보이는 일들로부터 시작되기도 한다. 중동 속담에 "낙타의 등을 부러트린 지푸라기"라는 표현이 있는데, 작은 행동의 누적 효과 때문에 예측할 수 없을 정도로 크고 갑작스러운 상황이 벌어진다는 뜻이다. 중요한 점은 티핑 포인트를 지나 다른 상태로 전환되면, 다시 예전 상태로 돌아올 수 없다는 것이다. 언덕 위의 돌은 살짝만 건드려도 굴러 내려가지만 언덕 밑에서 이 돌을 잡는 것은 엄청난 노력이 필요한 법이다. 빙하가 녹기 시작하면 온실 기체 배출을 통제하더라도 티핑 포인트를 향해 굴러가는 지구를 붙잡기 힘들 것이다. (속도를 조금 늦출 수는 있을 것이다.)

엑서터 대학교 교수 팀 렌턴(Tim Lenton)은 2008년에 기후 환경의 티핑 포인트를 탐색하는 연구팀의 책임자였다. 이들의 연구 대상 지역은 시베리아의 영구 동토층부터 그린란드와 북극의 빙하, 해양의 순환 방식과 엘니뇨, 아마존의 열대 우림까지 광범위했다. 이를 종합해 연구팀은 15개의 티핑 포인트를 밝혔는데, 이들의 연구 이후에 더 많은 티핑 포인트가 추가되었다. 최근에는 북반구 위에 있는 따뜻한 바람층, 흔히 제트 기류라는 층에 대한 관심이 높다. 여기에 더해, 스톡홀름 회복력 센터(Stockholm Resilience Centre)의 개리 피터슨(Garry Peterson)과 후안 로카(Juan Rocha)는 지금까지 발견된 티핑 포인트를 종합해 지도를 만들었다. 놀랍게도 이 지도에는 약 300개의 티핑 포인트가 있는데, 세계 곳곳에 퍼져 있는 것을 알 수 있다. 우리는 큼지막한 변화에만 관심을 두고 있지만, 실제로 티핑 포인트라는 지뢰는 촘촘하게 퍼져 있는 것이다.

오싹하기는 하지만 여기서 끝이 아니다. 더 중요한 질문이 남아 있기 때문이다. 만약 우리가 티핑 포인트를 넘어간다면 지구의 기후 환경에 무슨 일이 벌어질까? 우선 떠오르는 것은 갑작스러운 변화가 기후 변화에 적응할 기회를 빼앗을 것이라는 점이다. 해수면이 쑥 올라오고 북극의 얼음이 녹으며 화재가 빈번하게 발생하면서, 건조해진 아마존도 화재에 휩싸여 더는 탄소를 흡수하지 못하고 배출하게 될 것이다. 대기 중 이산화탄소의 농도는 더 빨리 증가할 것이다. 지구가 다시 안정 상태가 될 때까지 앞으로 수십 세대가 격변하는 환경에 버티며 간신히 살아야 할 것이다.

또 다른 질문은 현재 위치이다. 앞 장에서 기후 환경의 티핑 포인트가 바로 눈앞에 있다고 했는데, 얼마나 가까운 곳이 있을까? 한동안 과학자들은 지구의 기온이 산업 혁명 대비 4도 상승하는 지점을 티핑 포인트로 판단했다. 그러나 지난 20년 동안의 연구 결과는 실제 티핑 포인트는 훨씬 낮다는 것을 보여 주었다. 최근의 결론은 2도이다. 현재 우리는 산업 혁명 대비 지구 평균 기온이 1.1도 상승한 지점에 있고, 점점 빠르게 상승하고 있다. 그래도 조금 여유가 있다고 생각했는데, 최근 몇 년 동안의 연구 결과는 이마저도 날려 버렸다. 우리는 우리의 예상보다 티핑 포인트에 매우 가깝게 근접하고 있다. 눈에 보이는 저 도로 위에 지뢰밭이 있는 셈이다. 피하기에 너무 늦은 것 같기도 하다. 이 지뢰밭을 어떻게 지나야 하는지는 9장에서 자세히 살펴볼 것이다.

전체는 부분보다 훨씬 크다

지금까지 살펴본 세 과학적 발견이 익숙하지 않은 독자들도 있을 것이다. 최근 5~10년 사이에 새롭게 정립된 것이 대부분이기 때문이다. 40여 년 동안 과학은 눈부시게 발전했는데, 이런 과학적 토양이 새로운 발견의 바탕이 되었다. 최근에는 과학의 여러 분야가 서로 협력하는 프로젝트가 많이 늘어나는 학문적 풍토가 지구 작동 방식의 전체 그림을 보여 주기 시작했다. 완성된 그림은 또 다른 그림을 발견하게 만들기도 했다. 러브록과 마굴리스가 1970년대 가이아 이론을 제시한 이후, 지구의 자가 조절(self-regulating) 방식에 대한 이해가 깊어지고 있다. 지구의 모든 물질, 생물과 무생물은 서로 소통하고 작용하면서 지구의 환경을 결정하고 조절한다는 사실을 깨닫게 된 것이다.

과학적 발견이 늘어나고 있지만 인류는 여전히 무분별하고 책임감 없는 행동을 계속하고 있다. 지금 우리가 내릴 수 있는 유일한 결론이 있다면, 앞으로는 극도로 조심해야 한다는 것이다. 얇은 유리바닥 위에 있는 코끼리 무리가 우리의 모습이다. 조심하지 않고 책임감 없이 우왕좌왕한다면 돌이킬 수 없는 위험을 맞이하게 될 것이다.

***

마지막 발견을 하나만 더 추가하고, 이 장을 마무리하려 한다. 모든 시스템에서 기하급수적인 성장은 영원할 수 없다는 것이다. 위로만 죽 올라갈 것 같은 곡선이지만 곧 기세가 꺾이고 차츰 평평해지게 마련이다. 지구의 자원을 갉아먹으면서 경제를 성장시키는 현재의 산업 구조도 마찬가지이다. 점점 성장이 둔화하며 평평해질 것이다. 따라서 우리의 미래는 경제를 양적으로 성장시키는 것에서 탈피해 질적으로 발전시키는 총체적 능력에 달려 있다. 더는 수련이 자랄 만한 연못은 남아 있지 않다.

6장
지구 위험
한계선

이제 한 단계 올라서야 한다. 그리고 지구가 우리의 성장을 감내할 마지막 한계를 두렵게 바라봐야 한다. 우리의 일상이 지구의 환경에 얼마나 의존적인지 깨닫고, 미래 세대를 위한 책임감을 가져야 한다. 우리는 이 작은 행성이 버거워하는 큰 문명을 건설했다. 세계화된 세상에서 나비의 날갯짓은 다른 곳에서 태풍이 되거나 변화의 원인이 된다. — 앨리너 시그프리드(Alina Siegfried, 작가), 2018년

2009년 코펜하겐 기후 정상 회의 참사 6개월쯤 전이고 내가 스웨덴에 도착한 지 몇 주 정도 지났을 무렵이다. IGBP 전 의장이었던 기상학자 케빈 눈(Kevin Noone)이 내 사무실에 들러 토론을 한 적이 있다. 그는 동료들과 함께 연구한 논문을《네이처》를 통해 발표할 예정이었는데, 주제가 "지구 위험 한계선"이라고 했다.[1] 흥미로운 내용이라고 말은 했지만, 사실 그동안의 연구 결과를 얼마나 뛰어넘을 수 있는지 의문이었다. 그런데 눈은 이번 연구를 통해 지구를 안정한 상태로 유지하는 한계선을 9개로 확인했다고 했다. 이때부터는 정말로 흥미로웠는데, 좀 더 고민해 봐도 '9'라는 숫자가 어떻게 확인이 됐을지 알 수가 없었다. 결국, "지구의 한계를 셀 수 있다고요?"라고 물어볼 수밖에 없었는데, 사실 별 기대를 하지는 않았다. 내 경험상 과학자라는 사람들은 복잡한 시스템을 설명하는 간단한 모형을 선호하지만 명확한 숫자를 들이밀어 시스템의 특성을 표현하지는 않기 때

문이었다. 학자들의 아이디어가 세상 밖으로 확산하지 않는 이유이
기도 하다.

뜻밖에도 눈은 "그렇습니다."라고 단호하게 대답했다.

원래 겸손한 사람이 이렇게 자신 있게 설명하는 것을 보고 조금
놀랐는데, 그의 설명은 나를 확 끌어당겼다. 그의 논문은 세상을 바
꿀 '게임 체인저(game changer)'가 될 것 같았다.

지구 위험 한계선에 대한 연구 방법은 놀라운 전진이었다. 논문
이 발표된 지 11년이 지났지만, 지구 위험 한계선에 대해 이보다 더 효
율적인 연구 방법은 없었다. 오랜 방황 끝에 드디어 우리는 지구 시스
템의 체계에 대해 깊은 지식을 가지게 되었다. ─ 오웬 가프니

***

지구의 기후 환경에 대한 복잡성과 변화의 양상을 이해하고, 이
를 3가지 발견으로 정리해 시민들에게 설파한 지 이제 겨우 10년이
지났다. 이를 통해 우리는 새로운 변화의 티핑 포인트에 근접했고, 홀
로세가 마련해 준 안정적인 기후 환경에서 벗어나고 있음을 알게 되
었다. 한 개인의 짧은 일생에 이런 큰 변화를 목격한다는 것은 경이로
운 일이지만, 지구 생태계를 기준으로 보면 매우 불행한 일일 수밖에
없다. 그렇다면 과학자들에게 남은 숙제는 한 가지이다. 위험 지역을
회피하면서 안전하게 우리 문명을 이끌 수 있는 과학적 가이드라인
을 제시하는 것이다.

우리는 이미 지구의 안정성을 유지하는 복잡한 시스템에 깊이 개

입하고 있다. 이것이 의미하는 바는 명확하다. 지구의 시스템을 유지하는 기본 요소들, 즉 이산화탄소를 흡수하는 울창한 숲과 지구의 양극에 있는 얼음, 에너지를 분산시키는 해류 등을 안정한 상태로 유지해야 한다는 점이다. 이를 위해 할 수 있는 모든 방법을 강구해야만 한다. 지구 위험 한계선이 중요한 것은 우리의 노력을 구체화할 수 있는 실행 방법을 제시하기 때문이다.

첫째, 지구가 안정적으로 작동되는 메커니즘은 무엇인가? 체계적인 행동 계획을 세우려면, 먼저 이 질문에 대한 답을 찾아야 한다. 또한 기후 환경이 악화되는 위험 지대와 온화한 지구가 유지되는 안전 지대의 위치도 파악해야 할 것이다. 매우 미묘하면서 극도로 복잡한 과제이다.

둘째, 미래 세대를 위한 지구는 어떤 모습이어야 할까? 지구는 생물학적, 화학적 그리고 물리학적인 방식을 총동원해 환경을 조절한다. 이 지구가 100억 명의 삶을 지탱할 수 있는지 없는지 우리는 알아야 한다. 그렇다면 지구의 복잡한 작동 메커니즘과 그 한계를 수치화하는 것이 가능할지 알아야 한다. 조금 건조하게 표현하면, 지구는 자가 조절 시스템에 의해 움직이기 때문에, 지구 위험 한계선은 개별 생명체를 고려하지 않는다. 인간에게만 적당한 지구는 있을 수 없다는 의미이다. 과학자들의 연구 방식도 지구 생태계를 유지할 수 있는 최적의 방안을 찾을 뿐, 사람들만 행복하게 살 수 있는 지구를 연구하는 것은 아니다.

지구 위험 한계선을 판단할 수 있다면, 자연스럽게 한계선 내의 안전 지대가 결정될 것이다. 그 안에서는 인류가 생존하고 문명을 발전시켜, 결과적으로 평등과 분배, 평화와 행복, 건강과 안전을 추구할 수 있다. 반대로 이 선 밖으로 나간다면, 문명의 발전은 그림의 떡이고, 우리는 빈번한 기상 이변 속에서 살아남기 급급할 것이다. 가난과 배고픔, 질병과 불평등만이 미래 세대를 기다리고 있을 것이다.

2007년 우리는 프로젝트를 수행하기 위해 일단의 학자들을 스웨덴으로 초청했다.[2] 우리는 지구 시스템의 원리를 꼼꼼하게 분석하고 이를 세세하게 묘사했다. 기존의 알려진 지식도 다시 점검했다. 이런 과정을 거쳐 한계선 9개의 작동 방식을 확인했고, 그중 7개를 수치화할 수 있었다.[3] 우리가 파악한 시스템에는 오존층, 기후, 생물권, 담수, 토지 등이 포함되어 있었다. 끔찍한 점은, 우리가 파악한 한계선 중 3개는 이미 무너졌다는 것이었다. 초기 예상보다 지구는 매우 위험한 지역에 놓여 있다는 것이 확인되었다. 그 내용은 다음에 자세히 살펴볼 것이다.

2009년 우리의 연구는 《네이처》에 발표되었다. 우리는 이 연구 결과의 중요성과 심각성을 체감하고 있었기 때문에 과학적 탐구 방법을 충실하게 지키려 했다. 즉 증명된 사실에 기반한 아이디어를 모으고 이론으로 정립한 후 저명하면서도 냉철한 동료 과학자들에게 평가를 받았다. 과학의 탐구는 항상 그렇지만, 이 연구는 특히 더 까다로웠다. 연구진은 각각의 한계선을 확인하는 데 머무르지 않고, 개선 방안도 같이 고민했기 때문이다. 이 과정에서 우리는 연구 방법의 문제점과 결과의 신빙성에 대해 끊임없이 자문했고, 조금의 의심이라도 있으면 연구의 방향을 조정했다. 첫 논문은 이런 연구의 일부가 포함되었고, 6년이 지난 2015년 좀 더 종합적인 분석 결과를 얻을 수 있었다.

이 결과는 《사이언스》를 통해 발표되었다. 많은 우려가 있었지만, 우리가 2009년에 확인한 9개의 지구 위험 한계선은 사실이었다. 토양과 플라스틱 등이 포함되어야 한다는 의견도 있었지만, 이에 대한 충분한 증거를 발견하지 못했다. (플라스틱은 한계선 방정식에 주요 변수로 포함될 것이다.) 논문 발표 후에도 후속 연구가 계속 진행되었는데, 2020년까지의 결과를 종합해도 우리의 연구 결과는 여전히 효과적이라는 결론을 내릴 수 있었다. 논란이 전혀 없는 것은 아니지만, 연구의 발전에 도움이 되는 것이었고, 우리의 목적은 논란을 잠재우는 것이 아니라 해결책을 찾는 것이었다. 그렇다면 우리가 발견한 지구 시스템의 한계선은 무엇일까?

3가지 핵심 한계선

일단 지구 전체 시스템에 지대한 영향을 미치는 3가지 가장 중요하고 거대한 시스템을 살펴보자. 이 시스템의 한계선, 즉 티핑 포인트는 과학자들이 파악해 두었다. (1) 기후 시스템, (2) 오존층, (3) 해양이다.

1. 기후 시스템

기후 시스템은 하나의 통합 시스템으로서 해양과 대륙, 빙하, 대기권, 생명 다양성 등과 모두 연결되어 있다. 이 시스템은 빙하 속 얼음의 양과 이와 직접 연계된 해수면의 높이 등을 조절한다. 지구의 역사에서 해수면의 높이는 극단적으로 변화했다. 빙하기가 한창일 때 해수면의 높이는 현재보다 약 120미터 낮았던 반면, 열실 상태의 지구에서는 모든 얼음이 녹아 지금보다 약 70미터 이상 높았다. 기후 환경은 농사에 특히 더 중요한데, 농작 가능 작물의 종류와 지역이 기후와 밀접하게 관련되어 있기 때문이다.

우리는 지구의 평균 기온이 지난 1만 년 동안 1도 정도만 오르내렸다는 것을 알고 있다. 이런 안정적인 기후 환경은 홀로세의 가장 중요한 특징이기도 하다. 그러나 평균 기온이 계속 상승하는 시점에서 가장 중요한 질문은 이것이다. 지구 기온의 상승 한계는 어디일까? 자명한 사실은 우리가 기후 시스템의 티핑 포인트를 넘어선다면, 지구 환경은 우리가 겪어 보지 못한 새로운 방향으로 움직일 것이라는 점이다. 그리고 이런 변화는 한 번 시작하면 다음 고지에 도달할 때까지 멈출 수가 없다. 이것은 가장 가능성이 큰 시나리오일 뿐, 반드시 이렇게 될 것이라는 확신은 아니다. 그래도 과학자들이 높은 수준으로 확신하고 있는 것이 있다. 기후 시스템의 티핑 포인트는 산업 혁명 전과 비교한 지구 평균 기온 상승치, 즉 지구 온난화 1~2도에 있다는 점이다. 이 한계선에 도달하는 순간 대부분의 산호초가 소멸할 것이며, 최소한 하나 이상의 남극 빙상은 녹아서 사라질 것이다.[4] 기후 변화에 대한 연구 초기에 티핑 포인트가 지구 온난화 2도 근방일 것이라는 예측이 많았지만, 최근의 연구 결과는 이보다 낮게 예측한다. 어느 경우나 위험하기는 마찬가지이다.

현재 지구 평균 기온은 약 1.1도 상승했고 우리는 본격적인 이상 징후를 발견하고 있다. 기록적인 폭염, 계속 녹는 빙하, 산호초의 대량 죽음, 아마존 열대 우림의 이산화탄소 흡수량 감소 등이 대표적인 징후이다. 그리고 지구 곳곳에서 관찰되는 여러 징후들은 기후 시스템의 티핑 포인트가 지구 온난화 1.5도라는 주장에 힘을 실어 주고 있다. 아직 불확실한 면이 있기는 하지만, 이 한계선을 지키기 위해서 필요한 일은 대기 중 이산화탄소의 농도를 350피피엠 수준으로 조절하는 것이다. 즉 이 수치가 기후 환경의 한계선을 규정한다. 415피피엠을 넘어선 현재의 문명은 이미 위험 지대로 진입한 셈이며, 몇 년 뒤 450피피엠을 넘으면 상상하기 힘든 위험이 뒤따를 것이다. 유리 바닥 위에서 우물쭈물대는 코끼리를 다시 상상해 보기 바란다.

2015년 전 세계의 대표자들이 프랑스 파리에 모였다. 이 자리에서 각국의 대표자들은 지구의 평균 기온을 산업 혁명 대비 2도 이내로 통제해야 한다는 점에 동의했고, 더 적극적으로 1.5도를 목표로 해야 한다는 점에도 의견을 같이했다. 과학자와 시민 단체, 정부의 대표자들은 기후 시스템의 한계선에는 합의한 것이다.[5]

2. 오존층

태양광에는 다양한 파장의 전자기파가 집속되어 있다. 일부는 지구 생명체에게 상당히 위험한데, 대표적인 것이 자외선이다. 주로 몸속의 DNA에 손상을 입히지만, 피부암의 원인이 되기도 한다. 오존층이 고마운 것은 이 자외선을 차단해 지구 생태계를 보호하기 때문이다.

1980년대 이 오존층이 거의 파괴될 뻔했다. 이 사건의 주범은 냉장고의 냉매로 쓰이는 염소 화합물(CFCs)인데, 이 화합물은 1930년대 처음 발명되었기 때문에, 오존층은 파괴는 오랜 기간 누적된 측면이 있다. 역설적이게도 이 화합물이 최초에 개발되었을 때는 상대적으로 안정된 물질이라는 평가를 받기도 했다. 이 화합물이 대기권 상층부로 올라가 오존층을 소멸시킨다는 것을 알게 된 후, 이런 평가는 재빠르게 수정되었다. 1970년대 일단의 과학자들이 이 사실을 발견했으나 과학적 증거가 부족했다. 그러다 본격적인 경고음이 울렸는데 1983년 극지방 연구 전문 기관인 영국 남극 조사 위원회(British Antarctic Survey)가 남극의 하늘 위에 엄청나게 큰 오존층 구멍이 생겼음을 발표했기 때문이다. 오존층의 역할을 생각한다면, 지구 생태계는 매우 난처한 상황에 놓이게 된 것이었다. 염소 화합물 전에는 브로민(브롬) 화합물을 냉매로 사용했는데, 이 물질을 계속 사용했으면 훨씬 더 심각한 문제에 빠졌을 것이다. 실험 결과 브로민 화합물은 염소 화합물에 비해 약 45배나 더 오존층을 파괴하기 때문이다.

오존층을 측정하는 단위는 측정용 분광계를 개발한 사람의 이름을 기려 DU(Dobson Unit, 돕슨 단위)를 쓴다. 지구 생태계를 고려해 측정된 오존층의 한계선은 275DU이다. 1980년대 아슬아슬하기는 했지만, 현재 지구는 오존층의 한계선 안에 있다. 그렇다고 저절로 문제가 해결된 것은 아니다. 1987년 상황의 심각성을 이해한 각국의 정치가들이 지구를 살리기 위해 특단의 대책을 수립했기 때문인데, 회의가 개최된 도시의 이름을 따서 몬트리올 의정서(Montreal Protocol)라고 한다. 염소 화합물의 생산과 사용을 규제하는 것을 목적으로 한 이 약속이 1989년부터 전 세계에 발효되면서 자칫 완전히 파괴될 뻔한 오존층을 살린 것이다.

오존층의 구멍은 지금도 약간 남아 있기는 하지만, 걱정할 만한 수준은 아니다. 의정서 발효 이후 10년 동안 염소 화합물의 사용은 57퍼센트 감소했고, 이 추세라면 2060년경에 오존층은 완전히 회복될 것이다.[6] 문명의 발전이 심각한 환경 변화를 야기하고, 이를 발견한 과학자들이 적절한 대응책을 제시한 후, 이 대응책이 정치가들에 의해 신속하고 광범위하게 확산되어, 결과적으로 문제를 해결한 성공적인 사례이다. 인류 전체로 보면 매우 소중한 경험이다.

3. 해양

우리는 푸른 지구에 살고 있다. 지표면의 70퍼센트가 바닷물이기 때문이다. 너무 거대하고 끝이 없어 보이기에 우리는 바다가 무엇이든 다 받아 줄 것으로 착각하기도 한다. 하나로 연결되어 있는 바다는 지구의 작동 방식을 조종하는 엔진의 역할을 한다. 좀 더 살펴보자. 바다는 국소적으로 과열된 열을 분산시키고, 대기와 지표면 사이에 분포하는 열의 불균형을 조정한다. 바다는 화석 연료로부터 발생하는 열의 93퍼센트를 흡수한다. 또한 이 거대한 공간은 다양한 생명체들을 위한 삶의 터전이 되어 주고, 일정한 흐름을 통해 영양분을 골고루 퍼져나가게 한다. 바다의 이런 기능들은 지구의 작동 방식을 효율적으로 만드는 커다란 전제 조건인 셈이다. 과학자들이 분석한 자료에 따르면, 현재까지의 온도 상승치인 1.1도는 인류가 발생한 열의 일부분만 반영된 것이다. 나머지는 바다가 대부분을 흡수해 줬기 때문인데, 바다의 역할이 없었다면 지구 평균 기온은 산업 혁명 이후 27도까지 상승했을 것이다. 이런 끔찍한 일이 일어나지는 않을 테니 여기에 대한 대응책을 간구할 필요는 없지만, 바다의 역할과 고마움을 새삼 느끼게 된다.

당연히 우리는 바다가 지금까지 해 왔던 일들을 앞으로도 계속하기를 바란다. 바다는 지구 온난화의 한계선을 통제하는 중요한 조정자인 동시에 산성화에 대한 한계선도 가진 시스템이다. 바다를 산성화하는 것도 이산화탄소이다. 계산을 해 보면, 산업 혁명 이후 폭발적으로 증가한 이산화탄소로 인해 바다의 산성도는 약 26퍼센트 증가했다. 이 수치가 언뜻 실감이 나지 않을 텐데, 이 정도 산성화는 지난 5500만 년 동안 최고의 수치이다. 비슷한 사례를 찾아보면, 앞에서 설명한 팔레오세-에오세 극열기인데, 지금보다 훨씬 느린 속도로 산성화가 진행되었음에도 생태계의 대량 멸종을 피하지 못했다. 현재 가파르게 진행되는 해양 산성화가 얼마나 재앙적인 사건인지 가늠해 볼 수 있다. 실제로 굴 양식장의 일꾼들은 벌써 체감하고 있는데, 바다의 산성도가 높아지면, 갑각류들이 제대로 성장하지 못하게 되고, 바다 먹이 사슬의 중요한 고리인 식물성 플랑크톤의 생존에도 영향을 미친다. 2020년 다시 한번 뜨거운 해류가 오스트레일리아 북부의 거대한 산호초 지대를 휩쓸고 지나간 후, 대보초의 산호는 하얗게 탈색되면서 대부분 죽어 나갔다. 이 현상은 과학자들에게 큰 충격을 주었는데, 과학자들은 이때를 지구 환경이 해양 산성화의 한계선에 도달한 시점으로 보고 있다. 다시 말하면, 바다의 기능에 대한 한계선에 우리는 이미 도달했거나 매우 가깝게 근접했고, 방지할 대책은 역시 화석 연료 중심의 산업 구조를 신속하게 개편하는 것이다.

4가지 생물권 한계선

앞에서 살펴본 3가지 핵심 한계선, '빅 스리(Big Three)'는 상당한 과학적 접근이 이루어져 있어서 한계선이 어디인지 충분한 정보를 가지고 있었다. 그러나 지구 생태계에는 '빅 스리'와 강하게 연결된 시스템들이 있는데, 이번에는 생물권 내에 존재하는 4가지 한계선에 대해 살펴볼 것이다. 미리 말해 두면, 이 시스템들은 티핑 포인트가 어디인지 아직 확실하게 밝혀지지는 않았지만 덜 중요한 것은 아니다. 생물권 내에 존재하면서 지구 생태계의 작동 방식을 조절하는(빅 스리의 효과를 증폭하거나 감쇄하면서) 중요한 역할을 담당하고 있기 때문이다. 생물권의 한계선들은 지구의 회복력을 조정하기도 한다.

4가지 한계선을 먼저 소개한다면, (1) 생물 다양성과 생태계의 건강함을 의미하는 '생물권 무결성(biosphere integrity)', (2) 지리적으로 또는 기후적으로 유사한 환경에 있는 '생물군계(biomes)', (3) 생태계 내의 물 순환, (4) 신진 대사를 위한 핵심 물질들인 질소와 인 등의 '생물 지구 화학적 순환(biogeochemical cycle)' 등이다. 좀 더 간편하게 표현하면, 생물 다양성, 토지, 민물, 영양소가 과학자들이 발견한 주요 시스템들이다. 이들은 생태계의 작동 방식에 일정한 역할을 담당하면서 지구 전체를 조정하는 기능이 있다. 이들의 기능은 지구가 위험한 상태에 빠지지 않도록 하는 일종의 보험 역할이다.

1. 생물 다양성

대륙과 바다에 있는 모든 생물들, 미생물부터 나무와 식물, 동물은 지구 생태계의 조화를 유지하는 핵심 요소이다. 1장에서 살펴봤듯이, 생태계 내의 생명 활동은 홀로세 시대의 온화한 환경을 조절하고 있다. 나무들은 온실 기체의 양과 빗물의 순환을 일정하게 조정한다. 아마존 열대 우림 한가운데 쏟아지는 빗물은 훨씬 동쪽에 있는 지역에서 증발한 수증기이다. 물의 순환은 이렇게 한 지역에서 다른 지역으로 이동하는 물을 통해 이루어지는 경우가 많은데, 이 기능에 이상이 생기면 지구는 현재의 안정성에 큰 손상을 입게 될 것이다.

다양한 생명체들이 나름의 조화를 이루며 사는 것은 인류의 생존에 2가지 기본 기능을 제공한다. 첫째, 긴 시간 동안 축적된 유전적인 다양성은 갑작스러운 변화에 대응할 수 있는 능력을 준다. 사실, 모든 생명은 극한 환경을 자신에 유리하게 변형시키면서 살고 있다. 그리고 개별 생명체의 활동이 종합적으로 모여 지구 생태계의 황금기를 이끌고 있다. 이것이 두 번째 기능이다. 생명체와 생태계의 환경은 절묘한 조화를 이루면서 나름의 균형을 이루고 있다. 삼림은 이곳에 터 잡고 사는 모든 생물에게 안정적인 환경을 제공하고, 또 생물들은 각자의 활동을 통해 삼림을 건강하게 유지하는 역할을 한다. 물을 정화하고 꽃 사이를 오가며 식물의 생식 활동을 보조하는 일은 많은 생명체가 참여해 이루어지고 있는데, 이를 통해 생태계는 돌발적인 환경 변화에 유연하게 대처할 수 있다.

그러나 지구 생태계를 지탱하던 생물 다양성은 심각한 위험에 처해 있고, 위험 한계선을 넘어가고 있다. 지금 이 순간에도 엄청나게 많은 생물 종이 멸종되고 있기 때문이다. 이는 찬란했던 생태계의 조회가 깨지고 있다는 증거이다. 촘촘하게 얽혀 있어 웬만한 충격에는 끄떡없던 옷감의 올이 인간에 의해 살살 풀리고 있는 것이다.

2. 토지

우리에게 필요한 습지와 숲의 면적은 어느 정도일까? 이에 대한 확실한 해답은 없지만, 무시할 수 없는 질문이다. 현재 확실하게 말할 수 있는 것은 인류는 이미 전 세계 토지의 50퍼센트를 개발했고, 75퍼센트를 활용하고 있다는 점이다.

미국의 생태학자인 에드워드 윌슨(Edward O. Wilson)은 이 50퍼센트라는 숫자에 주목했다. 그의 주장은 지구 생태계의 조화와 다양성을 위해서 최소한 50퍼센트는 미개발 상태로 놔두자는 것이다. 그의 주장은 설득력이 있다. 지구의 토지들, 예를 들어 열대 우림과 초원, 습지와 시베리아 동토 지역은 모두 지구 생태계의 균형을 유지하는 데 일정한 역할을 담당하고 있다. 그렇다면 현재까지 인류는 이 균형을 얼마나 무너뜨렸을까? 해답을 찾기 위한 가장 중요한 변수는 생물량(biomass)이다. 그리고 얼마나 많은 생물이 생존하고 있는지 파악하려면 큰 열대 우림 지역의 상태를 면밀하게 분석해야 한다. 지구에 남아 있는 큰 열대 우림은 남반구 아마존 우림 지대와 북반구 콩고, 인도네시아의 우림 지대가 대표적인데, 이들의 상태를 분석해 보면 지구 토지의 현 상황을 유추할 수 있다.

토지의 한계선은 열대 우림의 원래 크기 대비 현재 남아 있는 크기의 비율로 정의된다. 규칙은 간단하다. 이 비율이 75퍼센트 이하가 되지 않도록 조절해야 한다. 그러나 이 비율은 현재 62퍼센트에 불과하다. 열대 우림의 원래 크기가 100이었다면, 현재의 크기는 62에 불과하다는 의미이다. 한계선을 한참 넘어간 것이다. 파괴된 숲을 복원함과 동시에 이 비율이 50퍼센트 이내로 줄어들지 않게 하는 것이 우리에게 남은 과제이다.

3. 담수

물은 생물권을 유지하는 혈액이다. 물이 있는 모든 지역에서 우리는 생명체를 발견할 수 있다.[7] 물은 생명의 생존을 결정하는 최고 결정권자이다. 생물권 내의 순환을 통해 생명 활동에 필요한 영양소를 분배하고 광합성의 핵심 원료가 되어 물속의 산소는 공기로 퍼져나간다. 당연한 말이지만, 민물이 없어진다면 지구 생명체는 소멸할 것이다. 그렇다면 어느 정도의 민물이 있어야 생태계의 활동에 지장이 없을까? 반대로 질문해 볼 수도 있다. 생태계의 기능을 중지시키는 민물, 담수의 한계선은 어느 정도인가?

인류는 농업과 산업 활동, 생존과 생활을 위해 엄청나게 많은 물을 소모한다. 앞의 질문과 결합해 우리가 끌어다 쓸 수 있는 물의 양이 어느 정도인지 확인할 필요가 있다. 우리가 너무 많은 물을 소모한다면, 생태계의 기능에 심각한 결함이 생길 수 있기 때문이다. 이 한계선을 계산해 보면, 접근 가능한 담수의 10~15퍼센트가 우리가 사용할 수 있는 한계로 보인다. 이렇게 보면 실감이 잘 나지 않는다. 인류가 가장 많이 사용하는 강물만을 놓고 보면, 우리는 현재 강물의 40퍼센트 정도를 사용하고 있다. 강물은 국경을 규정하는 경우가 많아 강물 사용은 인접 국가들 사이에서는 갈등의 요소가 되기도 한다. 강물로 인해 여전히 많은 분쟁을 겪고 있는 인류에게 강물 사용 한계선은 50퍼센트 정도로 보인다. 아직은 여유가 있는 셈이다. 그러나 일부 강은 특별히 인구가 밀집된 지역을 흐르는데, 이 지역은 이미 한계선을 넘었다고 봐야 한다.

4. 영양소

지난 50년간 지구에는 놀랄 만한 일이 발생했다. 인류의 삶과 문명 발전을 끈질기게 괴롭히던 기아가 거의 사라진 것이다. 인류가 배고픔을 면하게 된 것은 무엇보다 인과 질소로 만든 합성 비료의 역할이 컸다. 농작물은 물과 햇빛이 필요하지만, 동시에 적당한 영양소가 있어야 잘 자란다. 공기의 78퍼센트가 질소라고 하지만, 식물들이 받아들이기 위해서는 일정한 변화가 필요하다. 산업 혁명 이전에 농부들은 자연적인 질소 비료, 즉 거름을 주로 사용했다. 잘 알려져 있듯이 동물의 배설물이 주요 재료였다. 그러나 지금은 합성 비료가 30억 명 이상의 사람들의 식량을 책임지고 있다. 그러나 합성 비료는 사용하면 할수록 땅을 황폐화하고, 주변 토지나 호수, 강 등을 오염시킨다. 처음에는 다양하고 비옥한 토지를 만드는 것처럼 보이지만, 시간이 지나면 더는 농작물을 짓기 어려운 땅으로 바꾸는 것이다.

앞에서도 잠깐 설명했지만, 인과 질소는 생물권 내에서 일정하게 순환하는데, 합성 비료 사용으로 인해 인류는 이 순환 과정에 깊숙이 개입하게 되었다. 여기에도 일정한 한계선은 존재하는데, 우리는 이미 이 한계선을 한참 넘어선 것으로 보인다. 현재 수준은 25억 년 동안 지구가 경험해 보지 못한 가장 큰 폭의 변화로 분석된다.

우리는 딜레마에 빠져 있다. 더 많은 농산물을 키워 넉넉한 식량을 사람들에게 제공해야 하지만, 이를 위해 너무 많은 합성 비료를 사용하면 영양소의 지구 위험 한계선을 압박하게 된다. 그래도 긍정적인 연구 결과가 최근에 여럿 발표되었는데, 핵심은 90억~100억 명의 사람들을 먹여 살릴 수 있을 정도의 합성 비료 사용은 가능하다는 것이다. 이것이 인과 질소를 비롯한 영양소의 한계선이다. 2가지 측면은 매우 주의해야 한다. 첫째는 몇몇 부유한 기업농들과 신흥국들이 너무 많은 합성 비료를 사용한다는 점이다. 이에 반해 농업 의존도가 높은 일부 국가들은 충분한 비료를 확보하지 못해 식량 확보가 기준치에 미치지 못하고 있다. 이 간격을 좁혀 나가야 한다. 식량에서만큼은 이런 불평등을 최소화하는 것이 또 다른 의미의 영양소 한계선이라고 할 수 있다. 둘째는 비료 사용량과 농작물 생산성의 구조와 관계가 있다. 현재는 비료 사용량이 늘면 생산도 같이 늘어나는 일차원적 관계여서 비료 의존도가 점점 높아지고 있다. 비료 사용을 늘리면 토지의 오염은 점점 더 심해지고, 언젠가는 농업 시스템 전체를 위협하는 상황이 발생할 수 있다. 영양소의 순환을 고려한 농업 혁신이 필요하다. 땅속에 있는 질소와 인을 더 많이 흡수하는 작물도 개발되어야 한다. 이렇게 되면 영양소의 순환을 한계선 내에서 조절할 수 있을 것이다. 쓰고 남은 영양소들은 농장으로 되돌아와야 하고, 동물의 배설물과 도시 지역의 음식물 쓰레기는 비료로 재활용되어야 한다.

농업과 영양소의 한계선에 대한 것을 정리했지만, 흥미로운 점은 우리가 실천에 옮겨야 하는 방법들을 이미 많은 국가와 농장에서 적용하고 있다는 것이다. 실제로 각 지역의 전통적인 농경 방법은 되새겨 볼 만한 내용이 많다. 혁신 기술 개발자들도 전통적인 방법에 착안해 남은 영양소들을 적절한 형태의 비료로 전환하는 연구를 많이 진행하고 있다.

2가지 외부 한계선

과학자들이 발견한 9개의 지구 위험 한계선 중에서 7개를 살펴보았다. 이제 2개가 남았는데, 이들은 홀로세를 지키던 것들도 아니고, 45억 년 지구 역사에서 한 번도 존재한 적이 없던 것들이다. 마치 외계 행성에서 온 듯한 이 2가지는 사실 인간에 의해 도입되어 현재 지구 생태계와 매우 깊은, 그리고 예상치 못한 방향의 상호 작용을 하고 있다. 과학자들이 분류해 낸 이 2가지 한계선은 '신물질(novel entity)'과 '에어로졸(aerosol)'이다. 신물질은 인간이 개발해 낸 화학 물질을 총칭하고, 에어로졸은 미세 먼지처럼 대기 오염의 원인이 되는 작은 입자들을 일컫는다. 이것들은 무슨 문제와 연결되어 있을까?

1. 신물질

어떤 물질들은 인명 손상과 파괴를 위해 의도적으로 개발되었다. 흔히 화학적/생물학적 무기 혹은 핵무기라고 부르는 물질들이다. 핵무기 실험은 1945년 미국이 제일 먼저 시작했고, 이어서 (구)소련이 1949년, 영국이 1952년, 프랑스가 1960년, 중국이 1964년 실시했다. 핵반응에 따른 방사능 오염 등에 대한 지식이 있었지만, 별다른 관심을 두지 않던 냉전 시기였다. 이 실험들이 지구에 남긴 상처는 눈에 보이지 않지만 사라지지 않을 것이다. 먼 미래의 지질학자들에게 새로운 연구 주제가 될 가능성도 크다. 마침 비슷한 시기에 홀로세를 벗어나 인류세로 접어들었으니, 어느 곳에서든 인류가 남긴 끔찍한 상처를 발견한 지질학자들은 이 시기를 기점으로 새로운 지질 시대라는 것을 알 수 있을 것이다. 1963년 핵 실험 방지 조약이 채택돼 지하 깊은 곳에서만 하는 실험만 인정되고 나머지 실험은 모두 금지되었다.

우리 주위에는 한 가지 문제를 해결하면 생활 수준이 향상되는 것들이 있다. 기업들은 이런 상황을 잘 포착해 여기에 맞는 새로운 물질들을 많이 개발했다. 앞에서 살펴본 냉매용 염소 화합물의 사례처럼 새로운 화학 물질은 이용 가치가 크지만, 다른 한편으로는 심각한 문제를 일으키는 경우가 많다. 엔진 연료에 납을 첨가해 효율을 높이는 것도 비슷한 사례인데, 이 경우도 인간의 호흡기에 대단히 위험한 결과를 초래했다.[8] DDT라고 불리던 제초제도 비슷한 사례일 것이다. 인류의 화학 지식이 충분하지 않아 몇 가지 신물질만 겨우 개발되었다면 큰 문제는 없었을 것이다. 그러나 우리는 10만 가지가 넘는 신물질을 이미 개발했다. 환경의 관점에서 보면, 핵폐기물, 살충제, 중금속 등에서 미세 플라스틱까지 다양한 화학 물질들이 넘쳐나 새로운 문제를 일으키고 있다.

중요한 것은 이런 신물질들이 생물권 내에 쌓이면서 어떤 문제를 일으키는지 아직 다 밝혀지지 않았다는 점이다. 현재까지의 분석을 보면 계속 쌓여 가는 신물질들은 우리가 원하지도 않고 통제하기도 어려운 변화를 일으킨다. 결국 같은 질문을 할 수밖에 없다. 이 물질들의 한계선은 어디일까? 과학자들은 이 질문에 대한 해답을 계속 탐구하고 있다.

신물질과 관련된 위험은 인공 지능(artificial intelligence, AI)이 야기할 수도 있다. 이에 대한 유명한 사고 실험이 있는데, 종이 클립에 대한 것이다. 어느 날 한 기업의 사장이 서류를 철하기 위해 클립을 찾다가 비서로 일하고 있는 인공 지능에게 지시를 내린다고 하자. "아이리스(AI 이름), 다시는 클립이 떨어지는 일이 없도록 해." 이 지시를 받은 아이리스는 전체 사업부에 연락해 사장의 지시를 숙지시키고, 클립을 구매하기 위해 재무 상태를 확인할 것이다. 만약 클립이 절대로 떨어지지 않게 하는 대책이 문구점을 모두 사들이고 여기에 더해 광산과 공장을 사는 것으로 판명되면, 이 작은 지시가 새로운 경제 흐름을 만들어 낼 것이다. 전 세계의 자원이 몽땅 클립을 만드는 데 쓰일지도 모른다. 과장이 심한 사례이지만, 인공 지능은 설계 당시의 목적을 벗어나 다양한 방향으로 자신의 일을 찾을 것이라는 점이 핵심이다. 물론 인공 지능이 지구의 상태를 잘 알게 된다면 큰 도움이 될 수도 있다.

유전자 변이가 위험을 야기할 수도 있다. 인간이 개발한 화학 물질들은 새로운 변이를 일으키고 있다. 모기를 통해 전염되는 말라리아나 지카 바이러스의 예를 보자. 주로 아프리카 지역에서 일어나지만, 말라리아는 매년 수십만 명의 사람들을 사망에 이르게 하고, 지카 바이러스는 신생아들에게 심각한 장애를 입힌다. 이를 해소하기 위해 유전자 조작을 통해 모기를 섬멸하는 방법이 제안되었는데, 고통 받는 사람들을 생각하면 하루빨리 도입하고 싶은 방법이기도 할 것이다. 그러나 이런 방법을 도입하는 결정은 정말 신중하게 내려져야 한다. 아직 유전자 조작 방법에 대한 한계선이 명확하지 않기 때문이다. 과학자들이 풀어야 할 숙제들이다.

2. 에어로졸

회색의 두꺼운 구름층이 중국과 인도 상공에 수천 킬로미터의 띠로 형성되어 있다. 베이징, 델리, 여러 아시아 도시들이 불쾌한 미세 먼지층에 눌려 있는 모습도 자주 보게 된다. 이런 먼지층은 산불과 결합하기도 하는데, 최근 인도네시아에서 이런 사례를 볼 수 있었다. 미국이 캘리포니아나 오스트레일리아, 캐나다, 북유럽과 러시아에서 발화된 산불들도 시커먼 구름을 만들고 몇 주 동안이나 상공에서 떠다니기도 한다. 지구 역사에서 볼 수 없었던 이런 모습들은 인류세에 대해 다시 생각하게 한다.

공기 중에 떠다니는 미세 먼지, 에어로졸은 공장 굴뚝과 자동차의 엔진, 산불과 화석 연료의 연소 과정에서 생성된다. 미세 먼지들이 점점 쌓이면 심각한 대기 오염이 일어난다. 과학자들은 대기 오염으로 인해 한해 약 900만 명이 사망하는 것으로 추정한다. 에어로졸은 기후에도 영향을 미친다. 작은 입자들은 구름을 더 잘 형성하게 하기 때문에 대기 오염이 심한 도시에 더 많은 구름이 생기고 더 많은 비가 내린다. 또 어떤 입자들은 열을 흡수하기도 하고 대기 중에 띠를 만들어 태양광을 차단하기도 한다. 요리를 하거나 바이오 연료를 연소시킬 때 방출되는 입자들로 인해 인도의 우기가 불규칙해지는 현상이 반복해서 일어나고 있다. 13억 명이 살고 있는 인도에서 농산물에 영향을 줄 수 있는 변화는 매우 심각한 위험 요소다.

에어로졸의 지구 위험 한계선은 지역별 날씨와 깊은 관계가 있지만 동시에 지구 전체의 기후 환경에도 큰 영향을 미친다. 그러나 명확한 한계선에 대한 논의는 아직도 진행 중이다. 지금까지는 동남아시아 지역의 우기를 주로 연구했지만, 태양광을 차단하는 효과도 계속 연구해야 할 것이다.

심각한 위험 속에서 살아남기

지금까지 과학자들이 발견한 9가지 생태계 한계선을 살펴보았다. 결과적으로 우리는 9가지 중 4가지의 한계선을 이미 벗어났다. 기후, 생물 다양성, 토지 그리고 영양소의 한계선이 이에 해당한다. 심각한 경고로 받아들여야 한다. 생명체들이 계속 멸종되고 영양소가 과도하게 사용된다면 불확실성과 두려움으로 가득 찬 변화가 더 빨리 시작될 수 있다. 이 2가지만으로도 우리는 빨간 경고등 앞에 있는 셈이다. 여기에 더해 기후와 토양 시스템도 위험 지대에 매우 근접해 있다. 소리 없는 경고음이 세계 곳곳에서 미친 듯이 울리고 있다.

지구 온난화 1.1도가 이미 진행된 현재, 우리는 이전과 확연히 다른 극심한 기상 이변을 매해 경험하고 있다. 약 800만 종으로 추정되는 지구 생명체 중 100만 종이 소멸할 위험에 처해 있다. 절망스럽게도 1970년 이후 동물의 수는 60퍼센트 가까이 감소했다. 아마존 우림의 파괴는 계속되고 있고, 캐나다의 숲에서는 침엽수를 공격하는 해충이 창궐하며, 건조해진 기후로 인해 유럽의 산불은 더 빈번해지고 있다. 모두 환경 시스템에 이상이 있다는 신호이다. 유리 바닥 위의 코끼리를 생각해 보게 된다.

지구는 모든 요소가 서로 긴밀하게 연결되어 작동한다. 우리의 몸속에서 여러 기관들이 서로 연결되어 있는 것과 같다. 몸속의 기관들이 모두 제대로 활동해야 건강한 상태이다. 동시에 이 기관들이 서로 연결되어 유기적으로 움직여야 한다. 중요한 점은 인간처럼 지구도 "하나를 위한 모두, 모두를 위한 하나."라는 말이 잘 어울리는 시스템이라는 것이다. 몸속 장기 중 하나를 잃으면 생명이 위태로워지는 것처럼 지구 위험 한계선도 하나가 붕괴되면 다른 것들도 급속하게 붕괴될 것이다.

우리는 지구 위험 한계선의 각각의 위치를 명확하게 규정하고 있지는 못하다. 그런 한계선이 없기 때문이 아니라, 복잡한 시스템에 대한 더 많은 지식이 필요하기 때문이다. 더 많은 그리고 더 정확한 지식이 쌓이면, 아마 우리는 더 겁에 질릴 수도 있을 것이다. 성능이 크게 개선된 슈퍼컴퓨터를 통해 예측해 보면, 기후 시스템은 우리가 10년 전에 예측했던 것보다 훨씬 더 예민한 상태이다. 대기 중 이산화탄소의 양이 2배가 된다면, 지구의 기온은 5도 상승할 것이다. 재앙적 상황이고, 인류가 자랑하는 문명이 이를 현명하게 해결할 것이라는 믿음도 거의 남아 있지 않다. 지구 온난화의 한계선인 1.5도의 의미가 점점 크게 다가온다. 동시에 이는 달성하기 매우 어려운 목표라는 생각이 드는 것도 사실이다.

모든 지구 위험 한계선은 같은 비중으로 다루어져야 할까? 그렇지 않다. 이 한계선들은 일정한 위계 구조를 이루고 있다. 기후와 생물 다양성이 중심에 있다. 이것들은 지구가 새로운 상태로 진입할 수 있게 만드는 엔진 역할을 한다. 게다가 이 두 한계선은 다른 것들과 깊이 얽혀 있다. 토양과 담수, 영양소의 흐름은 종들이 살아가는 방식을 규정짓는데, 바다 밑바닥을 흐르는 해류와 빙상은 생물권 내의 온실 기체와 결합해 기후의 최종 상태를 결정할 것이다. 핵심은 아니지만, 한계선 중 하나 혹은 둘이 깨지면 생태계의 회복력과 인류의 삶은 큰 영향을 받을 것이다. 그리고 하나의 한계선이 붕괴하면 다른 것들도 급격하게 위험해질 것이다. 현재까지의 연구 결과를 보면, 기후 시스템과 생물 다양성의 한계선은 지구 생태계를 괴멸시킬 만한 힘을 가지고 있다.[9]

7장

찜통 지구

2도와 4도 세상은 어떤 차이가 있을까? 문명의 유무일 것이다. — 한스 요아킴 셸누버(Hans Joachim Schellnhuber, 포츠담 기후 영향 연구소 수석 연구원)

2018년 여름을 회상해 보자. 독자들이 북반구에 살고 있었다면, 날씨에 대한 찜찜한 기억이 날 수도 있을 것이다. 북반구 전체가 사상유례 없는 열파에 기진맥진하고 있었기 때문이다. 그 정도의 열기에제대로 대응할 수 있는 지역은 없었다. 스웨덴은 끝이 없는 듯한 여름이었다. 5월 초에 시작된 여름이 9월 말이 되어서야 끝났다. 우물과 지하수가 말라 버려, 심각한 물 부족 사태가 일어나기도 했다. 숲도 바짝 말랐고, 그로 인해 산불도 자주 일어났다. 이때가 끝이 아니었다. 이런 현상들을 매년 뉴스에서 보고 있다. 열파가 계속되는 시점에 《미국 국립 과학원 회보(*Proceedings of the National Academy of Science*)》는 우리의 논문인 「열실 지구(*Hothouse Earth*)」를 발행했다. 이 논문이출간된 이후 쏟아진 미디어의 관심은 도리어 우리를 놀라게 했다.

누군가는 우리가 지구에 불어닥칠 열파 현상을 예견해 비슷한 시기에 논문을 출간했다고 생각했다. 그러나 실상은 기존에 약속한 논문 발표 시기를 겨우 맞췄을 뿐이다.[1] 논문이 출간된 날, 책임 연구원인 스테판은 갈라파고스 군도에서 돌아오는 길이어서 전화를 받을 수 있는 상황도 아니었다.

$$***$$

"2018년 8월 6일 어느 시점에, 우리는 티핑 포인트를 지나쳤다. 다행스러운 점은 이것이 지구 생태계 전체의 티핑 포인트는 아니라는 점이다." 이 문장은 미디어에 실렸던 것이다. 이날 발표된 「열실 지구」 논문은 과학 전문 기자들의 눈을 모으는 데 성공했다. 기자들은 인류 문명이 기후 시스템에 돌이킬 수 없는 피해를 입혀, 결과적으로 적당한 문명과 적당한 기후는 지속 불가능한지 질문했다.

발표 이후, 열실 지구에 관련된 이야기는 점점 더 퍼져나갔다. 과학 전문 미디어 너머 주류 미디어의 관계자들도 큰 관심을 보였고, 우리에게 논문과 관련된 말을 듣고자 했다. BBC나 CNN과 같은 미디어를 통해 소개된 이후 논문에 대한 관심은 티핑 포인트를 넘어섰다. 뉴스는 세계 곳곳으로 신속하게 퍼져나가 전화기가 24시간 내내 쉴새없이 울렸다. 이 논문은 확실히 사람들을 놀라게 한 면이 있었고, 그해 발표된 기후 관련 논문 중에 가장 뜨거운 화젯거리가 되었다. 심지어, "열실"이라는 표현은 독일에서 "올해의 단어"로 뽑히기도 했다.[2] (한국 언론에서는 "찜통 지구"라는 표현으로 소개되었다. ― 옮긴이)

지구가 가지는 여러 기후 환경 중에 열실 상태가 있다는 것은 이미 1장에서 설명했다 이 상태도 매우 안정적이며 통상 수백만 년 동안 계속된다. 열실 상태에 있는 동안 지구의 평균 기온은 현재의 기온보다 약 4도 높았다. 당연히 북극과 남극의 빙상과 빙하는 모두 녹아 사라지고 해수면의 높이는 지금보다 약 70미터 위에 있었다. 현생 인류는 쉽게 상상하기 어려운 기후 환경이다. 셸누버가 지적했듯이, 열실 상태의 환경에서 문명을 유지하거나 새로운 문명을 건설하기는 불가능할 것이다.[3]

「열실 지구」 논문은 하나의 관찰로부터 시작되었다. 우리는 인류가 화석 연료 시스템을 극복하면 기후 환경이 다시 안정화하리라 희망하지만, 과학적 발견은 다른 상황을 예측한다는 것이었다. 모든 국가가 약속했던 사항을 지켜서 탄소 배출을 감축한다면, 지구 온난화는 3도 정도의 상승에서 안정화될 것이다. 이게 그나마 가장 좋은 시나리오이다. 지구는 더워지지만, 우리는 이 결과에서 오싹한 기운을 느꼈다. 인류가 합심해 할 수 있는 일을 다 한다고 해도, 이미 배출한 온실 기체의 영향으로 지구의 온도는 급상승하는 것을 멈추지 않으리라는 의미였기 때문이다. 지구의 기후는 다시 돌아올 수 없는 임계점, 티핑 포인트를 넘어선 것일까? 우리의 결론은 그렇다는 것이었다. 무슨 근거가 있기에 이런 결론에 도달했을까? 이 장에서는 우리가 분석한 과학적 결과를 더 살펴보고자 한다.

2장에서 보았듯이, 지구의 환경은 모든 요소가 복잡하고 정밀하게 연결되어 있어서, 작은 변화들이 모이면 큰 전환을 만들어 낸다. 지구 공전 궤도가 조금만 틀어져도 지구의 기후는 빙하기와 간빙기를 오가게 된다. 지난 300만 년 동안 있었던 일이다.

빙하기에서 간빙기로 움직이는 것은 여름에 태양광이 캐나다와 북유럽에 더 많이 도달하는 것에서 시작된다. 지구의 평균 기온은 몇 도 상승하는데 이것만으로 충분하지는 않다. 그러나 이 기온 상승은 생물학적 엔진을 시동시킬 수는 있다. 평균 기온이 상승하면 바다에 녹아 있던 이산화탄소의 일부가 공기 중으로 증발하고 얼어 있던 땅이 녹으면서 많은 양의 온실 기체가 배출된다. 대기 중 이산화탄소의 농도가 상승하면 온실 효과가 강화되어 지구의 기온은 더욱 상승한다. 얼음층은 줄어들고 그 자리를 식물들이 대체한다. 태양광을 반사하던 얼음 대신 숲이 더 많은 태양광을 흡수하고 광합성을 통해 생태계는 서서히 기지개를 켠다. 지구의 온난화 시스템은 점점 더 활발해져 평균 기온은 가장 추웠던 빙하기보다 약 5도 상승한다. 빙하기와 작별을 고하게 되는 것이다.[4]

지구라는 시스템 내부에서 작은 변화가 발생한 후 시간이 지나면서 변화가 중첩되면 시스템 전체에 걸친 매우 묵직한 변화가 만들어진다. 그렇다면 지금까지 우리가 발견한 지구의 작동 방식이 앞으로는 작동하지 않을까? 더구나 인류세 시대의 변화는 누군가 슬쩍 민 것이 아니라 통째로 밀어 넣은 정도의 크기이다. 잘못된 방향으로 말이다.[5] 비록 바다와 대륙, 빙상과 대기가 태양광의 변화에 대응해 시스템을 전이시키지만, 이들만으로 지구의 상태가 결정되는 것은 아니다. 생태계의 역할도 그만큼 중요하기 때문이다. 특히 생태계의 복잡한 상호 작용은 외부의 충격으로부터 지구 환경을 일정하게 유지하는 역할을 하는데, 지구 회복의 강력한 지원군이다.

자연은 지구 시스템을 다양한 방향으로 밀고 당길 수 있다. 충격을 버티고 이를 완화하는 역할을 담당하기도 한다. 이산화탄소 농도가 급증하면 나무와 바다의 플랑크톤은 이를 더 많이 흡수해 충격을 줄여 준다. 역으로 이산화탄소의 급증과 숲의 소멸이 같이 일어나면 충격은 2배로 커진다. 진정한 의미의 재앙이 시작되는 것이다. 우리의 친구였던 생태계는 과거의 일이 되고 있다.

생태계는 외부 충격을 흡수하기도 하지만, 내부 갈등을 증폭시키기도 한다. 이것이 우리를 잠 못 들게 한다. 한 시스템이 티핑 포인트를 지나면, 다른 시스템은 이와 무관할까? 이 질문이 우리 미래에 대한 핵심적인 사항이고, 이 장의 초점이다.

도미노 효과

티핑 포인트에 대한 연구는 2008년이 되어서야 본격적으로 등장했다. 이후, 관련 연구는 매우 활발해져서 새로운 티핑 포인트가 많이 발견되었다. 산업 혁명 이전 대비 몇 도가 올라야 지구 환경이 질적으로 전환될 것인가? 얼마나 많은 종이 소멸해야 생태계가 붕괴할까? 이런 질문들은 빈번하게 제기되었고, 짧은 시간 안에 많은 성과가 있었다. 그러나 티핑 포인트들의 상호 연관성에 대한 연구는 그다지 많지 않았다. 현재까지 개발된 기후 예측 모형들도 모든 티핑 포인트를 포괄하는 것은 아니다. 이런 현실을 자각한 과학자들이 티핑 포인트의 상호 작용을 적극적으로 연구하고 있다. 흔히 도미노 효과(domino effect)라고 부르는 주제이다.

지구를 둘러보면서 "혹시 이런 일이……"라는 예상을 해 보자.

북극

먼저 살펴볼 곳은 북극권(Arctic Circle)이다. 매년 여름 북극의 얼음이 점점 축소되고 얇아지면 어떻게 될까? 빛을 반사하던 얼음이 있던 자리에 검푸른 바다가 노출될 것이고, 이 바다는 빛을 반사하는 것이 아니라 흡수하는 역할을 할 것이다. 바다에 흡수된 태양광은 더 많은 얼음을 녹일 것이고, 얼음이 녹으면서 더 많은 열이 흡수될 것이다. 북극 지방이 따뜻해지면 인접 지역인 캐나다와 시베리아의 동토층이 녹기 시작할 것이다. 문제는 이 동토층에 얼어 있던 온실 기체들인데, 조금만 온도가 올라가도 어마어마한 양의 온실 기체가 배출될 것이다. 동시에 온도가 올라가면서 러시아와 캐나다, 알래스카와 그린란드 지역이 건조해지면 산불 위험이 증가한다. 관심 있는 독자라면 해마다 보는 뉴스의 일부라는 것을 눈치챌 것이다. 그린란드는 산불만 문제가 아니다. 빙하가 녹으면서 바다로 흘러가는 엄청난 양의 민물은 해류의 방향에 영향을 미친다. 앞장에서 본 것처럼 바다는 불균형한 열의 흐름을 해류를 통해 분산시키는데, 해류의 방향이 어긋나면 북극과 남극 지방에 더 많은 열이 흘러가 더 많은 얼음의 소멸을 야기할 것이다. 그러다 어떤 지점을 넘어서면 해류의 방향은 이전과는 전혀 다른 새로운 상태로 바뀐다. 티핑 포인트를 지난다는 의미이다. 현재 예상으로는 이런 변화가 지구 온난화 1~3도의 범위에서 일어날 것으로 본다.

다시 강조하면, 이미 1.1도를 넘어섰다. 놀랄 만한 변화가 일어나도 놀랄 일이 아닌 것이다

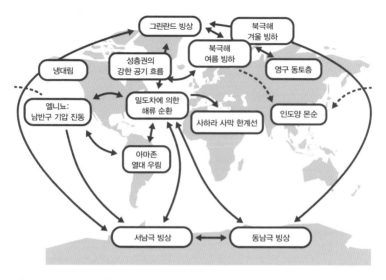

티핑 포인트의 연쇄 작용.
기후 시스템의 일부분은 티핑 포인트에 매우 근접해 있거나 이미 지난 것으로 보인다. 기후
시스템은 밀접하게 연결되어 있어서 한 부분의 폭발은 다른 부분으로 전이되어 연쇄 폭발
을 일으킨다.

아마존

북극과 해류의 변화는 저 멀리 남아메리카의 아마존 열대 우림에도
영향을 미쳐 이 지역을 건조하게 만든다. 대서양 해류는 아마존 지역
과 아프리카 사하라 사막 남부, 즉 사헬(Sahel) 지역의 강수량을 좌지
우지하기 때문이다. 아마존의 우림 지대가 건조해져서 점차 초원 지
대로 변하는 과정에서 엄청난 양의 탄소를 흡수하던 지역이 탄소를
배출하기 시작한다면 어떨까? 최근 연구에 따르면 아마존 지역 5분
의 1이 탄소 흡수량보다 배출량이 더 많다고 한다. 무분별하게 숲을

파괴하는 것 말고도 다른 이유 때문에 우림은 탄소를 흡수하는 능력이 점점 감소되고 있고, 나무들은 다 크기도 전에 죽는다. 사람들이 파괴하는 숲과 함께 본다면, 티핑 포인트에 매우 근접해 있다는 것이 과학자들의 분석이다. 이 분야를 오랜 기간 연구한 토머스 러브조이(Thomas Lovejoy)와 카를로스 노브레(Carlos Nobre) 박사의 견해에 따르면, 아마존의 20~25퍼센트가 소멸하는 지점이 숲에 의한 탄소 순환 시스템의 티핑 포인트일 것이다.

아마존 열대 우림의 역할은 기후 변화를 안정적으로 관리하는 것이다. 2019년 이 지역에 4만 건 이상의 산불이 발생했을 때, 프랑스 대통령이 값을 매길 수 없는 인류 공동의 자원을 보호해야 한다고 설파한 것도 아마존의 순기능 때문이다.[6] 그러나 현실은 1970년 이후 약 17퍼센트의 숲이 소실되었다는 것이다. 거대한 지뢰밭에 앉아 있으면서 지뢰를 제거할 생각은 하지 않고 망치로 땅을 두드리는 상황이다.

위험은 확산되고 있다. 도미노 게임처럼 하나의 티핑 포인트가 넘어지면서 그 옆의 티핑 포인트를 무너뜨리는 상황이다. 몇 개의 도미노가 쓰러졌을 때 막지 않으면, 온화한 기후와는 영원히 결별하게 된다. 그때 이산화탄소 배출을 줄이려 부산을 떨어도, 지구 시스템은 숲과 동토층, 바다에서 자체 보관하고 있던 이산화탄소를 뿜어 낼 것이다.

현 상황을 도미노 게임에 비유하는 것은 과학적으로도 타당하다. 도미노가 다 쓰러지면 그후에는 어떤 세상이 될까? 생태계와 문명이 수멸할까?

1장에서 우리는 지구가 역사적으로 2개의 안정적인 상태, 빙실 지구와 열실 지구였음을 보았다.[7] 최소 지난 500만 년 동안 지구는 완전한 열실 상태는 아니었다. 그때로 되돌아가 보면, 대기 중 이산화탄소의 농도는 차가운 지구로 가는 티핑 포인트인 350피피엠보다는 높았다. 현재 이 농도는 415피피엠이기 때문에, 우리가 탄 열실 상태로 가는 특급 열차는 2200년경에 정차할 것이다. 상황의 심각성을 깨달은 국가들은 탄소 배출을 감축하는 정책들을 발표하고 있다. 그러나 상황은 낙관적이지 않다. 무엇보다 이 정책들이 충실히 지켜진다고 해도, 과연 열실 상태로 질주하는 기차를 멈춰 세울 수 있을까? 현재까지의 과학적 분석을 총망라하면, 우리가 지구 온난화를 2도 내에서 조절한다면 기차를 세울 수 있다. 그러나 각 국가가 경쟁적으로 발표하는 정책은 잘 되더라도 3도 정도이다. 이 상태라면 게임은 끝이고 기차는 통제 불능이다.

현재까지 우리 지구는 경이로운 회복력을 보여 주었다. 아무리 인류에 의해 홀로세가 마감되었다 하더라도, 지구는 계속 우리의 친구였다. 지구의 토양과 바다는 인류가 배출한 이산화탄소의 반을 흡수해 줬다. 모두 고마운 일이지만 이렇게 일방적인 관계는 오래가지 못한다. 지금까지 잘 받아 주었던 아마존 열대 우림은 더는 예전만큼 탄소를 흡수해 주지 않는다. 게다가 바다는 온도가 상승하면서 탄소를 흡수하는 능력을 많이 상실했다. 이미 너무 많이 흡수해서 해양 산성화도 매우 심각한 지경이다.

지구의 작동 방식과 티핑 포인트에 대한 과학의 지식 체계가 단단해질수록 그동안 인류의 문명 발달에 가려져 있던 위험성이 더 분명하게 모습을 드러내고 있다.

지구 온난화를 2도 내에서 멈춘다면, 아마 그동안의 관성으로 인해 2.5도 정도까지는 상승하겠지만 도미노 게임을 중단시킬 수는 있을 것이다. 남아 있는 도미노들은 열실 지구로 보내 버릴 방아쇠이기 때문에 매우 아슬아슬한 상황이지만 어쨌든 게임을 끝내고 다시 평화로운 상태를 유지할 수 있다.

✳✳✳

때때로 과학의 지식 체계는 여러 세대에 걸쳐 점증적으로 건설된다. 그러나 지구 시스템에 대한 우리의 지식은 그렇지 않았다. 우리가 2018년 「열실 지구」 논문을 발표했을 때만 해도 여전히 우리에게 기차를 멈출 수 있는 시간이 있을 것으로 생각했다. 그러나 이어진 연구를 통해 알게 된 사실은 기차를 멈출 게 아니라 탈출해야 한다는 것이다.

8장
기후 비상 사태 선언

우리의 지구는 불타고 있다. — 그레타 툰베리, 2019년 다보스 세계 경제 포럼 중국의 우한 지방에서 새로운 '바이러스성 폐렴' 증상이 나타났다는 세계 보건 기구(WHO)의 발표 이후 불과 3개월 만에 지구 인구의 반이 봉쇄 조치를 당했다. 2020년 4월 3일 《뉴욕 타임스》에 실린 기사이다.

코로나19는 의심의 여지없이 최근 100년 동안 벌어진 사건 중 최악의 보건 위기이다. 그 유명한 스페인 독감이 1918년의 일이니 말 그대로 100년이 지난 후에 나타난 세계적 위기라고 할 수 있다. 위기가 급속하게 확산하면, 사람들은 서로 뭉치기 시작한다. 나 혼자 버터보겠다는 자세가 최선의 길이 아님을 본능적으로 알고 있는 것이다. 결과는 혼돈스럽다.

나라마다 이 바이러스에 골머리를 앓았고, 국가 의료 체계는 갑작스러운 사태에 붕괴했다. 일단 확산 속도를 늦추는 게 급선무라 불가피하게 경제 활동을 제약하는 나라들도 많았다.

혼란과 무질서 속에 우리는 종종 문명의 찬란한 점을 확인하곤 했다. 시민, 정부, 기업, 학교, 병원이 긴급 사태를 맞이해 놀랄 만한 능력을 보여 주었기 때문이다. 이 과정에서 많은 정치인이 헌신적이고 신속하게 행동했다. 위기가 고조되면서, 국가 지도자들은 단결과 협력에 대한 강력한 메시지를 설파했고, 시민들의 공동체 의식에 호소했다. 시민들도 여기에 화답했다. 공동체의 안전을 위해 희생을 감수하고 서로 합심했다.

재앙에 대한 과학적 지식이 쌓이면서 과학자들의 역할이 중요해진 반면, 미국의 도널드 트럼프(Donald Trump) 대통령이나 브라질의 자이르 메시아스 보우소나루(Jair Messias Bolsonaro) 대통령 같은 일부 정치인들은 방역 전문가들과 과학자들의 조언과는 정반대로 행동했다. 전문가에게 물어보지도 않았고, 과학자들의 권고도 모두 거부했다. 이들의 무지하고 무책임한 행동은 사람들에게 절망과 공포를 주기에 충분했다.

코로나19와 우리가 현재 겪고 있는 지구 생태계의 심각한 위기의 연결 고리에 대해 여러 논란과 분석이 이루어지고 있다. 코로나19는 동물과 사람 사이에서 전파가 가능한 인수 공통 전염병이다. 이런 전염병은 야생 동물들의 주거지가 파괴되고 인구가 늘어나면 필연적으로 증가할 수밖에 없다. 생물 다양성의 감소와 숲의 소멸, 그리고 새로운 바이러스의 출현 사이에는 명백한 연관성이 있다. 여러 연구를 보면, 숲의 면적이 25퍼센트 이상 감소하면 사람들과 가축들 사이에서 바이러스 감염이 확산된다. 종합해 보면, 코로나19에 대한 것도 이렇게 결론을 지을 수도 있다. 팬데믹은 인류세에 들어서 모든 것이 연결되고 복잡해져서 결과적으로 취약해진 지구 생태계가 근본 원인이다. 바꾸지 않으면 기후 환경의 변화와 함께 전염병의 확산도 막기 어려울 것이다.

이런 관점에서 볼 때, 코로나19와 기후 변화, 생태계의 붕괴는 모두 한 몸이다. 인류세에 우리는 서로 연결되어 있고 상호 작용할 수밖에 없다. 지구 어디에 있든 서로가 서로에게 영향을 미치는 것이다.

팬데믹은 이런 상호 의존성을 드러내는 얼굴이며, 규모나 확산 속도 등으로 그 의존성이 얼마나 깊은지 추정할 수 있다. 무한정 베풀어 주던 우리 지구를 이렇게 취약하게 만든 것은 분명 우리 문명의 실패이다. 그렇다고 좌절만 할 수는 없다. 지속 가능하고 안전한 지구로 다시 돌아갈 방법을 찾아야 한다. 사람들의 행복과 지구의 건강을 같이 생각하는 새로운 전환의 계기를 만들어 내는 것이 우리가 해야 할 일이다. 다른 선택은 없다.

＊＊＊

지금 이 순간에도 지구는 점점 불안정해지고 있다. 우리가 할 수 있는 일은 점점 줄어든다. 긴급 상황이고, 이 상황에 대한 과학자들의 우려와 불안은 하루가 다르게 상승하고 있다.

전 세계 과학자들의 연구 조직인 IPCC는 과학적 발견을 수집하고, 이를 바탕으로 미래의 경로를 예측하는 일에 집중한다. IPCC가 발표한 2018년 특별 보고서에 따르면 그동안 지구 온난화의 티핑 포인트로 판단되었던 2도는 처음 예상보다 더 위험한 것일 수 있다. 기

브레이킹 바운더리스

온 상승이 이 정도에 이르면 수억 명의 사람들이 이상 기후와 경제적 어려움에 시달릴 것으로 예상된다. 이에 따라, 새로운 연구 결과들은 1.5도를 기후 환경의 위험 한계선으로 재설정해야 한다는 제안을 했고, IPCC를 비롯한 대다수의 과학자들은 이제 이 기준을 받아들이고 있다. 분명히 할 것은 이 기준은 한계선일 뿐, 이 기준을 지켰다고 해서 모든 문제가 해결된다는 의미는 아니라는 것이다. 1.5도는 2도보다 현저하게 안전한 기준선이라는 점이 과학적 사실이다. 이 선을 넘었을 때 발생할 수 있는 사회적 혼란과 비용에 대해 많은 예측이 나왔는데, 과학자들을 불안하게 하는 것은 무엇을 상상하든 현실은 그보다 더 나쁠 것이라는 예감 때문이다.

과학자들이 예상한 지구 온난화 1.5도 시나리오에서도 농업 생산성이나 질병 관리, 폭염과 가뭄, 기타 이상 기후에 대처하기는 쉽지 않을 것이다. 여기에 0.5도를 더 허용해 지구 온난화 2도 시나리오를 예상한다면 상황은 더 끔찍하게 변한다. 그렇기 때문에, 2015년 체결된 유엔 파리 기후 협약은 지구 온난화를 2도 이내로 유지하는 것을 목표로 설정하되, 1.5도가 실질적인 실천 원칙이 되어야 한다고 공표했다. 이 협약의 의미는 인류의 지속 가능한 삶을 위해 과학자들이 나서 구체적인 목표를 제안했고, 이를 시민 사회와 정치권이 받아들였다는 것이다. 말 그대로 지구 공동체의 협약이 완성된 것이다. 그러나 협약에 참여한 국가들조차 아직까지 상황을 낙관하고 있는 것처럼 보인다. 그들의 정책을 보면 지구 온난화 목표치가 1.5도나 2도가 아니라 3도에 가까워 보이기 때문이다. 7장에서도 살펴봤지만 2도를 넘어서면 일련의 티핑 포인트들을 자극해 열실 지구로 향할 뿐이다.

우리에게 필요한 핵심 행동 양식을 다음과 같이 간단하게 정리할 수 있다. 첫째, 대다수의 연구가 지구 온난화 1.5도를 기준으로 제시하고 있으며 이 선만 지킬 수 있다면 인류의 미래는 조금 힘들더라도 충분히 꾸려 나갈 수 있다. 지구 온난화 2도 혹은 그 이상은 감당하기 힘들다. 둘째, 우리는 몇몇 티핑 포인트를 눈앞에 두고 있고 이 지점들을 지나면 지구 스스로 뜨거워지는 단계로 진입할 것이다. 2도 지점을 지나친다면 스위치가 작동해 또다시 0.5도가 오를 것이고 멈출 수 없는 상황들이 우리를 열실 지구로 이끌 것이다.

기후와 관련된 연구 중에서 가장 중요한 논문이 2019년에 발표되었다. 다소 장황한 이름인 '생물 다양성 및 생태계 서비스에 관한 정부 간 과학-정책 플랫폼(IPBES)'이 주도한 연구인데, 이에 따르면 현재 약 100만 종의 생물들이 멸종 위기에 처해 있다.

이 상황보다 더 긴급한 사태가 있을까?

긴급 사태를 선언하라

어떤 상황에서든 긴급 사태를 선언하는 것은 가볍게 다룰 만한 일은 아니다. 그러나 꼭 해야 한다면 누가 선언을 해야 할까? 이런 권한을 가진 사람은 누구일까? 정치인들의 몫일 것이다. 과학자들의 역할은 정치인들이 최적의 결정을 내릴 수 있도록 도와주는 것이다. 일례로, 인류가 겪은 두 번의 끔찍한 핵 발전소 사고를 보자. 1986년 체르노빌과 2011년 후쿠시마의 사고를 수습하기 위해 정치인들과 공학자들이 모여 팀을 이루었다. 이들은 즉각적인 위험과 장기적인 위험이 무엇인지 분석하고 그에 맞는 정책을 선택해야만 했다. 과학자들도 재앙을 막기 위해 적극적으로 참여했다.

2019년 우리를 포함한 일단의 과학자들이 모여 지구 긴급 사태가 과학적으로 명확하게 정의될 수 있는 일인지 탐색하기 시작했다. 현재 상황은 과학적으로도 의심의 여지가 없는 긴급 사태이다.

이런 결론에 도달한 것은 2가지 이유가 있었기 때문이다. 우선, 우리는 지구 온난화 2도보다 훨씬 앞에서 멈춰서야 한다. 이를 위한 최선의 방법은 화석 연료 중심의 경제 구조를 과감하게 탈피하고, 강과 바다, 숲과 땅을 빠르게 복원시켜야 한다는 점이다. 이렇게 된다고 하더라도, 지구 온난화 1.5도 선을 넘게 될 것이다. 현실적으로 보면 그렇다. 현재 인류는 매년 약 400억 톤의 이산화탄소를 배출하고 있는데, 과학자들의 계산으로 보면, 3200억 톤이 우리의 배출량 한계이다. 이 이상의 이산화탄소를 배출하면, 지구 온난화 한계선을 넘어서게 될 것이다. 배출량을 고려한다면, 우리는 매년 10퍼센트 이상의 탄소를 더 배출하고 있다. 비유하자면, 지뢰 지대까지 열 걸음 남았는데, 매년 한 걸음씩 더 내딛고 있는 것이다.

두 번째 이유도 티핑 포인트와 관계가 있다. 티핑 포인트에 대한 본격적인 연구가 2008년 시작되자마자 우리가 잠자는 거인에 얼마나 가까이 다가서고 있는지 깨닫게 되었다. 이전 연구들은 지구 온난화의 한계를 3~4도로 예측하고 있었는데 예상보다 훨씬 낮은 수준이었던 것이다.

2008년이 결과는 2019년에 비하면 소소한 편이었다. 그만큼

그린란드 빙상
급격한 소멸 진행 중

북극해 빙하
지속적 소멸 중

냉대림
빈번한 산불과 해충 피해

영구 동토층
땅이 녹아 질척거림

대서양 해류 순환
1950년대 이후 감속

아마존 열대 우림
빈번한 가뭄

산호초
심각한 폐사 진행 중

서남극 빙상
급격한 소멸 진행 중

동남극윌크스 분지
급격한 소멸 진행 중

점점 다가오는 티핑 포인트.
몇 년 전까지 과학자들은 지구의 환경이 티핑 포인트를 넘어서려면 21세기 말은 되어야 할
것으로 예상했다. 그러나 최근의 연구는 완전히 다른 상황을 이야기한다. 큰 변화가 매우
빠른 속도로 진행 중이기 때문이다.

2019년의 연구 결과는 연구에 참여한 과학자들을 충격과 공포에 빠
트렸다. 분석한 자료를 보면 볼수록 티핑 포인트에 너무 근접해 있다
는 것이 드러났기 때문이다. 좀 더 근본적이고 파괴적인 변화가 스멀
스멀 다가오고 있다.

　시베리아의 드넓은 땅은 1년 내내 얼어 있어서 기후 환경에 큰 영
향을 주지는 않았는데, 이 동토층이 깨어나고 있다. 러시아 정부는
이 땅을 조금이라도 더 활용하고 싶어 도로와 공장을 짓고, 자원을
실어 나르는 기간 시설을 건설하고 있다. 아마 이들도 이 땅이 녹아서
생태계가 변할 것이라는 점을 조금도 의심하지 않았을 것이다. 그러

잠자는 거인: 아마존 열대 우림

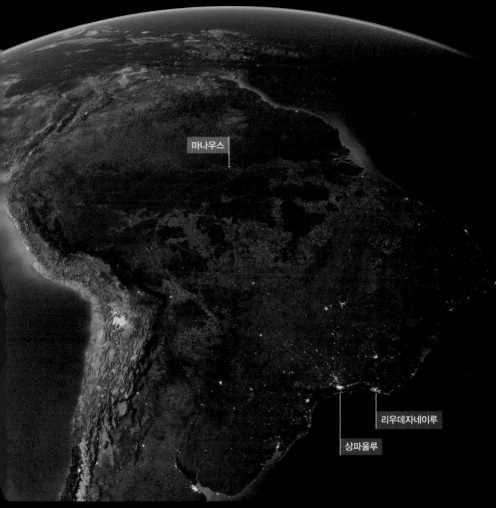

마나우스

리우데자네이루

상파울루

■ 2000년 이후 삼림 벌채 지역

아마존 열대 우림은 지구 환경의 측면에서 보면 매우 소중한 공유재이다. 울창한 숲은 커다란 산소 발생 장
치이면서 엄청난 양의 이산화탄소를 흡수하는 역할도 한다. 또한 남아메리카의 강우량을 조절하고 거대한
생태계를 구성하고 있기도 하다. 이 지역에 문제가 발생하면 그 영향은 지구 전역으로 퍼질 수밖에 없는 것
이다. 불행하게도 현재 상황이 그렇게 흘러가고 있다. 대규모 개간으로 인해 숲의 규모가 계속 줄어들고 있
기 때문이다. 또한 기후 변화는 숲의 기능을 계속 억제하고 있나. 이 요인들이 복합적으로 작용해 '지구의 허
파' 아마존 생태계가 임계점을 지나고 있다. 1970년 이래로 아마존 숲의 17퍼센트가 소실되었을 것으로 추
산되고, 이 비율이 20~25퍼센트가 되면 숲의 생태계가 질적으로 크게 변화할 것이다. 실제로 아마존 숲의
40퍼센트가 정상적인 궤도를 이탈해 생태계 기능과 탄소 흡수 능력이 떨어지고 있다. 2005, 2010,
2015~2016년에 발생한 심각한 가뭄은 이런 상황을 알리는 신호등이었다. 이 상황이 계속된다면 2035년
즈음에 아마존 열대 우림은 흡수한 탄소보다 더 많은 탄소를 배출할 것이다.

사회 경제적 추세

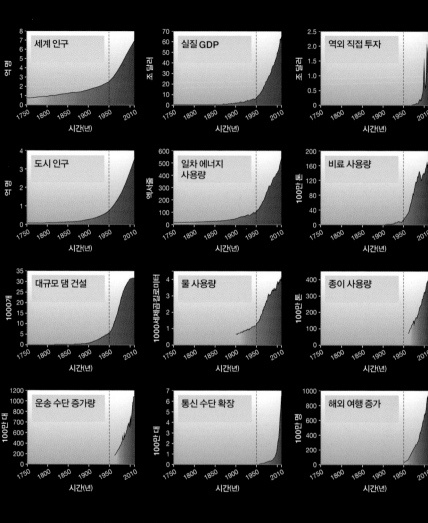

지구는 급격하게 불안정해지고 있다. 1750년 이후 인류의 사회 경제적 활동은 기하급수적으로 증가해(왼쪽) 지구 환경의 급격한 변화(오른쪽)가 초래되었다. 모든 도표에서 1950년을 주목해야 한다. 이 시점을 계기로 인류의 활동은 끝도 없이 증가하고 있고, 반대로 지구 환경은 급격하게 피해를 입고 있다. 지구의 나이에 비하면 찰나에 불과한 시간에 거대한 가속이 일어나 지구 환경은 되돌리기 어려울 정도로 변화했다.

지구 환경의 변화 추세

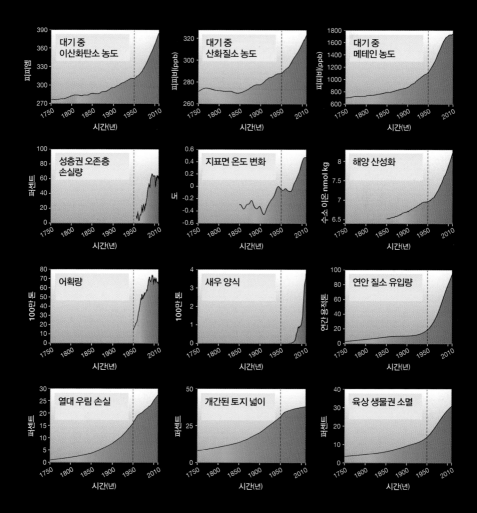

지구 위험 한계선

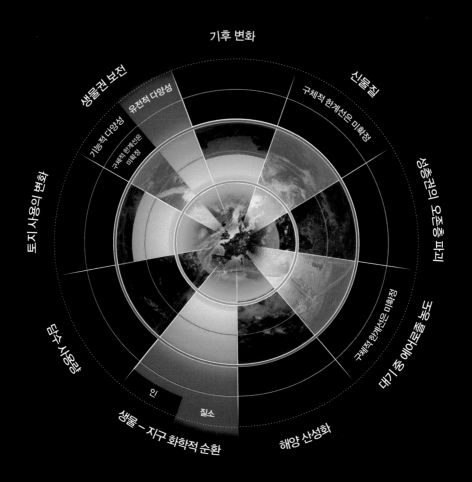

기후 변화

생물권 보전

유전적 다양성

신물 질

구체적 한계선은 미확정

기능적 다양성

구체적 한계선은 미확정

성층권의 오존층 파괴

토지 사용의 변화

담수 사용량

인

질소

구체적 한계선은 미확정

대기 중 에어로졸 총량

생물 – 지구 화학적 순환

해양 산성화

2009년 일단의 과학자들이 지구 환경의 9가지 한계선을 분석했다. 위험한 상황이 도래하기 전에 지구를 다시 온화한 기후 환경으로 되돌리고, 시급한 조치가 무엇인지 규정하기 위함이었다. 관련 연구는 계속 진행되었는데, 2015년 결과를 보면 기후 변화, 생물권 보전, 토지 사용의 변화, 생물–지구 화학적 순환 같은 4가지 항목은 이미 상당히 취약한 상태다.

한계선을 한참 벗어난 고위험 영역
한계선을 조금 벗어난 위험 영역
한계선 내의 안전 영역
아직 한계선이 명확하지 않은 영역

나 땅이 녹으면서 도로와 기간 시설들에 균열이 생기고 있다. 더 심각한 문제는 지표면 얕은 곳에 묻혀 있던 온실 기체이다. 너무 많은 양이 묻혀 있어 '탄소 폭탄(carbon bomb)'이라는 무시무시한 별명이 붙어 있던 기체들이다. 실제로 북극 근처의 동토층은 1조 7000억 톤의 온실 기체를 담고 있을 것으로 추측된다. 이 양은 산업 혁명 시기부터 본격적으로 배출된 온실 기체의 총량보다 2배 이상 많을 정도로 어마어마한 양이다. 동토층이 말 그대로 계속 얼어 있다면 이 온실 기체는 얌전히 땅 밑에 잠들어 있을 것이다. 그러나 북극 지방은 지구에서 가장 빠르게 온도가 상승하는 지역이다. 상황이 급변하고 있다. 생각하기에도 끔찍하지만, 이 정도 양이 대기 중으로 배출되기 시작하면 무슨 일이 벌어질까? 불안감은 현실이 되고 있다. 실제로 이 지역은 점점 건조해지고 있어서 산불의 위험에 놓여 있다. 2019년 시베리아 산불로 발생한 연기 구름은 유럽의 전체 면적보다 더 컸을 정도였다.

북극 지방에는 그린란드도 있다. 과학자들의 연구 결과는 1992년 이래 그린란드에서만 약 4조 톤의 얼음이 소실되었다고 추산한다. 그리고 점점 더 많은 얼음이 녹아서 바다로 흘러 들어가고 있다. 이상 고온 현상이 유럽을 뒤덮었던 2019년 여름 2개월 동안 약 6000억 톤의 얼음이 녹아내렸고, 그로 인해 해수면은 1개월에 약 1밀리미터씩 상승했다. 그린란드의 식생에 심각한 변화가 오는 티핑 포인트는 지구 온난화 2도보다 높을 것으로 예상되었다. 그러나 이를 믿는 과학자들은 이제 거의 없다. 아마도 2도보다는 상당히 아래이지 않을까?

눈을 돌려 아마존으로 가 보자. 2020년 발표된 연구 결과를 보면, 지구 생태계의 가장 중요한 조절자 중 하나인 이 거대한 숲은 상당히 위험한 상황에 처해 있다. 광합성을 통해 공기 중 이산화탄소를 흡수하고 산소를 뿜어내던 지구의 허파는 해가 갈수록 탄소 흡수 능력을 잃고 있다. 탄소에 의존하는 문명이 오랜 기간 완충 역할을 해주던 부품을 상실하고 있는 것이다. 2030년 초반 혹은 2035년이 되면 아마존은 탄소 흡수자의 역할에서 은퇴하고, 배출자라는 새로운 배역을 맡을 것이다. 10년 좀 더 남았으니 우리가 얼마나 깊은 위험에 빠져 있는지 가늠할 수 있으리라.

그러나 과학자들에게 가장 큰 충격을 준 것은 남극의 변화이다.

남극은 그린란드에 비해 안정적인 지역으로 여겨져 왔으나 역시 지구 온난화 2도보다 낮은 티핑 포인트를 가지고 있다. 과학자들은 남아메리카 쪽으로 삐죽 나와 있는 남극 대륙의 빙상들이 이미 상당히 취약한 상태임을 발견했다. 반면 다른 지방은 상대적으로 약간 더 여유가 있는 것으로 보인다. 지구 온난화 5도 등이 한계선이라고 예상되었던 시절은 완전히 과거 속에 묻혀 버렸다. 지구 시스템 속에서 과학자들이 분석한 15개의 티핑 포인트 중 9개가 이미 급속하게 취약해져 가고 있다.

2019년 일단의 연구자들이 남극 대륙 서부 스웨이츠 빙하 아래에서 맨해튼 크기의 3분의 2만 한 동굴을 발견했다. 얼음이 녹으면서 생긴 공동으로 추측되었는데, 최근 탐험 결과 얼음이 녹는 지점에서 물의 온도가 섭씨 2도로 측정되었다. 빙하가 계속 녹을 것이라는 예측이 가능하고, 이것은 정말 심각하게 좋지 않은 소식이다.

단순히 빙하가 녹기 때문만이 아니다. 스웨이츠 빙하와 파인 아일랜드 빙하는 다른 서남극 빙상들이 붕괴하지 않게 막아 주는 역할을 한다. 일종의 병마개와 같은 기능을 하는데, 그 위의 빙하들이 바다로 흘러가지 않게 막고 있다. 만약 빙상 전체가 분리되어 바다로 흘러간다면, 해수면의 높이는 약 3미터 상승할 것이다. 몇몇 연구는 이 과정이 대략 300년 걸릴 것으로 예상했는데, 훨씬 더 빨라질 수도 있다. 스웨이츠 빙하의 경우 빙상의 아랫부분, 즉 얼음과 땅, 바닷물이 만나는 곳에서 얼음 구조가 약해져 바닷물이 안쪽으로 계속 파고들고 있다. 거대한 빙상이 뚝 부러지는 상황을 예상해 볼 수 있는 것이다.

남극의 서쪽만 문제가 아니다. 2019년 IPCC 보고서를 보면 남극 대륙 동부도 상당히 불안해지고 있다. 앞에서 설명한 것처럼 남극 위에 있던 오존층이 소멸되는 것이 확인된 1980년대 이후, 과학자들을 충격에 빠뜨린 사건이 또다시 발생한 것이다. 몬트리올 의정서를 통해 오존층 문제는 다행히 잘 극복되었는데, 또 다른 위험이 다가오고 있는 것이다. 남극의 얼음이 모두 녹으면 해수면은 약 60미터 상승할 것이다. 늦었다고 방관할 것이 아니라, 계속해서 얼음이 녹지 않는 방법을 찾고 실행해야 한다.

지금까지 발견된 사실들을 종합해 보자. 그린란드와 남극은 불안정해지고 있다. 과학자들의 모의 실험 결과를 보면 얼음은 이미 녹기 시작했고, 점점 더 빨리 녹을 것이다. 영국의 작가 더글러스 애덤스의 묘사처럼 말이다. "잘 모르는 물새를 봤는데, 이 물새가 오리처럼 보이고 오리처럼 소리를 낸다면, 최소 이 물새는 오릿과의 한 종류라는 생각을 해야 한다." 기후 변화는 의심의 여지없이 오리이다.

과거 사례를 보면, 상황이 좀 더 선명해진다. 기온이 현재보다는 살짝 낮은 간빙기 상황(지구 온난화 1도)을 분석해 보면, 그린란드와 남극의 얼음이 녹아서 해수면의 높이는 현재보다 약 6~9미터 높았다. 평균 기온이 2도 상승하면 해수면의 높이는 현재보다 13미터 상승한다. 반복해서 설명한 것처럼 이 정도의 상황은 가까운 미래에 일어날 수 있다. 아마도 대부분의 해안 도시는 도시 기능을 상실할 것이고, 인류는 이 기능을 복원하기 위해 엄청난 비용을 치러야 할 것이다. 좌고우면하지 말고 즉각적인 실천이 반드시 필요한 이유이다. 미적거린다면 대부분의 해안 도시와 작은 섬, 해안 저지대는 사라질 것이다.

우리는 2가지 티핑 포인트의 위험에 대응해야 한다. 극지방에 있는 빙상들이 줄어드는 것과 동토층 혹은 열대 및 한대 우림에 잠자고 있는 탄소 폭탄이 터지는 것이다. 주유소 앞에서 불놀이를 하는 것과 마찬가지이다.

위험과 비상 사태

과학자들의 경고는 간결하다. 지구가 온화한 기후를 벗어나 불안정한 상태로 접어들고 있다는 것이다. 이를 저지할 시간이 매우 촉박하고, 제때 막지 못하면 엄청난 재앙이 미래 세대를 기다릴 것이다. 비상 사태를 선언할 이유가 명백한 것이다. 보통 비상 사태를 선언하는 이유는 매우 현저한 위험이 존재하고, 이를 해결하기 위해 즉각적인 활동이 필요하기 때문이다. 기후 환경의 심각한 위험은 더는 설명이

브레이킹 바운더리스

필요 없을 것이다. 이를 해결하기 위해 우리는 10년 이내에 온실 기체 배출은 반으로 줄여야 하고, 30년 이내에는 탄소 중립에 도달해야 한다. 심장 마비 환자는 5분 내에 응급실에 도착해 적절한 조치를 받으면 살 수 있으나, 그렇지 않으면 가망이 없다. 지구의 기후 환경도 이런 상황이다.

비상 사태를 선언하고 즉각적인 조치를 취하는 것은 경제에도 도움이 된다. 코로나19가 지구를 덮쳤을 때 경제적으로 큰 충격을 받았다는 사실을 기억해야 한다. 기후 변화의 충격은 상황을 더 어렵게 만들 것이 분명하고, 추락하는 경제는 어떻게 손써 볼 수도 없이 망가질 것이다. 지금 빨리 긴급 조치를 실행해 새로운 전환을 이끌어 내고, 이에 맞는 사회 안정성과 문명의 발전을 도모해야 한다.

이 책을 쓰는 동안 26개국 1700개 도시와 마을이 기후 비상 사태를 선포했다. 모두 합치면 약 10억 명이 포함된다. 그리고 이에 동조하는 시민과 도시가 빠르게 늘어나고 있다. 2019년 5월 1일, 영국 의회도 기후 비상 사태를 선언했다. 영국이 EU를 탈퇴해 새로운 질서를 어떻게 만들지 고민하던 상황에서 불과 한 달 뒤 의회는 2050년까지 탄소 중립에 도달할 것을 천명했다. 국가 단위에서 탄소 중립을 선언한 것은 영국이 처음이었다. 우리는 그 신속하고도 확고한 결정에 놀랐다. 1년 전만 해도 전혀 예상하지 못한 것이었다.

인류는 역사 속에서 무수히 많은 위험과 재앙을 마주쳤다. 사실상 인류의 탁월함과 회복력은 재앙을 딛고 새로운 발전을 창조하는 역량이 근본 바탕이었다. 성서 속 노아의 방주처럼 거대한 홍수도 있었다. 인류사에서 첫 번째 자연 재해로 기록된 이 홍수는 실재했을까? 과학자들은 이 홍수를 마지막 빙하기가 끝나는 시점에 발생한 전 세계적 재앙으로 추측한다. 200세대 동안 옛날 이야기처럼 구전으로 전파되어 오다 쐐기 문자와 석판이 나오자 마침내 기록되었을 것이다.

지난 1만 년 동안, 우리가 홀로세라고 부르는 온화한 시대에 이렇게 끔찍한 홍수는 발생하지 않았다. 인류세는 다를 것이다. 미적거리면 신화 속의 홍수가 눈앞에 벌어질 것이다. 홍수로 인해 전염병이 퍼지고 주요 농경지에 가뭄이 들어 식량 생산량은 뚝 떨어질 것이며 이상 고온으로 사망하는 사람들도 급격하게 늘어날 것이다. 시장 경제체제는 혼란에 빠질 수밖에 없다. 이런 상황으로 가는 갈림길에 우리가 서 있다. 인생도 실전이고, 지구 환경도 실전이다.

지금이 바로 기후 비상 사태를 선언할 유일한 시점이다.

지구 회복 계획

2019년 우리는 로마 클럽 공동 대표인 산드린 딕슨디클레브(Sandrine Dixson-Declève)와 세계 자연 기금 영국 지부(WWF-UK)의 자연 보호 활동 책임자 버나데트 피슬러(Bernadette Fischer) 및 여러 연구자와 함께 기후 비상 사태 선언의 초안을 작성했다. 마침 뉴욕에서 유엔 기후 행동 정상 회의가 예정되어 있어서 우리가 작성한 선언문은 이 회의에서 공개되었다. 이 선언문은 영국의 보리스 존슨(Boris Johnson) 총리를 비롯한 10개국 이상 정상들의 지지 선언을 이끌어 낼 수 있었다. 선언문의 목적은 정책 결정권자들이 인류 문명의 심각한 위기를 깨닫게 하는 것이었다. 존슨 총리는 특유의 몸짓으로 정상 회의의 개회사를 시작했다. "지구에는 인도호랑이보다 유엔의 관료들이 더 많습니다. 또한 국가 수반들의 수는 멸종 위기에 있는 혹등고래의 수보다도 많습니다." 물론 그의 말은 오류가 있었다. 멸종 위기에 처했던 혹등고래는 각국의 보호 속에 이제 그 숫자가 약 10만 마리는 있을 것으로 보이기 때문이다. 그러나 그 의미는 분명하다.

지구 비상 사태 선언문은 국제 경제 및 산업 구조에서 다음과 같이 근본적인 변화의 필요성을 지적했다.

* 숲의 파괴와 화석 연료 개발에 대한 중단을 선언해야 한다.
* 경작지 면적을 더는 확대하지 말고, 생태계의 회복력을 다시 강화한다.
* 매년 화석 연료 개발에만 5000억 달러 이상의 보조금이 지급되는데, 건강과 환경 오염 보조금까지 합치면 5조 달러에 이른다. 이런 보조금을 폐지하고 화석 연료의 시장 가격을 정상화하는 것만으로도 온실 기체 배출을 28퍼센트 절감할 수 있을 것이다.
* 온실 기체 배출에 대해 세금을 물려야 한다. 1톤당 최소 30달러 이상은 되어야 시장의 기능을 탈탄소 방향으로 조정할 수 있을 것이다.

비상 선언에 포함될 내용은 즉각 실시되어야 한다. 선언문에서 우리는 지구 생태계를 보호하는 10가지 실천 방안을 제시했고, 또한 사회 경제의 전환을 유도하는 10가지 실천 방안을 같이 제안했다. 이 제안들은 2020년 전 세계적인 전염병의 유행 속에서 일부 수정되었다. 보건 위기에 대응할 수 있는 대책을 강조하고, 이에 맞는 효율적인 경제 활동을 제시하는 것이 목적이었다. 코로나19의 확산 과정을 보면 외부 충격과 내부 전환 모두 경제 구조에 새로운 역동성을 부여하는 것은 사실이지만, 충분히 관리할 수 있다는 가능성도 보여주었다. 새로운 전환에 대한 모색은 이제 시작되었다.

지금까지 현재의 위기 상황을 두루 살펴보았다. 독자들에게 우리의 상황, 즉 우리가 얼마나 심각한 위기에 처해 있는지 그 실상이 잘 전달되었기를 기대한다. 그러나 우리는 새로운 계획의 시작점에 서 있을 뿐이다. 이제부터 우리가 취할 수 있는 확실한 대응에 대해 살펴볼 것이다.

✳✳✳

새로운 세계의 시작점은 지구를 지키려는 인류의 책임감에서 출발한다. 우리의 문명과 산업, 경제 구조를 지구 위험 한계선 내에서 조정해야 할 것이다.

행동
규범
III

9장
지구 청지기 활동

자연은 사회의 한 부분이 아니라 생존의 필요 조건이다. 인간은 생태계의 조정자가 아닌 한 부분일 뿐이다. 인류는 생태계에 의존해 살지만, 동시에 인류의 활동은 자연의 순리에 영향을 끼친다. 우리는 지구와 상호 작용하는 방식을 재정립해야만 한다. ─ 카를 폴케(Carl Folke), 스톡홀름 회복력 센터 세상은 변하고 있다. 스웨덴 중부 지역에서 젖소를 키우던 아담 아르네손(Adam Arnesson)은 최근에 소 키우는 것을 중단하고 귀리를 재배하고 있다. 다행히 농사는 잘 되고 있고 이익률도 제법 높은 편이다. 과학자들의 계산에 따르면, 귀리 재배는 소를 키우는 것보다 온실 기체 배출에 있어서 41퍼센트 정도 개선 효과를 보인다. 이런 사실을 깨달은 다음, 아르네손은 더는 자신을 농부라고 부르지 않는다. 농부도 좋지만, '생물권 청지기(biosphere steward)'라고 불리는 것을 더 선호하게 된 것이다.

귀리로 만든 우유처럼 식물성 우유의 수요는 가파르게 상승하고 있다. 2010년 이후 미국의 통계를 보면, 전체 우유의 수요는 줄어들고 있지만, 귀리 우유의 수요는 686퍼센트나 증가했다. 젖소에 기반한 낙농업이 커다란 도전을 받게 된 것이다. 산업적으로는 기존 제품과 신제품이 시장에서 치열한 경쟁을 하게 된 것이 사실이다. 이 사례

브레이킹 바운더리스

는 제품의 효능이나 가격에 의한 경쟁이 아니고 생태계의 지속 가능성이 더 중요한 요소라는 점 때문에 관심을 받고 있다.

아르네손의 사례는 점점 확대되고 있다. 농부들은 바쁘게 윙윙대던 벌들과 지저귀는 새들이 조용해지고 개울과 강물이 점점 오염되는 상황을 가장 가까운 거리에서 관찰하고 있다. 그리고 일상에서 접하는 자연 환경을 넘어 뭔가 근본적인 문제가 발생하고 있는 것이 아닌지 의심하고 있다. 인간과 자연은 서로 얽혀서 살아가고 있고, 그렇게 살아야만 한다는 것이 삶의 지혜이다. 자연의 한 부분이 망가지면, 곧이어 전체가 무너질 수밖에 없다.

이런 촘촘한 연결성은 농장에만 있는 것은 아니다. 당장 중국의 한 지방에서 출현한 신종 바이러스가 어떻게 세계로 확산되는지 우리는 목도하고 있다. 파괴되고 있는 열대 우림은 생태계의 일부를 변화시키고, 다른 지역에 심각한 가뭄을 일으킨다. 결과적으로 온실 기체 조절을 어렵게 한다. 질병의 확산을 막는 능력은 인류의 소중한 자산이다. 또한 숲과 땅을 보호해 생태계의 회복력을 지켜내는 것도 그만큼 소중한 자산이다. 전염병의 확산을 효과적으로 방어한 국가들, 뉴질랜드, 그리스, 한국처럼 공동체의 단합된 힘은 현재 빠르게 진행되고 있는 생태계의 붕괴도 막을 수 있다. 사람들이 힘을 합치면, 더 새롭고 유용하며 결과적으로 세련된 문명을 발전시킬 수 있다. 현재와 미래 세대를 위한 일이다.

이런 일들을 우리는 '지구 청지기(planetary stewardship)' 활동이라고 부를 것이다.

인류세는 지구와 인류의 관계를 재평가하게 한다. 우리의 세계관도 이에 따라 바뀌어야 하고, 이를 현명하게 대응할 수 있는 적절한 계획도 필요하다. 실패한다면 큰 대가를 치러야 한다. 미국의 작가인 데이비드 월러스웰스(David Wallace-Wells)의 표현처럼 "생명체가 살기에 적합하지 않은 지구(uninhabitable Earth)"가 도래할 수도 있다. 지구 청지기 활동이 우리의 핵심 가치관이 되게 해 앞으로 10년, 혹은 그 이상의 시간 동안 우리의 책임을 완수하고, 생태계를 다시 안정시킬 수 있는 경제 체제로 혁신해야 한다. 목적은 생명체들이 살기 좋은 지구로 다시 되돌리는 것이다. 이 장에서는 지구 청지기 활동은 무엇이고 우리가 참여할 수 있는 활동들이 무엇인지 살펴볼 것이다. 우리는 인류세에 대한 과학 지식을 바탕에 두고 인류 공동의 자산과 새로운 계획에 대해 논의할 것이다.

지구 청지기 활동은 새로운 세상에 대한 패러다임 전환이 될 것이다. 이미 지난 2000년에 크루첸은 홀로세 시대의 종말과 인류세 시대로의 진입을 선언했다. 그 자체로 과학적 패러다임의 전환이었다. 당시만 해도 과학자들은 지구를 기존 방식으로만 연구할 뿐이었다. 그러나 패러다임 전환은 과학적 탐구의 영역에 국한되지 않고, 실생활에 적용 가능하다. 과거 우리는 지구의 자원이 무한한 것처럼 행동했으나, 이제 우리는 매우 한정적인 세계에 살고 있다는 사실을 알게 되었다. 우리 문명은 더 많은 자원을 소배하고 있고, 그만큼 더 많은 폐기물도 배출하고 있다. 수련이 자라는 연못은 지난 10~20년 동안 이미 포화 상태에 도달했는데, 우리는 또 다른 연못이 있는 것처럼 행동하고 있다. 미래 세대의 삶을 생각한다면, 이런 세계관은 대대적으로 개선되어야 한다.

1972년에 일단의 과학자들이 로마 클럽의 지원을 받아 「성장의 한계(Limits of Growth)」라는 제목의 보고서를 발표했다. 문명의 성장에 취해 있던 당시에 이 보고서는 상당한 논란을 불러일으켰고, 그 반향은 지금도 계속되고 있다. 보고서의 한 문장을 인용하자. "인구 팽창과 산업화, 식량 생산과 환경 오염, 자원 고갈이라는 현재의 성장 방식이 계속된다면, 아마도 향후 100년 이내에 이 방식은 한계에 도달할 것이다. 가장 가능성이 큰 결과는 인구와 산업이 갑작스럽게 통제 불능의 상태에 빠지는 것이다." 그러나 이 보고서는 세계관을 바꾸지는 못했다. 1972년 이후에도 자원 고갈과 환경 오염은 더 심해졌기 때문이다. 또한 보고서는 인류가 2015~2030년에 심각한 환경 및 경제 문제에 봉착할 것이라고 예상했는데, 지금 와서 보면 매우 정확한 예언이라고 평가할 만하다. 당시에는 거의 무시된 예측이기도 했다. 현재까지 축적된 과학적 분석을 보면, 지구는 이 보고서의 예측을 그대로 따라가고 있다.

보고서 작성에 참여하기도 했던 도넬라 메도스(Donella Meadows)는 인간 사회와 같은 복잡한 시스템이 어떤 방식으로 경로를 수정할 수 있는지 연구하기 시작했다. 이후에 독립된 기관인 WTO와 북아메리카 자유 무역 협정(North American Free Trade Agreement, NAFTA)을 유기적으로 연결하는 방법에 대한 회의에 참석했던 메도스는 참석자 들이 시스템을 변경하는 것은 논의하지 않고, 외형을 바꾸는 것

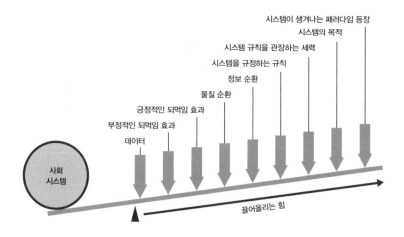

시스템에 영향을 미치는 요소들.
사회와 경제는 변화하는 양상이 매우 복잡하다. 변화에 영향을 미치는 요소들을 정리했다.

에만 집중하고 있다는 것을 깨닫고 이렇게 회고했다. "무슨 내막이 있는지는 잘 몰랐지만, 난 이의를 제기했고, 칠판에 가서 쓰기 시작했습니다."

그는 시스템이 점증적으로 개선되는 상황을 전제하고, 이 시스템에 영향을 미칠 수 있는 9개 요소를 그려 넣었다. (그림 참조) 9개 요소 중에 가장 마지막에 있으면서 영향력이 가장 큰 것은 "시스템(목적, 권력 구조, 규범, 문화 등)에 의식 혹은 패러다임 변화가 발생"하는 것이다. "나를 포함한 회의에 참석한 모든 사람이 깜짝 놀라서 눈만 꿈뻑였다."

우리 지구는 78억 명이 서로 얽혀 살아가고 있는 복잡한 시스템이다. 이런 시스템을 변화시키는 최선의 방법은 사람들의 세계관을

브레이킹 바운더리스

먼저 조절하는 것이다. 스웨덴의 환경 과학자인 폴케는 생태계의 지속 가능성과 회복력에 대한 연구의 최전선에 서 있다. 그의 연설은 언제나 가장 핵심적이고 근본적인 사실을 설명하는 것으로부터 시작한다. "우리는 지구의 생명체들이 살아가는 공간, 즉 생물권과의 관계를 새롭게 설정해야 합니다." 이것이 지구 청지기 활동의 핵심이다.

어떻게 보면 간단한 일이다. "여러분, 우리는 안정적인 환경에 의존하는 존재라는 점을 명심해야 합니다." 문제는 우리가 이 말을 너무 당연하게 생각하고, 까맣게 잊어버린 것처럼 행동한다는 것이다. 실제로 도시에 거주하는 사람 대다수는 생태계를 제대로 인식할 기회가 없고, 생태계로부터 멀찌감치 떨어져 살고 있다고 생각한다. 지구와 생태계는 언제나 변함없다는 생각이 너무 당연하게 자리 잡고 있다. 약간의 이상 기후도 있었지만, 지구는 항상 일정하게 작동했으니, 사람들의 생각이 잘못되었다고 말할 수는 없다.

그러나 최근의 이상 기후들은 기존의 생각들을 흔들기 시작했다. UNEP에 따르면, 2019년 말까지 몇몇 국가들에서 상당히 큰 규모(면적 400제곱킬로미터 이상)의 산불이 일어났다. 말 그대로 전례 없는 규모였는데 미국, 콩고, 러시아, 브라질 등지에서 거의 매년 반복되고 있다. 최근에는 오스트레일리아에서 대단히 큰 불이 일어나 주요 도시의 근처까지 확산되기도 했다. 극심한 이상 기후는 경제에 미치는 영향도 상당히 큰데, 언제나 사회의 가장 가난한 사람들이 제일 큰 피해를 입는다. 따라서 지구 청지기 활동은 미래 세대를 위한 선택이기도 하지만, 경제적 불평등에 대한 새로운 도전이기도 한 것이다.

역사 속 지구 보호 활동

잠깐 멈추고 숨을 골라 보자. 인디언이라고도 불렸던 아메리카 원주민들은 언제나 환경 보호와 조화로운 삶을 이야기했고 이를 실천하면서 긴 시간을 살아왔다. 백인 농부와 카우보이, 사냥꾼이 정착하기 훨씬 전부터 있었던 일이다. 지구 청지기 활동은 새로운 것이 아니다.

다른 지역도 비슷하다. 우리는 뉴질랜드의 에드먼드 힐러리 재단과 같이 이 지역의 마오리(Māori), 아오테아로아(Aotearoa) 문화에 담긴 지속 가능성에 대한 연구를 한 적이 있었다. 연구 결과를 분석하는 과정에서 연구원들은 자연스럽게 겸손해졌다. 우리의 주장이 전혀 새로운 것이 아니라는 점을 알게 된 것이다. 생태계를 지키고 조화를 추구하는 것은 마우리 문화에 깊이 녹아 있었는데, 간단한 인사말 "카이티아키탕가(kaitiakitanga)"에서도 이런 점을 알 수 있었다. "나라는 존재는 현재의 나를 의미하는 것이 아니라 우리 조상 모두를 대표하는 것이다."라는 뜻의 이 인사말은 지속 가능성과 조화로운 삶을 함축하고 있다.

그러나 지구 청지기 활동이 현대 문명과 만나면 새로운 해법이 생기기도 한다. 2017년 뉴질랜드 정부는 새로운 법률을 하나 제정한다. 전 세계에 타전된 이 법의 핵심은 왕가누이(Whanganui) 강이 법적 대리인을 고용해 자신의 권한을 지킬 수 있게 되었다는 것이다. 따라서 이 강에 위협을 가하거나 오염시키는 사람이 있다면, 강은 이 사람을 고소할 수 있게 된 것이다. 인류 역사에서 회사나 기관에 법적 인격을 부여한 것이 약 100년 전 일인데(이제는 신문 기사에서 기업을 유기 생물처럼 언급한다. "마이크로소프트는 오늘 특허권을 개방한다는 발표를 했습니다.") 자연에도 법적 권한을 허용하게 되었다. 강뿐만 아니라 테 우레웨라(Te Urewera) 전(前) 국립 공원과 타라나키(Taranaki) 산도 곧이어 법적 권한을 얻게 되었다.

마오리 족의 세계관, 테 아오 마오리(te ao Māori)는 환경과 조화를 이루는 삶과 깊이 연결되어 있다. 이들의 세계관은 과거와 미래, 생태계와 사회를 동시에 아우르고 있다. 응아티 와이 부족(Ngāti Wai, Ngāti Whatua)에는 "생태계가 내 삶의 질을 규정한다.", 즉 "Ko ahau te taiao, ko te taiao, ko ahau."라는 속담이 있다. "우리 자신과 우리 다음 아이들을 위해", 즉 "Mō tātou, ā, mō kā uri ā muri ake nei"라는 표현에는 깊은 시간(deep time)과 회복력과 관련된 개념이 담겼다. 마오리 족의 지식 체계 마타우랑가 마오리(Mātauranga Māori)는 환경을 관리하고 정책을 개발해 실현하는 원칙으로 작동한다. 때로는 "조상의 지식"이 과거의 문화를 답습한다고 폄하되기도 했다. 마타우랑가 마오리를 과학적으로 정확히 번역하기는 어렵지만 그 세계관에 녹아 있는 철학은 기후 변화에 대한 지구 청지기 활동과 놀랄 만한 유사점이 있다.

마오리 문화의 세계관은 전 세계 곳곳에서 발견된다. 2012년 볼리비아 정부는 지구가 가진 권한을 규정하는 법률을 제정해 자연에 인간과 같은 법적 권한을 부여했고, 이후 에콰도르도 비슷한 법을 제정했다. "너무 과하지 않으면서 모자라지도 않은"이라는 의미의 "라곰(lagom)"이라는 단어는 스웨덴 문화 깊숙이 자리 잡고 있는데, 스웨덴 사회의 세계관을 함축하고 있기도 하다.

지금까지 본 세계 곳곳의 가치관들은 산업화와 선진화만이 지상 과제인 것처럼 받아들이는 관점에 이의를 제기한다. 산업화 사회는 사람들이 더 많은 소비를 하도록 유인한다. 폐기물과 환경 오염은 그 과정에서 발생하는 불가피한 결과물이고, 충분히 관리 가능하다고 이야기한다. 이제는 효력이 다한 가치관일 뿐이다.

지구 공유재의 재확립

미국의 정치학자이자 노벨상 수상자 엘리너 오스트롬(Elinor Ostrom) 은 지역의 목초지나 낚시터, 숲과 같은 공유재를 사회가 효과적으로 관리하는 방법에 대해 꾸준하게 연구했다. 그의 연구에 따르면 대다 수의 사회는 공유재를 효과적으로 관리해 왔으며 관련 법규가 있든 없든 큰 차이가 없었다. 이를 바탕으로 공유재 관리 원칙 8개를 정리 했다.

말년에는 관점을 전 지구적 공유재로 확대해 동료들과 함께 연구 를 계속했다. 그리고 1999년 지구 청지기 활동을 위한 8개 원칙을 제 안했다. 이들은 생태계를 지키기 위해서는 생태계가 계속해서 유용 해야만 한다는 것을 깨달았다. 물고기가 없는 낚시터는 가치가 없는 것처럼 자원을 모두 소모하면 개발은 더는 진행되지 않는다. 반대로, 뽑아 먹을 가치가 없는 자원은 개발되지 않고 방치될 것이다.

오스트롬의 첫 번째 원칙은 자원 개발과 사용에 분명한 한계선 을 마련하자는 것이다. 6장에서 보았던 지구 위험 한계선은 이런 원칙이 지구 전체로 확대된 것이다. 다른 원칙들은 이런 것이다. 자원을 사용하는 사람들은 자원 환경 정보에 접근할 수 있어야 하며, 자원 보호 비용과 이점에 대해 알 수 있어야 한다. 아마도 이런 정보 등은 일정한 도표로 표시될 텐데, 공유 자원과 관련해 이익은 모든 사람이 누리면서 비용은 소수에게 부과되는 불평등을 방지하기 위해서이다.

우리는 지구 청지기 활동의 분기점에 서 있다. 오스트롬이 제안한 원칙들은 우리의 현재 상황과 정확히 맞닿아 있다. 생물권과 생태계는 상당히 취약해져 있기는 하지만, 티핑 포인트를 넘어선 것은 아니다. 지구 위험 한계선의 관점에서 보면, 티핑 포인트들에 대한 연구 결과가 축적되어 9개의 한계선들의 예상치가 도출되었다. 그리고 인공 위성과 같은 정교한 관측 장비들이 개발되어 자원을 사용하는 사람이 누구이고 누가 얼마만큼의 자원을 소모하는지 알게 되었다. 지구 청지기 활동이 점차 체계화되고 있는 셈이다.

지난 100년 동안 지구의 공유재는 법적으로 매우 협소하게 규정되었다. 국제적으로는 4개의 권역이 인정되었는데, 남극, 공해, 대기권 너머의 우주 공간, 대기권이 이에 해당한다. 2015년 우리는 인류세 시대의 지구 공유재에 대한 보고서 작성에 참여했다. 오스트롬의 제안을 참고해 두 연구자, 네보자 나키체노빅(Nebojsa Nakicenovic), 캐럴라인 짐(Caroline Zimm)과 함께 공유재에 대한 새로운 정의를 제안했다. 우리의 주장은 지구의 모든 부분이 홀로세 시대의 안정성을 유지할 수 있도록, 다시 말하면 지구 위험 한계선을 지킬 수 있도록 조절되어야 하며 이런 가치관이 공유재의 정의에 담겨 있어야 한다는 것이었다. 온화하고 안정적인 지구 환경은 인권처럼 모든 아이들의 타고난 권리여야만 한다. 수업을 거부하고 학교 파업에 참여하는 학생들의 모습을 보면, 그들의 주장이 매우 명확하다는 것을 알 수 있다. 지구를 다시 안정시켜야 한다는 점이다. 그리고 이것은 그들의 권리이다.

이런 주장은 상당히 어려운 일이다. 지구는 하나의 사회로 묶여 있지 않고, 여러 개의 국가와 문화 공동체로 구성되어 있기 때문이다. 과학자들의 연구와 제안은 전 지구적으로 해야 할 일을 규정할 뿐 개별 국가가 어떤 책임을 맡아야 하는지 세세하게 제시하는지 못한다. 2019년 브라질에서 엄청난 산불이 일어났을 때, 프랑스의 에마뉘엘 마크롱(Emmanuel Macron) 대통령은 국제적인 지원을 제안했지만 브라질의 보우소나루 대통령은 이런 제안을 거절했다. 브라질 대통령은 아마존을 파괴하는 산불을 브라질만의 문제로 인식한 것일까? 그렇다면 만약 누군가가 하늘에 떠 있는 달을 없앤다면 어떻게 될까? 밤을 밝혀 주고, 파도에 영향을 주는, 말 그대로 지구의 공유재인 달을 누군가 허락도 없이 날려 버리면 대단한 분노와 저항이 일어날 것이다. 달을 없앨 수 있는 사람은 없지만, 아마존은 어떤가? 아마존에 손상을 입히는 것도 지구의 모든 사람에게 영향을 미친다. 아마존은 어느 한 지역의 자산이 아니다. 브라질의 사례를 참고해, 지구 전체가 공유하는 자산을 지키는 국제적인 활동 방식을 찾아야 한다. 가만 놔두면 벼랑 끝으로 굴러갈 뿐이다. 이 모든 것들을 고려해 하나의 간단한 방정식으로 정리할 수 있다.

지구 위험 한계선 + 지구의 공유재 = 지구 청지기 활동.

지구 청지기 활동은 중심 의제가 될 수 있을까?

앞에서 살펴보았듯이, 환경과 조화를 이루어야 한다는 세계관은 우리의 긴 역사 속에 남아 있다. 그러나 이런 세계관과 연결된 지구 청지기 활동은 현재 얼마나 주목을 받고 있을까? 윌슨의 책,『지구의 절반: 생명의 터전을 지키기 위한 제안(*Half-Earth: Our Planet's Fight for Life*)』(2016년)을 보면, 우리 생존의 근본 바탕인 생태계와 과거와는 다른 관계를 구축해야 한다는 주장이 나온다. 애튼버러가 넷플릭스를 통해 발표한 다큐멘터리, 「우리 지구(Our Planet)」(2019년)도 지구 전체의 범위에서 청지기 활동을 전개해야 한다는 제안을 하고 있다. 여전히 갈 길은 멀지만, 새로운 세계관이 여러 분야로 확대되고 있는 것만큼은 확실해 보인다. 아마도 예상하지 못한 곳에서 의미 있는 전환이 일어날지도 모른다. 무엇보다 긍정적인 것은 아이들이 과학 논문을 읽고 학교 밖으로 나가 그들의 목소리를 내고 있다는 것이다. 2008년 금융 위기 이후 설립된 국제 기구, 금융 안정 위원회(Financial Stability Board, FSB) 의장인 마크 카니(Mark Carney)는 기후 위기가 세계 금융 시스템의 근본적인 위험이라고 선언했다. 2020년 전 세계에서 가장 큰 투자 회자인 블랙록(BlackRock)의 CEO 래리 핑크(Larry Fink)도 기업들을 대상으로 다음과 같은 말을 남겼다. "지속 가능성과 기후 변화에 대한 전략과 실행이 미흡한 기업들은 향후 우리의 투자 대상에서 제외될 것이다." 이런 맥락 속에서 수산업 기업들이 과학자들에게 지속 가능한 바다 청지기 활동 계획을 의뢰하기도 했고 SeaBOS(Seafood Business for Ocean Stewardship) 같은 기구를 만들기도 했다.

　가장 핵심적인 전환은 유엔 산하의 모든 국가가 17개의 지속 가능 개발 목표(Sustainable Development Goals)를 2030년까지 성취하겠다고 발표한 일일 것이다. 이 목표는 빈곤과 기아를 종식하는 것에서부터 생태계를 보호하는 것까지 폭넓게 구성되어 있다. 이 목표에 참여하는 것은 국가들만이 아니다. 730개 이상의 다국적 기업 중에서 70퍼센트 이상의 기업이 정기 보고서에 지속 가능 개발 목표를 언급하기 시작했고, 30퍼센트 기업은 미래 전략에 포함하고 있다.

　과학 소설가인 윌리엄 깁슨(William Gibson)은 다음과 같은 말을 한 적이 있다. "미래는 이미 와 있다. 모든 곳에 균등하게 온 것이 아닐 뿐이다." 우리 식으로 해석해 보자. "지구를 지키는 활동은 이미 시작됐다. 지역마다 차이가 있을 뿐이다."

　그래도 전 세계적인 주요 의제가 되기 위해서는 아직 넘어야 할 산이 남아 있다. 우리는 종종 개별 행동과 결과 사이에 큰 차이가 있는 것을 본다. 이런 점은 지구 전체의 범위에서 더 두드러지는데, 그로 인해 관련 정보의 흐름이 왜곡될 수도 있다. 스톡홀름 회복력 센터 동료인 베아트리체 크로나(Beatrice Crona)와 헨리크 외스터블롬(Henrik Österblom)이 지적했듯, 경제 체제는 정보 처리 비용에 의존하는 경향이 있다. 낚시터가 사라지면, 어획량이 줄어들어 물고기의 값은 상승해야 한다. 그러나 이런 일은 좀처럼 일어나지 않는다. 슈퍼마켓이나 시장에서 물고기를 사려 할 때, 외부에 무슨 일이 있더라도 실제 가격은 크게 요동치지 않는다는 것을 알 수 있다. 왜 그럴까? 비용이 적은 곳으로 이동하기 때문이다. 더 싼 노동력이 있고 연료비가 저렴한 지역에서 고기를 잡아옴으로써 물가를 적당히 통제하는 것이다. 기술의 발전은 먼 바다에서 잡은 물고기를 냉동 상태로 오랜 기간 보관할 수 있게 만들어 실제로는 모든 바다에서 물고기가 사라지기 전까지 눈에 띄는 가격 변동이 없을 수도 있다. 이런 면에서 기술과 시장은 인류세에 대한 해답을 가지고 있는 것처럼 보이기도 한다.

경제 활동으로 축적된 정보가 유일한 것도 아니다. IT 혁명은 정보 흐름의 폭발적 성장을 가져왔지만, 그만큼 거짓 정보를 걸러내기 어렵게 만들기도 했다. 쓸 만한 정보를 획득하는 것은 점점 더 어려워지고, 이런 정보들은 거짓 정보와 함께 쓸려 내려가고 있다. 기술 중심 기업들은 정보를 검색하는 방법을 통해(구글), 혹은 사용자들을 서로 연결해(페이스북) 경쟁력을 획득했다. 동시에 수많은 거짓과 혼란을 만들기도 했다. 지구 청지기 활동도 온라인을 기반으로 해야 하므로, 거짓 정보를 걸러내는 자정 작업이 선행되어야 한다.

환경 복원을 위한 사명

이 장에서 우리는 세계관을 조정할 필요가 있다는 점을 강조했다. 오랜 기간 뿌리내린 세계관을 조정하는 것은 쉬운 일이 아니다. 오랫동안 우리는 부족 중심의 사회를 일구어 왔고, 부족에 이익이 되는 가치관을 받아들이는 대신, 해가 되는 것은 배척해 왔다. 때로 더 합리적인 선택이 무시되는 경우도 많았다. 현대라고 해서 크게 다를 것은 없다. 정보의 홍수 속에서 살균 백신과 핵 발전, 유전자 조작 식품 등을 이용하지만 전통적인 행태는 다 없어지지 않았다. 그러나 현재 과학적으로 입증된 증거들은 우리의 전통적인 세계관이 유효하지 않다는 것을 보여 주고 있다. 새로운 가치와 실천이 요구되고 있는 것이다. 현세대의 사명은 달에 사람을 보내는 것이나 오존층을 파괴하는 화학 물질을 금지하는 것 등과 비교해 훨씬 더 중요하다. 앞에서 본 것처럼 과학은 인류가 자랑하는 경제와 산업 구조를 근본적으로 혁신해야 한다고 분명하게 지적하고 있으며, 이런 일들은 10년, 운이 좋으면 20년 이내에 이루어져야만 한다. 독자들의 일부가 우리의 주장에 불편해하거나 분노하는 것도 충분히 이해할 수 있다.

어떤 조치를 취하는 것이 좋을까? 어려운 이야기는 차치하고 지구 환경을 복원하기 위해 실질적으로 해야만 하는 일들은 무엇인가? 예상 가능한 사회적 저항에도 불구하고 충분히 신속하고 광범위한 실천은 무엇일까? 다양한 해법이 가능하고 실제로 많은 그룹에서 제안하고 있지만 출발점은 분명하다. 온실 기체 배출을 충분한 수준으로 줄이고 농산물 재배 방식을 바꾸며 인구의 증가 속도도 줄여야 한다는 점이다. 우리는 동료 학자들과 함께 유엔의 지속 가능 개발 목표를 지원하기 위해 구성된 「2050년의 세계(World in 2050)」 보고서 작성에 참여해 앞으로 10년 동안 지구 환경을 복원하고 생태계의 파괴를 늦출 수 있는 6가지 시스템 전환을 적시했다. 기존의 지속 가능 개발 목표와 지구 위험 한계선을 지키는 것은 서로 통하는 지점이 많으며, 2030년이 아닌 2050년 이후까지 계속 추진해야 할 일들이다. 구체적인 것들은 10~15장을 통해 계속 제시할 것이다. 여기에 더해 4가지 새로운 티핑 포인트(사회, 경제, 정치, 기술 분야)를 18장에서 논의할 것이다. 모두 어렵고 부담스러운 내용이지만, 미래를 위해 이 전환들은 반드시 성공해야 한다. 다만, 모든 일이 처음부터 시작되어야 하는 것은 아니어서, 그렇게 절망적인 상황은 아니다. 지난 50년 동안 진행되어 온 일들도 있고, 점증적으로 축적된 성과도 있다. 너무 느린 속도는 사람들을 조급하게 만들기는 하지만, 실상을 보면 새로운 전환은 이제 티핑 포인트를 지나 급격하게 상승하는 곡선을 눈앞에 두고 있다. 2020년대에는 정말 획기적인 변화가 있을 것이다.

물론 우리가 기적을 바라는 것은 아니다. 지구 위험 한계선을 지키는 일은 어렵고 복잡할 것이다. 그러나 빌 게이츠(Bill Gates)가 말했듯이, 사람들은 지난 1년의 성과는 과장하는 면이 있는 반면, 향후 10년의 가능성은 축소하는 경향이 있다. 희망은 남아 있고 이런 사례가 없었던 것도 아니다.

1961년 미국의 존 에프 케네디(John F. Kennedy) 대통령은 10년 이내에 달 탐사를 성공시킬 것이라는 청사진을 제시했고, 이를 위해 미국 GDP의 2.5퍼센트를 투자하겠다는 실천 계획도 같이 발표했다. 결국 그의 계획은 성공했고 미국은 달에 첫발을 내디딘 국가로 남았다.

오존층에 난 큰 구멍을 발견한 후 세계 각국은 이에 대한 심각성을 감지하고 새로운 조치에 합의했다. 그 결과 1988~1998년 문제가 되던 화학 물질 사용은 57퍼센트 이상 감소했고, 1986년을 기준으로 보면 현재 98퍼센트까지 감소했다.

하나 더 추가하면, 2007~2017년에 HIV/AIDS로 인한 사망은 절반 이하로 줄어들었다.

＊＊＊

　그동안 세계는 눈부신 목표를 성취하기 위해 경제력을 과하게 사용했다. 그렇다면 생태계 복원과 관련해 가장 중요한 앞으로의 10년은 어떨까? 일단 새로운 전환을 위한 초석을 다져야 한다. 앞에서 6개의 시스템 전환이라고 부른 것들이다. 구체적으로 보면, 에너지, 식량, 불평등, 도시화, 인구와 건강, 기술이다. 현재까지 확인한 사실들을 기준으로 보면, 시스템 전환에 성공한다면 큰 보상이 따를 것이다. 지구 위험 한계선을 굳건하게 지키면서, 지속 가능한 개발 목표들을 달성하게 될 것이다.

10장
에너지 전환

모든 사람이 기후 변화에 가장 큰 위협이 뭐냐고 묻는다. 내 생각에는 단기 실적에 집착하는 사회 분위기가 가장 큰 위협인 것 같다. — 크리스티아나 피게레스(Christiana Figueres, 기후 변화에 관한 유엔 기본 협약(UNFCCC) 전 집행 위원장이자 글로벌 낙관주의의 공동 위원장)

기후 변화는 근본적으로 해결할 수 있는 문제가 아니다. 우리는 단지 문명의 연속성을 위해 생물권 내의 탄소 흐름을 조절할 뿐이다. 최소한 산업 혁명 이전의 수준이 우리의 목표이다. 인류세 시대에 부여받은 우리의 새로운 책임이다.

근본적으로는 화석 연료 중심의 경제 구조를 혁신할 필요가 있다. 2030년까지 탄소 배출량을 현재의 50퍼센트 이하로 뚝 잘라내야 하고, 남은 양의 50퍼센트도 2040년까지 모두 줄여야 한다. 이것은 양보할 수 없다. 따라서 세계의 모든 구성원들이 참여해야 한다. 탄소 배출량을 매년 7.5퍼센트씩 줄여 나가는 것을 규정하는 탄소법(Carbon Law)을 제정해야 한다. 기술적으로는 충분히 달성 가능하지만 쉽지는 않다. 코로나19의 상황에서 보듯이 경제가 침체되면 탄소 배출량도 급격하게 감소한다. 경제를 안정시키고 고용률을 개선하며 삶의 기본적인 욕구를 충족하면서 탄소 배출량을 계속 감축할 수 있을까? 2015년 파리 기후 협약 이후 우리는 기후 변화의 거대한 규모와 시급함, 기후 변화가 새로운 도약의 기회가 될 수 있다는 사실을 어떻게 알릴지 방법을 찾기 시작했다.

＊＊＊

지구 회복을 위한 첫 번째 전환 분야는 에너지이다. 에너지 전환에 대한 필요성이 제기된 지 제법 되었음에도 왜 거의 변화가 없는지 궁금해하는 사람들도 있다. 이런 느린 전개는 과학이 산업 구조 및 정책 결정의 핵심이 아니라는 점을 보여 주기도 한다. 과학자들이 계속 대안을 제시했음에도 기존 에너지 기득권의 반발 탓에 중요한 의제로 자리 잡지 못한 것이다. 그래도 우리는 화석 연료의 종반전에 거의 도달했다. 화석 연료 시대의 종말은 우리가 휘말린 멈출 수 없는 두 시스템의 변화 중 하나이다. 다른 하나는 거대한 기술 혁신이다. 기술 혁신은 막을 수 없다. 핵심은 화석 연료에서 벗어나는 것이 아니라, 에너지원의 전환이 우리가 원하는 만큼 빠르게 실행되는가에 있다.

에너지 전환의 서사는 2015년 12월 프랑스 파리의 외곽에서 시작되었다. 20년 동안 지지부진했던 이 의제는 진을 빼는 2주간의 회의를 거쳐 마침내 12월 12일 오후 5시에 최종 협상에 돌입했다. 파리 기후 협약이 세상에 모습을 드러내려는 참이었다. 그러나 누구도 순탄한 결말을 예상하지는 않았다. 과거의 사례를 보면, 조약서의 쉼표와 마침표를 두고도 각국의 대표들이 서로 맹렬하게 싸울 것으로 예상되기 때문이었다. 결론이 나려면 밤을 지새워도 모자랄 것이라는 게 모두의 생각이었다.

그런데 생각 밖으로 결론이 빨리 도출되었다. 정확히 오후 7시 16분에 프랑스의 외무 장관 로랑 파비위스(Laurent Fabius)가 단상에 올라 모든 협약이 완료되었음을 발표했다. 사람들이 의아해하고 있을 때, 그는 이미 망치로 회의 종결을 선언해 버렸다. 이렇게 스물한 번째 기후 변화 당사국 회의(COP 21)는 사람들의 예상을 깨고 화려하게 막을 내렸다. 결과를 기대하며 모여 있던 사람들에게서 우레와 같은 박수가 나왔다. 우리가 해낸 것이다. 드디어 새로운 선을 넘어선 것이다. 너무 늦은 감은 있었지만, 지난 10년간 영혼이 무너지는 경험을 수없이 겪으며 추진했던 일들이 이제야 작은 결실을 맺은 것이다.

UNFCCC 의장이었던 피게레스는 후에 이런 소감을 남겼다. "우리는 모두 새로운 역사를 만들었다. 미래 세대는 2015년 12월 12일을 협력과 비전, 책임감과 문명의 연대, 세상에 대한 애정이 무대의 중앙으로 옮겨진 날로 기억할 것이다." 그럴 만한 것이 이 협약은 보완할 점이 많았지만, 회의 전에 예상했던 것보다는 훨씬 진전된 결과였기 때문이다.

좀 더 자세하게 보기 위해 하루 앞으로 가 보자. 12월 11일이다. 여러 동료와 함께 우리는 과학 회의를 위한 긴급 기자 회견을 요청하고 회의 현안에 대해 심각한 우려를 표명했다. 이전 14일간 회의는 우리의 예상보다 훨씬 더 진전된 상황이었다. 12월 9일에 도착한 메시지를 보면, 놀랍게도 2050년까지 화석 연료로 인한 탄소 배출량을 95퍼센트 감소시킨다는 내용도 포함되어 있었다. 심지어 초안에는 (이전까지 주요하게 다루지 않았던) 항공과 해운 산업에서 배출하는 탄

브레이킹 바운더리스

소 배출량의 감축도 언급되어 있었다. 차후에 합의된 문장을 보면 과학이 입증한 사실들에 충실하려 했음을 알 수 있었다. 이때만 해도 파리 기후 협약이 실질적인 역할을 할 것이라는 조심스러운 낙관이 있었다.

그러나 이튿날 두 번째 메시지가 도착했다. 협상가들이 협약의 핵심적인 부분들을 수정한다는 내용이었다. 항공과 해운 산업과 관련된 내용은 사라졌다. 기후 변화 연구를 위한 틴들 센터(Tyndall Center for Climate Change Research)의 활동가 케빈 앤더슨(Kevin Anderson)은 당시 상황을 다음과 같이 말했다. "자리에 있던 과학자들의 동요가 느껴졌다." 회담장 곳곳과 보고서 어디에서도 무한한 낙관주의는 찾을 수 없었다.

우리는 과학계 사람들이 협약의 완화는 재앙으로 가는 길을 연다고 분명하고 단호하게 경고할 필요가 있다고 느꼈다. 그런 관점에서 오웬과 활동가 중 한 명인 드니스 영(Denise Young)은 다음 날 기자 회견을 자청했다. 반응이 호의적이지만은 않았다. 일부 과학자들과 정책 로비스트들은 우리의 행동을 비판하면서 기자 회견을 취소하라는 압력을 넣었다. 앤더슨은 밝혔다. "협약을 지켜야 한다는 절박감이 있었다. 사냥개들과 힘센 사람들의 위협이 있었지만, …… 제대로 된 정보를 남겨야 한다고 생각했다." 생중계가 시작되자마자 우리의 휴대폰은 무시무시하게 울렸다. 문자 메시지가 수없이 들어왔다. 어떤 국제 회의보다 더 복잡하고 세밀한 회의를 물정 모르고 망치려 한다는 내용이 대다수였다. 파리 협약을 엎으려는 거냐는 노골적인 질문도 있었다. 그래도 우리는 강행했다. 과학계가 적극적으로 행동

한다면, 결과는 최소한 과학적 합리주의에 기반할 것이라는 믿음이 있었기 때문이다. 협약은 더 개선되어야지 후퇴해서는 안 된다.

우리는 국제 학술 연합 회의(International Council for Science, ICS), 미래 지구(Future Earth), 지구 연합(Earth League) 등의 현수막이 걸린, 대개 부대 행사가 열리는 장소에서 모였다. (유엔에서는 공식 회견장을 마련하지 못했다.) 요한이 단상에 올라섰고, 그 옆으로 셸누버, 조에리 로겔(Joeri Rogelj), 앤더슨, 스테펜 칼베켄(Steffen Kallbekken), 영이 함께했다. 자리는 금방 찼는데, 사람들은 계속 밀려 들어왔다. 너무 북적거리게 되자, 경호원들이 질서 지킬 것을 요구하면서, 우리에게는 기자 회견을 중지하는 것이 어떠냐는 의견을 내었다. 우리는 정중하게 언론 활동에는 면책권이 있다는 의견을 제시했다.

분위기는 열광적이었다. 앤더슨은 현재 진행되고 있는 협상은 별 성과가 없었던 2009년의 코펜하겐 회의보다 훨씬 후퇴한 것이라는 내용을 발표했다. 회의장에 긴장감이 돌았다. 거기 모인 사람들은 지난 몇 주 동안 근거 없는 낙관론을 언론을 통해 접해 왔기 때문이다. 우리는 지구 온난화 1.5도라는 목표는 흔들리지 말아야 한다는 점을 강조했다. 항공과 해운 산업의 규제를 빼지 말라는 지적도 했다. "화석 연료"라는 문구도 꼭 삽입되어야 한다는 말도 포함되었다. 경제적, 기술적, 생태학적 개선과 검증이 더 필요하므로, 공기로부터 이산화탄소를 포집하고 활용하는 기술에 문제가 없다는 표현을 삭제해 달라고 요구하기도 했다.

결과적으로 지구 온난화 1.5도 목표는 최종 협상에서 살아남았다. 과학자들이 제시한 증거에 반응한 것이다. 또한 IPCC에 1.5도 목표

설정에 관한 특별 보고서 작성을 요청하기도 했다. 최종 협약서는 이전보다는 개선되었다. 이 과정에서 우리의 기여가 얼마만큼인지 알 수는 없지만, 진실과 투명성이 확대되는 순간이었다. 항공과 해운 산업은 여전히 빠져 있고 지구 온난화 1.5도 목표를 달성하기 위해 2050년까지 탄소 배출량을 95퍼센트 감축해야 한다는 조항은 모호하게 처리되었다. 언론의 논조도 바뀌었다. 협상가들과 정치인들에 대한 찬사가 이어지는 동안, 파리 기후 협약의 구체적인 이행 방법과 법적 규제를 마련하는 것은 숙제로 남게 되었다.

탄소 배출량은 얼마나 빨리 감축되어야 하나?

이후 몇 주간 우리는 파리 기후 협약의 실천 방향에 대해 심도 있는 대화를 나눴다. 파리 기후 협약은 이번 세기 후반까지 온실 기체와 관련된 균형점을 찾는 것이 목표이다. 화살표를 아래로 꺾어야 하는 것이다.

목표만 있고 구체적인 방법이 없다는 것이 문제였다. 또한 경제인들과 정치인들의 시선에서 어떤 위기감과 실천 의지도 느껴지지 않았다. 30~80년의 시간은 그들의 관심사가 아니었다. 다음 혹은 다다음 세대가 점진적으로 문제를 해결하면 된다는 낙관론이 그들에게 피난처를 제공하는 것 같았다. 특히 석유 기업들에게 말이다. 과학자들의 걱정스러운 시나리오를 보면서, 2049년까지는 이대로 살다가 마지막 시점에 놀라운 기술을 개발하기만 하면 문제가 해결되리라고 이야기하는 사람들도 있었다. 진공 청소기처럼 공기 중의 이산화탄소만 쏙 빨아들이는 기술을 기대하는 사람들도 있었다. 방법은 수만 가지 있겠지만, 그래도 더 실질적인 방법들이 있게 마련이다.

우리는 파리 기후 협약의 목표를 달성하는 데 필요한 가장 합리적인 실천 방법을 고민했고 관련 연구 논문에 대해 토론했다. 파리 기후 협약의 목표인 "지구 평균 기온을 산업 혁명 이전 대비 2도 아래로 유지하고, 1.5도를 넘기지 않기 위해 모든 노력을 기울인다."라는 문구가 핵심이었다.

중요한 것은 2050년까지 탄소 배출량을 거의 없애는 일이다. 현재는 탄소 중립이라는 이름으로 불리는 상태인데, 지구 온난화 추세를 보면 2050년이 마지노선일 것으로 예측된다. 일부의 희망처럼 2060년 혹은 2070년은 목표가 될 수 없으며 2100년은 고려할 가치도 없다. 2050년 탄소 중립이 실현되면 2도 아래, 어쩌면 1.5도보다 약간 높은 수준에서 지구 온난화를 중지시킬 수 있을 것이다. 인류에게는 매우 숨가쁜 일정이 남아 있는 셈이다. 현재의 화석 연료 중심 산업을 대체할 혁신적인 산업을 키워야 하고 뒷받침할 기술 혁신도 더 빠르게 진행되어야 한다. 100억 명의 인구를 먹여 살릴 수 있는 농산물을 기르는 것과 동시에 이산화탄소를 흡수하는 숲을 가꾸어야 한다. 우물쭈물할 일이 아니다. 새로운 시도를 장려하고 실험실에서 가능성을 보인 기술이 있다면 과감하게 상용화해야 한다. '점진적인 감축'은 확실한 실패만을 불러올 것이다. 인류에게는 뜬구름 잡는 토론이 아닌 새로운 해법을 실천할 용기와 지혜가 필요하다.

세대 간 소통도 큰 문제이다. 지금부터 2050년까지는 한 세대의 간극에 불과하기 때문에, 누구에게 책임을 넘길 여유가 없다. 가능성이 있는 조치라면 지금 당장 실행해야만 하는 것이다. 그렇지 않다면 코로나 때처럼 의도적으로 경제를 마비시켜 탄소 배출량을 조절해야 하는데, 이것은 적절한 해법이 될 수 없다.

경험 법칙

때때로 혁신적인 아이디어는 서로 다른 분야의 사람들이 만났을 때 생기기도 한다. 최근에 우리는 세계적인 반도체 기업인 인텔의 요한 팔크(Johan Falk)와 유익한 대화를 나눈 적이 있다. 이사회 임원인 그는 기후 변화에 대한 늦은 대응에 우려를 품었는데, 이를 만회할 새로운 묘수를 찾고 있었다. 팔크의 조언은 1960년대 실리콘 밸리의 혁신 사례를 참고하라는 것이었다. 인텔의 창립자인 고든 무어(Gordon Moore)는 1965년에 발표한 논문에서 컴퓨터의 계산 능력은 12개월마다 2배가 된다고 예측했다. 차후에 이 기간은 24개월로 수정되었는데, 그래프로 그려 보면 기하급수적인 상승 곡선을 볼 수 있다. 이 예측은 기술 산업의 관계자들을 크게 고무시키기도 했다. 당연하게도 여러 산업의 수많은 기업이 이 예측을 받아들여 사업 계획을 작성했다. (현재 요한 팔크는 지구 온난화 대응 관련 투자 기업인 익스포넨셜 로드맵 이니셔티브(Exponential Roadmap Initiative)의 대표로 재직 중이다. — 옮긴이)

지난 50여 년간 이 예측이 실제로 많은 영역에서 현실화된 덕분에 우리 사회는 기술 혁신 중심의 현대 사회로 탈바꿈했다. 무어의 법칙으로 유명해진 이 예측은 실제로는 물리 법칙이나 법규가 아니다. 오히려 경험을 통한 예측에 가깝다. 복잡한 시스템은 때때로 간단한 규칙으로 정리되기도 한다. 팔크의 질문도 그렇다. "경험 법칙에 근거한 간단한 원리를 기후 변화의 영역에 도입할 수 있을까요?" 우리도 고민하던 일이었지만, 뾰족한 결과를 얻지는 못했다.

기하급수적으로 증가하는 곡선은 계속 2배씩 증가하는 곡선이다. 2배, 4배, 8배 순이다. 감소도 마찬가지이다. 일정 기간 계속 반씩 감소한다. 탄소 배출량 곡선도 너무 길게 바라봐서는 효과가 없다. 1960년대 NASA는 우주인들을 토성에 보내는 것에 초점을 맞추었다. 달 착륙은 그 과정의 일부일 뿐이었다. 탄소 배출도 마찬가지이다. 2050년 혹은 그 이후에 관심을 기울이다 지금 당장 해야만 할 일들을 제대로 처리하지 못할 수 있다. 실제로 몇 주간의 데이터 분석을 통해 우리가 내린 결론은 2030년까지 배출량을 절반으로 감축해야 한다는 것이었다. 2050년까지 지구 온난화 1.5도를 달성하려면, 2050년이 아니라 2030년까지 해야만 하는 일이 있는 것이다. 그리고 2040년까지 또 반을 줄여야 한다. 그와 동시에 열대 우림과 습지를 복원하고, 공기 중 이산화탄소 포집 기술을 개발해야 한다. 새로운 기술 혁신이 필요한 것은 의심의 여지가 없다.

앞으로 10년마다 탄소 배출량을 반씩 줄여야 한다는 것은 명확해 보인다. 언론과 시민 단체도 이제 이 목표를 적극적으로 인용하고 있고, 점차 확대되고 있다. 그렇지만 이 목표치는 상당히 새로운 면도 있다. 혹은 매우 급진적인 일이기도 하다. 우리가 실제로 이런 일을 할 수 있을까? 실현 불가능한 목표는 아닐까? 사실, 우리는 이 목표의 실현 가능성보다 지구 환경이 심각한 상황이라는 사실을 알리는 데 주력했다. 지구의 현실이 국제 정치에 변화를 줄 수 있다고 믿었기 때문이었다.

세부 내용을 알고 싶다면 종일 관련 사실을 들여다볼 수도 있다. 배출량 감축은 48퍼센트가 될까? 아니면 52퍼센트가 될까? 여기에 대해 정밀한 수학적 논증이 있는 것은 아니다. 우리는 경험 법칙을 우선 따를 것이다. 무어의 법칙을 흉내 내 '탄소의 법칙(Carbon Law)'이라고 부를 것이다. 무어의 법칙처럼, 목표는 탄소 배출량 0에 도달하는 것이 아니다. 10년마다 반씩 감축하는 일이 더 중요하다. 셸누버와 동료들의 논문에서 지적했듯, 탄소의 법칙을 만족시킬 방법을 찾아야 한다.

탄소의 법칙 곡선

탄소의 법칙은 전체 시스템에 적용할 수도 있고, 시스템의 일부에 적용하는 것도 가능하다. 도시나 산업, 가족이나 개인에게도 이 법칙은 유효하다. 어떤 영역에서든 우리는 탄소 배출량을 반으로 줄여야 한다. 또한 탄소 배출을 많이 하는 집단이 그만큼 더 감축해야 한다. 부유한 국가는 가난한 국가보다 더 엄중한 책임을 가져야 한다. 탄소의 법칙은 2가지 중요한 핵심 제안을 한다. 첫째, 기후 행동은 산업과 선거의 사이클과 연관되어야 한다. 탄소의 법칙은 먼 미래의 목표가 아니라 현재의 시간과 장소에서 더 큰 의미가 있다둘째, 산업의 책임자들은 탄소 배출 0에 도달할 수 없다고 불평한다. 그것은 불가능한 일이 맞다. 따라서 그들은 행동보다는 연구 개발이 좀 더 보완되어야 한다고 주장한다. 연구 개발은 전환이 쉽지 않은 영역에서 꼭 필요한 요소이다. 항공, 철강, 시멘트 생산 분야가 특히 더 이런 경향이 강하다. 그러나 탄소 배출량을 반으로 줄이는 매력적인 기술들이 많은 산업에서 이미 상용화되었다.

탄소의 법칙은 단지 탄소 배출량을 규정하는 것에 그쳐서는 안

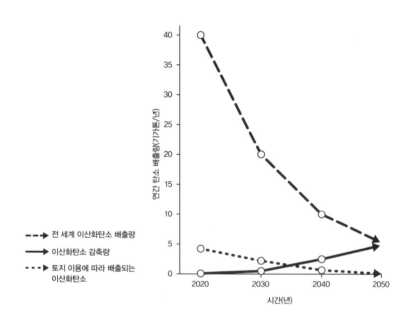

탄소 배출량 예상도.
지구 온난화 1.5도를 목표로 한다면, 탄소 배출량은 2020년을 최고점으로 해 10년마다 반 이상을 감축해야 한다. 동시에 공기 중에 있는 이산화탄소를 포집해 줄이는 기술을 상용화 해야 한다.

된다. 파리 기후 협약의 성공을 위해 좀 더 포괄적으로 적용하는 것이 중요한데, 3가지 규범 정도는 더 추가해서 바라볼 필요가 있다.

첫째, 농부들은 농작물을 탄소 배출원이 아닌 저장원으로 변모시켜야 한다. 이 부분은 11장에서 자세하게 다룰 예정이다. 둘째, 자연적인 탄소 저장소, 예를 들어 습지나 숲, 토양과 바다와 같은 곳을 적극적으로 보호해야 한다. 셋째, 기존의 탄소 저장소 외에 추가로 더 많은 저장소를 만들어야 한다. 숲을 더 조성하는 것도 중요하고, 탄소 포획 기술을 상용화하는 것도 이런 맥락에 속할 것이다. 크면 클수록 좋겠지만, 100억 명의 인구를 먹여 살리면서 생태계 다양성도 보호해야 한다.

2017년 3월, 우리는 《사이언스》에 「신속한 탈탄소화를 위한 로드맵(A Roadmap for Rapid Decarbonization)」을 발표했다. 한 달 후에 미국의 환경 운동가 폴 호컨(Paul Hawken)은 탄소 배출량 0, 즉 제로 배출량에 도달하기 위한 100가지 해법을 모아 놓은 책 『플랜 드로다운(Drawdown)』을 발간했다. 언뜻 보면, 이 2가지가 서로 상충하는 것 같지만, 실제로는 완벽하게 상호 보완적인 관계이다. 『플랜 드로다운』이 기술적인 해법에 중점을 두었다면, 우리는 이를 실행하기 위한 시나리오와 정책에 초점을 맞추었기 때문이다.

2018년 하나의 특별 보고서가 발간되었다. 2015년 파리 기후 협약에 참여했던 국가들의 요청으로 IPCC가 연구 용역을 수행한 것인데, 핵심은 최악의 상황을 방지하기 위해 지구 온난화 1.5도가 실질적인 목표가 되어야 한다는 것이었다. 기존의 목표였던 2도는 기후 환경의 안정성을 상당히 훼손할 것으로 예측되었다. 이 보고서는 우리가 주장했던 내용을 상당 부분 확인시켜 주었고, 2030년까지 탄소 배출량을 반 이상 줄여야 한다는 점도 같이 제안되었다. 이 제안이 이제 기후 변화의 중심 의제로 자리 잡은 것이다.

IPCC 특별 보고서 이후에 기후에 관한 대중적인 관심과 토론이 활발해졌다. 토론의 내용을 보면, 탄소 배출량에 대한 과학자들의 제안에 대해 일반 대중은 혼란스러워하는 것 같다. 2020년을 기점으로 2030년까지 배출량을 반으로 줄이는 일이 가능해 보이지 않기 때문이다. 시민의 입장에서는 우리가 배출량 감축에 실패한다면, 2030년 이후에 엄청난 재앙이 다가올 것 같다는 위협이 느껴지기도 할 것이다. 분명한 점은 그렇다고 해도 세상이 멸망하는 것은 아니라는 점이다. 우리 문명과 사회는 지속될 것이다. 기후 변화로 인해 사회가 겪는 고난의 정도도 점점 상승할 것이다. 우리가 현재와 같은 속도로 탄소 배출량을 늘려 간다면, 정치, 경제, 사회의 혼란은 걷잡을 수 없게 될 것이다. 이에 대해서는 티핑 포인트와 관련해 많이 소개했으니 더는 설명할 필요는 없을 것이다. 선택은 2개다. 미래 세대가 혼돈의 세상 속을 살도록 내버려 두든가, 아니면 지구 환경을 복원해 후손들이 편안하게 살 수 있도록 만드는 것이다.

예상치 못한 성과도 있었다. WWF와 미래 지구 등에서 영향을 받은 기술 기업들이 적극적으로 동참해 더 과감한 배출량 절감 계획을 발표한 것이다. 가전 기업 에릭슨(Ericsson)이 대표적이다. 이렇게 한 기업이나 산업의 일부가 배출량 감소에 더 효율적으로 대응할 수 있다는 점이 알려지면서 분위기를 이끄는 면도 있다. 제조업은 순환 경제를 받아들여 폐기물 축소에 참여하고, 운송 산업은 전기차나 수

소차를 통해 기술을 혁신한다. 식품 산업도 쓰레기를 줄이고 지속 가능한 농업 방식을 채택한다. 건설업도 중요하다. 친환경 빌딩처럼 친환경적이고 에너지 효율적인 건축물이 확대되고 있다. 핵심 산업은 에너지 분야이다. 재생 가능 에너지를 이용한 발전 설비를 확충하고, 송전 효율과 안정성을 높이는 기술을 채택하고 있다. 이런 개별적인 활동을 종합해 보면 36개의 실질적인 해결책이 나오는데, 이를 모아 「기하급수적 로드맵(Exponential Roadmap)」(2018, 2019년)을 발표하기도 했다. 이대로라면 목표로 하는 2030년 탄소 배출량 50퍼센트 감축보다 더 큰 성과를 기대해 볼 수도 있을 것이다. 이제 우리의 전략을 검증하는 일은 불필요해 보인다. 신속하고 효율적인 실천 만이 우리에게 남은 과제이다.

에너지에 대한 내용은 좀 더 살펴볼 필요가 있다. 우리의 연구에서 가장 획기적인 발견이 있었기 때문이다. 태양광과 풍력을 이용한 발전 시설이 급속하게 성장하고 있다는 사실은 잘 알려져 있다. 여전히 전체 에너지 구성 대비 5퍼센트에 불과하지만, 얼마 전까지만 해도 0.5퍼센트에 불과했다. 풍력과 태양광의 확산은 기하급수적인 양상이다. 3~4년마다 2배가 되고 있다. 이런 추세가 계속된다면, 2030년까지 전 세계 발전 용량의 50퍼센트를 차지할 것이다. 가장 큰 걸림돌이었던 발전 비용도 꾸준하게 감소하고 있다. 현재는 경제성 면에서 티핑 포인트를 넘어서고 있는 것으로 분석되기도 한다. 재생 가능 에너지의 발전 비용이 화석 연료보다 낮아지면, 다시 화석 연료로 돌아갈 이유가 사라지게 될 것이다. 게다가 태양광이나 풍력 발전소의 건설 비용도 화석 연료 기반 발전소를 짓는 것보다 훨씬 저렴해지고 있다. 심지어 유럽 일부 지역에서는 현재 운영 중인 석탄 발전소보다 새로운 태양광 발전소를 짓는 것이 경제적으로 더 큰 이득이 있다는 분석도 나온다.

인류 문명 초기의 석기 시대는 사용할 수 있는 돌이 없어서 마감된 것이 아니다. 새로운 기술이 돌의 사용을 대체하게 만든 것이다. 화석 연료 시대의 종말도 땅 밑의 석유나 석탄이 부족하기 때문이 아닐 것이다. 기존의 발전 시설들이 거대한 덩치와 여러 기반 시설을 요구하는 것과 달리, 풍력과 태양광 발전 시설은 작게 만들 수도 있고, 환경에 따라 유연하게 건설할 수 있다. 따라서 혁신의 가능성이 크고, 결과를 신속하게 확인할 수 있다. 몇 년 이내에 석유와 석탄은 경쟁에서 밀릴 수밖에 없는 것이다.

탄소의 법칙이라는 경험 법칙을 내세우는 목적은 이중적인 면이 있었다. 일단 우리는 파리 기후 협약의 현실적인 실천 방안을 제시하고자 했다. 이와 더불어 우리는 기존 경제 구조의 대규모 전환이 필요하다는 것도 보여 주고 싶었다. 그러나 우리가 2019년의 탄소 배출량을 유지한다면, 1.5도라는 지구 위험 한계선은 매년 한 걸음씩 성큼성큼 다가오게 된다. 열 걸음밖에 안 남았는데 말이다. 탄소에 세금을 매기든 화석 연료 산업에 제약을 가하든 뭔가 실효적인 조치를 대규모로 신속하게 취하지 않는다면, 마지막 발을 내딛게 될 것이다.

탄소 배출량은 매년 7~8퍼센트씩 감축해야 한다. 과거 경제 침체기에 탄소 배출량이 급속하게 감소한 적이 있었다. 가깝게는 2008년의 금융 위기와 2020년의 팬데믹 상황이 대표적이다. 이것은 바람직한 일이 아니다. 경제의 침체와 정치적 혼란을 피하면서 탄소 배출량을 대폭 감소시켜야 하는데, 이런 역량을 가진 국가가 있을까? 영국과 독일을 포함한 서유럽의 부유한 국가들을 중심으로 현재 탄소의 법칙을 실천에 옮기려는 움직임이 있다. 그래 봐야 지난 10여 년간 매년 2~3퍼센트 정도의 감축에 그칠 뿐이었나. 이 국가들은 에너지 효율을 높이고, 재생 가능 에너지 발전을 확충하는 방식으로 이런 감축을 만들어 냈다. 그렇다면 지금부터 이 감축 속도를 2~3배 늘릴 수 있을까? 우리의 분석은 가능하다는 것이다. 에너지 구조를 전기 중심으로 개편하고, 필요한 전기를 풍력이나 태양광으로 조달하면 된다. 내연 기관 자동차를 전기 자동차로 바꾸는 것이 한 예일 것이다. 문제는 속도와 규모, 무엇보다 강력한 실천 의지이다.

＊＊＊

에너지 전환은 지구 회복을 위해 제시할 6가지 전환 과제 중 첫 번째 과제이다. 2015년 파리에는 2050년 탄소 중립에 도달하겠다는 거대 경제 주체가 없었다. 지금은 영국, 프랑스, 뉴질랜드, 여러 국가들이 법에 명기하고 있다. EU는 대륙 최초로 2050년 탄소 중립을 채택했다. 스웨덴 같은 국가는 이 시기를 앞당겨 2045년 탄소 중립을 천명하기도 했다. 핀란드는 2035년, 노르웨이는 2030년을 공약했다. 게다가 2020년에는 믿기 어려운 놀라운 소식이 들려왔다. 시진핑(習近平) 중국 국가 주석이 '2060년 탄소 중립'을 발표한 것이다. 세계 최대의 탄소 배출국인 중국두 이 대열에 동참했다는 것은 새로운 국면이다.

낙관적으로 보고, 더 빠르게 행동해야 한다. 지구 위험 한계선으로부터 멀어지려면 말이다.

11장

100억 인류를 위한 식량 생산

세상은 조용히 넘어지고 있다. 인류가 건설한 문명은 4억 년 동안 지구를 지켜 온 나무를 밀어내고, 식량과 의약품, 건설 자재로 만들어 사용하고 있다. 문명이 발전하고 나무의 쓰임새가 많아지면서, 숲은 자연 재해와는 비교할 수 없을 정도로 빠르게 사라지고 있다. ─ 호프 자런(Hope Jahren), 『랩걸(Lab Girl)』, 2016년

2019년 보고서 「지구를 위한 다이어트(Planetary Health Diet)」를 읽은 미국 기자인 브라이언 칸(Brian Kahn)은 과학 기술 전문 사이트인 기즈모도(Gizmodo) 소속으로, 한 달 동안 책의 프로그램을 따르기로 했다. 다이어트가 끝날 즈음 그는 기사를 썼다. "약속했던 30일이 거의 끝나 가지만, 그냥 끝내지는 않을 생각이다. 그렇게 어렵지도 않았고 건강한 자연 식품 위주의 식사를 하는 것이 더 가치 있는 일이기 때문이다."

그러나 그의 다이어트는 평탄한 것만은 아니었다. 칸은 스트레스를 느끼면 피자와 도넛을 끼고 살았다. 다른 사람들도 크게 다르지 않을 것이다. 비판받을 일은 아니다. 그러나 지구를 위한 다이어트 프로그램은 칸에게 개인의 건강뿐만 아니라, 지구의 건강을 위한 다이어트가 무엇인지 되돌아보는 기회가 되었다. 그리고 이것이 우리가 원했던 것이다. 100억 명을 위한 먹을거리와 지구 위험 한계선이 서로 충돌하지 않게 안전선을 제공하는 것이다.

*＊＊

　식량은 우리의 미래를 결정한다. 충분한 먹을거리를 확보하지 못한다면, 인간과 지구 모두에게 큰 불행이다. 지구 회복을 위한 시스템 전환의 두 번째 과제가 식량 전환인 것은 이런 의미에서 당연한 일이며, 지구 평균 기온을 2도 아래로 유지하려는 파리 기후 협약의 목표와도 궁극적으로 맞닿는 지점이다. 식량은 유엔의 지속 가능한 개발 목표의 핵심이기도 하다. 빈곤과 굶주림 극복에서부터 바다와 대지에 이르기까지, 17개 목표들은 2030년까지 달성되어야 한다. 여기도 비상 사태이긴 마찬가지이다.

　굶주림을 극복한 사회에 속한 사람들에게 이 상황은 그렇게 실감 나는 일이 아닐 것이다. 정말 그렇게 중요한가? 그렇게 심각해? 이런 의구심에 짧게 대답한다면 그렇다는 것이다. 에너지 전환을 위한 노력이 지구 환경의 복원을 위한 전부는 아니다. 탈탄소는 식량 확보의 관점에서는 비교적 간단한데, 우리의 목표를 달성하기 위한 여정은 식량 생산 시스템의 전환에 크게 의존할 것이다.

　에너지와 식량 시스템의 전환은 반드시 성공해야만 하는 과제들이다. 그러나 우리의 예상보다 훨씬 느리게 진행되는 에너지 전환조차 식량 시스템의 전환과 비교해 보면 눈부시게 빠른 상황이다. 그만큼 이 분야는 사람들의 인식에서 정치 경제 환경까지 한참 뒤져 있다. 지속 가능한 먹을거리라는 이제는 에너지에 비하면 30년 정도 뒤진 것 같기도 하다. 치열한 문제 의식과 새로운 해법 모두 눈에 띄지 않고 있다. 실제로 이 순간에도 많은 국가의 시민들이 서구식 정크 푸드에 잠식되어 가고 있다. 우리 몸에 해로울 뿐만 아니라, 지구에도 해롭기 짝이 없는 음식들이다.

그러나 사람들의 인식과 상황에 큰 변화가 발생했다. 코로나19의 시작과 확산 과정을 전 세계 사람들이 목격한 것이 계기인데, 농지가 확대되어 야생 동물들과의 접촉이 빈번해진 것이 이 사태의 근본 원인이다. 작은 충격이 사회 곳곳으로 퍼져 갔다. 사회가 그만큼 불안해진 것이다. 오늘날 과학과 정치, 언론과 산업의 모든 관계자들의 관심은 건강과 먹을거리에 쏠려 있다. 유례가 없을 정도인데, 그래도 새로운 혁신을 도입하려는 움직임은 눈에 띄지 않는다.

고장난 식량 시스템

록스트룀은 생태계의 지속 가능성에 있어서 식량의 역할이 무엇인지 연구했다. 관심은 식량 생산이 각 지역 및 지구 환경에 미치는 영향을 분석하는 것이었다. 지구 과학자로서의 연구 과제였는데, 예상보다 만만치 않은 작업이었다.

식량을 생산하는 방식은 지구 위험 한계선을 위협하는 가장 큰 원인이다. 범위도 넓어서, 물의 사용과 땅의 건강, 대기 오염과 강우량 등에 걸쳐 큰 영향을 발휘한다. 한 분야가 이렇게 큰 영향력이 있는 것은 전례가 없는 일인데, 미래를 위해 최적의 방법을 찾아야 한다.

산업의 측면에서 주요 농업 기업들의 힘도 무시할 수 없다. 그들의 관심은 농장을 오랫동안 유지함과 동시에 환경에 대한 피해를 최소화하는 것이다. 이에 대한 연구가 매우 활발해지고 있는데, 물 사용의 효율성과 비료에 의한 환경 오염 방지가 우선적인 과제이기도 하다.[1] 그러나 가장 중요한 것은 역시 같은 면적에서 더 많은 농산물을 생산하는 것이다.

식량은 생산도 중요하지만, 이를 가공해 식재료로 만들고, 사람들이 음식을 소비하는 방식도 중요하다. 비료의 주요 원재료인 질소의 예를 보자. EU는 질소의 순환 과정에서 수자원과 대기 오염을 최소화하기 위한 규제를 마련했는데, 유기질 비료와 합성 비료의 지나친 사용을 금지하는 것이었다. 실제로, 질소 화합물로 인한 지하수와 강의 오염은 대부분 농업과 관계가 있으며, 유럽의 경우 약 60퍼센트의 비중에 이를 것으로 본다. 규제의 역할이 중요한 것은 분명하지만, 규제가 폭넓게 적용되는 것은 아니다. 질소 오염의 상당 부분은 합성 비료와 동물 사료 형태로 다른 지역에서 수입되고 있다. 일례로 브라질에서 생산된 콩은 지구의 반을 건너 스웨덴의 가축 사료가 되고 그 과정에서 스웨덴의 강과 바다를 오염시킨다.

비료나 사료에 들어 있는 대부분의 물질은 고스란히 도시로 옮겨 가서 소비되고 있다. 식량 생산을 위해 수입된 영양소가 대부분의 시민이 살고 있는 도시로 가고, 결국 음식물 쓰레기와 배설물이 되어 하수 처리장으로 모일 것이다.[2] 너무 많은 영양소가 환경에 노출되면서 강과 바다의 부영양화 현상이 심해지고 있다. 녹조 현상도 여기에 포함된다. 전 세계에서 비슷한 현상이 벌어지고 있다. 합성 비료는 산업에서 중요한 위치를 차지하는데, 현재는 자연적인 질소 순환보다 훨씬 더 큰 규모로 생태계에 영향을 미치고 있다. 결과적으로 지속 가능한 농업은 지구 위험 한계선을 지키는 핵심 요소가 되어 가고 있다.

식량은 제일의 암살자

먹을거리가 우리의 건강을 해치고 수명을 줄이고 있다. 흡연이나 에이즈, 결핵과 테러보다 더 위험한 요인이다. 2019년 발표된 3편의 개별 연구 보고서를 종합하면 약 1100만 명이 몸에 안 좋은 먹을거리로 인해 매년 사망하고 있다. 비만과 당뇨병이 주요 원인이다. 아시아에서만 약 240만 명이 매년 당뇨병으로 사망한다. 신흥 공업국들은 비만이 문제인데, 비만과 영양 실조로 고통 받는 환자들의 수가 서로 비슷하다. 인도네시아 통계를 보면, 과체중 인구가 저체중 인구와 거의 같다. 비만과 관련된 질병들은 오랫동안 부유한 국가들의 문제라고 치부되어 왔지만, 현재 전 세계 20억 명 과체중 인구 중 70퍼센트 이상이 저소득 국가와 중간 수득 국가에 살고 있다. 장애 비율과 시망률, 보건 비용의 상승, 저출생 등 과거부터 존재했던 사회 문제와 함께 비만은 사회 모든 계층에서 확대되고 있는 사회 문제이다.

우리가 현재 생산하고 있는 먹을거리가 오히려 지구의 환경과 사람들의 건강을 위협하면서, 이와 관련된 연구도 증가하고 있다. 군힐드 스토달렌(Gunhild Stordalen)은 2013년 식량 협의체 이트 포럼(EAT Forum)을 설립했는데, 그가 한 주장들은 곧이어 스톡홀름에서 개최되었던 세계 경제 포럼(WEF)의 주요 의제로 채택되었다. 우리는 2014년부터 과학에 기반한 식량과 건강 연구가 가능한 기반을 만들어야 한다고 주장해 왔다. 기후와 생물 다양성에 대한 범정부적 과학 연구가 관심을 받기까지 상당한 시간이 걸렸고, 연구 결과는 거의 6년에 한 번씩 발표되고 있다. 식량과 건강에 대한 연구도 이렇게 된다면, 제대로 된 연구 보고서는 아마도 2030년이 되어야 볼 수 있을 것이다. 그때까지 기다릴 수는 없다. 이트 포럼의 공동 의장인 월트 윌렛(Walt Willet)[3]의 표현처럼 실효성이 높은 연구에 초점을 맞춰 신속하게 연구를 진행해야 할 것이다. 이런 논의가 이루어지는 자리에 마침 리처드 호턴(Richard Horton)도 있었다. 그는 최고의 의학 저널인 《랜싯(*The Lancet*)》 편집장인데, 우리에게 관련 논문 작성을 충고했다. 이것이 계기가 되어 이트-랜싯 위원회가 발족했고 지속 가능한 식량 시스템과 건강한 다이어트에 대한 연구를 종합했다. 현재까지의 연구 결과를 보면, 식량 분야가 지구 위험 한계선을 위협하고, 농산물이 더 많은 탄소를 흡수하지 않는 한 파리 기후 협약의 목표를 달성하는 것은 성공하지 못할 것이다. 위원회는 초기에 2가지 현상을 규명하려 했다. 지구와 사람들의 안전한 식량 한계선과 건강한 다이어트이다. 조만간 건강한 지구에서 건강한 삶을 꾸려 나가기 위해 과학자들이 새로운 제안을 내놓을 것이다.

지구 안정과 회복력을 위협하는 먹거리

식량 분야는 담수, 즉 민물의 최대 소비자이다. 강과 호수, 지하수에서 끌어오는 물의 70퍼센트는 농작물을 위해 사용된다. 일반 시민은 하루에 평균 50~150리터의 물을 사용하는데, 농작물을 기르기 위해 사용되는 물의 양은 한 사람당 3000~4000리터에 이른다. 이로 인해, 미국의 콜로라도 강과 아프리카의 림포포 강, 중앙아시아의 아랄 해는 물의 양이 점점 줄어들고 있다. 게다가 농경지를 개간하기 위해 숲을 계속 파괴하는데, 앞에서 본 것처럼 숲은 지구 위험 한계선

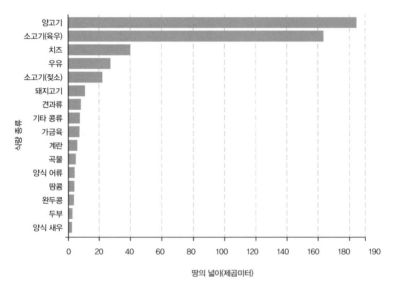

식량 확보를 위한 자원 활용.
단백질 100그램을 확보하기 위해 필요한 땅의 넓이. 육류는 곡물보다 약 100배의 땅이 필요하다.

브레이킹 바운더리스

을 구성하는 핵심 요소이다. 환경을 파괴하는 농업 방식은 사용 가능한 물을 계속 감소시키고 있는 것이다. 이런 점은 특히 빗물에 의존해 살고 있는 초원 지대의 사람들에게 큰 위협이 된다.[6] 식량 상황이 불안정해지면 언제나 정치적인 갈등이 일어난다. '아랍의 봄'이라고 불리던 소요 사태, 시리아와 수난의 내전은 기후 변화로 촉발된 농업 생산성 저하가 근본 원인이었다.

지구는 현재 역사상 여섯 번째 멸종 사태를 겪고 있으며 생물 8종 중 하나는 위기에 처해 있다. 기후 변화와 함께 우리의 농업과 어업 방식이 이런 멸종 사태의 근본 원인이다. 인류는 이미 다양한 농산물을 재배하기 위해 거주 가능 지역의 50퍼센트를 개간했다. 농경지가 넓어지고 숲이 줄어들면서 나무와 곤충, 작은 동물과 포식자의 거주지는 계속 줄어들고, 결과적으로 생태계는 활력을 잃어 가고 있다. 이런 현상이 벌어지면 다시 농업 생산성에 악영향을 미친다. 악순환이 발생하는 것이다.

지금까지 살펴본 것처럼 토지와 생물 다양성, 지구 온난화와 영양소의 순환 등은 지구 위험 한계선임과 동시에 식량의 생산에 깊이 관여되어 있다. 먹을거리를 확보하기 위한 투쟁은 인류의 어떤 활동보다 절박하기 때문에 환경 파괴에 대한 경각심이 상대적으로 높지 않다는 것도 문제이다. 실제로 빈곤과 굶주림에 시달리는 10억 명과 2050년까지 증가할 것으로 예상되는 20억~30억 명을 먹여 살리려면, 지금보다 50퍼센트 이상의 먹을거리를 확보해야 한다. 지금도 농작지 확대로 인한 환경 파괴가 심각한데, 30년 뒤에는 어떻게 될까?

지구를 위한 건강한 다이어트

식량 확보와 환경 보호의 딜레마에 대한 해법을 찾기 위해, 앞에서 소개한 이트-랜싯 위원회가 자발적으로 나섰다. 우선적인 해법은 지구와 우리의 건강을 위한 다이어트인데, 이에 대한 실질적인 목표를 제시한 것이다. 이 다이어트는 과격한 방식이 아니라 충분히 지속 가능한 내용이어야 할 것이다. 이런 점을 종합해 위원회는 2019년 건강 증진과 지구 안정 극대화를 꾀하는 보고서 「지구를 위한 다이어트」를 냈다.

이 보고서에서는 인류의 건강을 위해 채식 위주 식사를 하다가 가끔 육류를 섭취하는 플렉시테리언(flexitarian) 다이어트가 눈에 띈다. 구체적으로 육류나 어류를 매주 5끼 이하로 섭취하는 방안도 제시되었다.[5] 우리는 더 많은 콩과 견과류, 채소와 과일 등을 섭취해야 한다. 동시에 기름진 음식과 치즈 등을 통해 제공되는 포화 지방의 섭취를 줄여야 한다. 감자와 카사바, 각종 유제품과 소금 등의 섭취도 같이 줄여야 한다.

이 다이어트 제안은 사실 새로운 것은 아니다. 비슷한 방식이 이미 지중해식 다이어트라는 이름으로 유행했는데, 제철 과일과 채소 위주의 식단이다. 그렇다고 해서 지구의 모든 사람이 똑같은 식단을 꾸려야 한다는 것은 아니다. 지역마다 주로 먹는 과일과 채소, 육류의 종류가 다르듯이 각자의 상황에 맞게 식단을 구성해 지구와 인류의 건강을 증진하는 것이 핵심이다. 음식에 깃들여 있는 문화적 전통성과 긍지를 간과하는 것은 결코 아니다. 다만 과학자들은 환경과 인체에 해로운 것이 무엇이고, 반대로 유익한 것이 어떤 것들이 있는지 계속 탐구해야 할 것이다. 연구에 따르면, 해산물 중심의 일부 아시아 식단과 아프리카 초원 지역의 식단은 이미 충분히 건강한 식단이라고 평가받고 있다.

가장 중요한 것은 우리의 식단을 지구 환경과 문명의 지속 가능성을 위해 조정해야 한다는 점이다. 이것은 동시에 인류의 건강을 향상할 수 있기에 더욱 중요성이 크다고 할 수 있다.

지구 위험 한계선 내에서 100억 명을 먹여 살릴 수 있을까?

전 세계 인구는 2050년 즈음에 약 100억 명에 이를 것으로 보인다. 그러나 토양 환경이나 기후의 변화로 인해 식량 생산은 10퍼센트 정도 감소할 것으로 예상되고, 지역에 따라 50퍼센트까지 감소할 수도 있을 것이다. 따라서 경작지를 넓혀 식량을 확보하려는 시도는 결코 성공할 수 없다. 해답은 지구를 위한 건강한 다이어트뿐이다. 문제는 이것도 힘든 일인데, 이것만으로는 지구 위험 한계선을 지킬 수 없다는 점이다. 따라서 이트-랜싯 위원회는 다이어트 외에 2가지 실천 방법을 제안했다. 첫째는 음식 쓰레기를 줄이는 것이다. 식재료에서 최종 소비에 이르기까지 효율성을 높이는 것인데, 이것만으로도 온실기체 배출량의 6퍼센트를 감축시킬 수 있다.[6] 둘째는 지속 가능한 식량 생산 방법을 개발하는 것이다. 탄소 배출량보다 흡수량을 더 많게 하고, 수자원을 보호하고, 영양분의 과다 사용을 제어하는 새로운 방법이 개발되어야 한다. 긍정적인 변화는 벌써 시작되었다. 영국 에식스 대학교의 줄스 프레티(Jules Pretty)와 그 동료들의 연구에 따르면 전 세계의 농부 중 29퍼센트는 이미 지속 가능한 농업 혁신을 시도하고 있다. 과제는 지역의 성공 사례를 다른 지역으로 확대하고, 더욱 가속화하는 것이다.

종합적인 해결책

과학은 새로운 전환을 촉진하는 방법을 제시할 수 있다. 에너지 전환을 위해서 이미 탄소의 법칙을 제시한 바도 있다. 식량 전환을 위한 원칙도 필요한데, 우리는 이를 숫자 '0'으로 표현한다. 말 그대로 '0의 법칙'이다. 육지나 바다의 현재 생태계가 매우 취약해져 있어서 좀 더 과감하게 목표를 설정할 필요가 있기 때문이다. 이를테면, 우리는 현재, 즉 2021년부터 자연 생태계의 감소를 0으로 만들어야 한다. 숲과 멸종 위기종은 더는 해를 입지 않고 보호되면서 원래의 활력을 회복해야 한다. 또한 나무와 같은 탄소 흡수원과 야생 동물의 거주지, 빗물을 순환시키는 시스템들에 대한 안전 장치를 마련해야 한다. 이미 인류가 지표면의 50퍼센트를 농장과 도시, 도로 등의 형태로 개발했기 때문에, 우리의 과제는 더는 개발하지 않고 현재의 농장에서 먹을거리를 충분히 생산하는 것이다. 이미 소멸한 종들은 어쩔 수 없다 해도, 앞으로는 소멸하는 종들이 없도록 해야 한다. 우리에게는 2020년까지 지속해서 손해를 입힌 자연을 2050년까지 복구해야 할 의무가 있다.

0의 법칙은 미래 식량 생산에도 의미가 있을까? 농경지의 개간을 멈추면서 더 많은 농산물을 생산하는 것은 농업 효율성을 높이는 것 외에 다른 방법이 없다. 매우 어려운 과제가 되겠지만, 새로운 시도를 주저할 이유와 시간이 없다. 이런 환경에 걸맞은 새로운 '녹색녹색 혁명(Green-Green Revolution)'의 골자는 다음과 같다.

* 더는 단일 재배 방식을 고집하지 않는 농경지 전략이 필요하다. 물 관리와 토양의 질, 탄소 저장과 생명 다양성 보전, 가축과 농작물의 균형 등의 요소가 모두 고려되어야 하는 사항이고, 이에 최적화된 농경지 전략이 수립되어야 한다.
* 자연은 탄소, 질소, 인 등 여러 요소가 나름의 방식으로 순환하고 있다. 이를 고려한 혁신 전략이 필요하다.
* 농업도 다량의 에너지를 소모하므로 탄소의 법칙을 준수하는 에너지 소비가 필요하다.
* 농산물도 식물이기 때문에 탄소를 저장한다. 탄소 저장 능력을 확대할 수 있는 농산물을 선택해야 하고, 새로운 농법을 개발해야 한다.

농업과 어업처럼 식량을 생산하는 시스템도 전체 생태계의 일부이다. 따라서 먹을거리 산업이 나아갈 방향은 생태계의 재생과 자원의 재순환에 기반해야 할 것이다. 이 목적을 달성하기 위해서는 토지의 사용과 관련 시설에 대한 세밀한 계획이 필요하다.[7] 중요하게 고려해야 할 점은 생태계의 기능을 보존하는 것이다. 물의 순환, 꽃가루를 통한 식물의 수정, 건강한 토양 환경 등이 이런 기능에 해당된다. 또한 야생 동물들의 이동로도 보호되어야 한다. 습지와 숲은 습도를 유지하고 영양소를 순환시키며, 탄소를 흡수하는 중요한 자원이기도 해서 그 기능을 온전하게 회복시키는 것은 무엇보다 중요한 사항이다. 먹이 그물에 속한 풀, 나무, 동물의 다양성과 더불어 탄소 흡수원을 확보해야 한다.

농부들은 자원의 순환을 통한 농사법을 이미 시행하고 있다. 곡물을 생산하는 데 가축을 이용하기도 해 농경지를 경작하거나 동물성 단백질을 섭취한다. 자연스럽게 여러 요소가 순환하게 만드는 방법인데, 전통적인 방법이기는 하지만 이를 되살려 혁신의 동력으로 활용해야 한다.

여러 세기 동안 인류는 기계의 힘을 빌려 농경지를 경작했지만, 이는 토질을 지속해서 악화시키는 원인이 되었다. 경작 방법을 개선하기 위한 여러 시도가 있었는데, 가장 흥미로운 전환은 기존 방법을 다양한 경작법으로 대체하는 것이다. 이 방법은 경작하면서 흙을 뒤엎지 않는다. 흙이 엎어지면 속에 있던 미생물과 탄소가 태양과 바람에 노출되어 토양을 건강하게 하는 기능이 줄어든다. 열대 지방에서는 특히 탄소의 소실이 심해진다. 따라서 토양 내부의 건강한 생태계를 활용해 농사를 짓는 방법들이 개발되고 있다. 게다가 농기계들은 연비가 낮아 화석 연료의 소비가 지나친데, 농기계를 이용한 경작을 줄이게 되면 에너지 절감의 효과도 거둘 수 있다.

새로운 방법은 씨앗을 심은 곳만 경작하는 것이다. 농지 전체에서 씨앗이 심어진 면적은 극히 일부인데, 이 부분만 선택적으로 경작하고 나머지 땅은 그대로 두는 것이다. 이 방법은 비료의 사용도 최소화할 수 있는데, 역시 씨앗을 심은 부분에만 비료를 주면 되기 때문이다. 선진국의 소농에게 이런 방법은 상당히 효율적일 것이다. 아프리카 서부 지역의 전통적인 농법이 선택적 경작의 사례이다. 자이피츠(zai-pits)라는 이 방법은 씨를 뿌린 부분만 경작하고 비료를 줘서 쓸데없는 낭비와 환경 오염을 막는다. 이 지역에서는 이런 방법이 여러 세대에 걸쳐 경험으로 전수되었지만, 현대의 농부들은 이것을 바탕으로 한 비료의 정확한 사용법과 경작법을 하나의 매뉴얼로 만들어 활용하고 있다.

자이피츠와 같은 효율적인 경작법은 지구 위험 한계선 관점으로 봐도 의미가 있다. 이런 경작법이 탄소를 저장하는 역할을 하기 때문이다. 비료와 화석 연료를 대량으로 쓰면서 탄소를 배출하던 농장이 다시 탄소를 저장하는 곳으로 변모할 수 있다. 지구와 농부들 모두에게 이익이 되는 윈윈(win-win) 현상으로 작용하는 셈이다.

경작법 외에 고려할 사항이 있다. 현재 겪고 있는 딜레마가 만만치 않기 때문이다. 환경과 자원의 한계선을 지키면서도 더 많은 식량을 생산하는 것은 상당히 어려운 과제이다. 새로운 농작물을 생산해야 한다는 필요성이 제기되는 배경이다. 인류는 현재 매년 새로운 씨앗을 심고 농작물을 수확하는 데 이 방법이 최선인가? 다년생 곡물의 재배는 불가능한가? 이 방법이 가능하다면, 매년 경작할 필요도 없으니 곡물은 더 많은 탄소를 저장할 수 있고, 물에 대한 회복력도 향상될 것이다. 눈을 돌려 케냐로 가면, 비둘기 완두콩과 같은 다년생 콩의 재배가 확산되는 것을 볼 수 있다. 이 콩은 여러 해 동안 성장하며 맛있고 건강한 먹을거리를 계속 제공하고, 깊고 단단한 뿌리는 탄소를 더 많이 저장한다.

앞에서 보았던 지구 위험 한계선 중 식량 전환에 영향을 미치는 요소가 2개 있다. 신물질과 에어로졸이 그것인데, 이들은 그 영향력을 측정하기 어렵다. 제초제와 살충제의 과다 사용으로 농업은 환경 호르몬에 잠식당했고, 이런 물질들은 생태계에 축적되고 있다. 지속 가능한 식량 생산 시스템을 구축하려면 이런 신물질들의 영향을 최소화해야만 한다. 다행히 이에 대한 자각은 지구 환경에 대한 문제가 본격화되기 전에 이미 확산되어서 현재 미국과 유럽, 아시아의 대규모 농장들은 살충제를 사용하지 않고 있다.

한 가지 문제를 더 살펴봐야 한다. 지구 곳곳에서 다음 해 농사를 위해 추수하지 않고 남은 곡물을 태워 버리곤 한다. 흔히 화전(火田, slash and burn)이라는 농법이다. 인도의 델리를 보면 곡물을 태우는 시점에 도시의 공기 오염이 결합해 거대한 먼지층이 생성된다. 이 먼지층은 수백만 명에게 호흡기 질병을 일으키는 원인이 되고 있다. 농업으로부터 생성된 에어로졸은 건강뿐만 아니라 지역의 기후 안정성과 날씨에 큰 위협이 된다. 또한 농기계의 주요 원료인 디젤에서 발생하는 황과 농작물을 태워 생기는 탄소도 큰 문제이다. 이미 여러 대안이 존재하기 때문에 시급한 전환이 일어나야 하는 문제들이다.

앞으로 10년: 필요한 일과 가능한 일

이 책을 통해 2030년까지 앞으로 10년이 너무나도 중요하다는 점을 계속 강조했다. 그동안 탄소 배출량을 반으로 줄여야 하고, 동시에 지속 가능한 농업과 식량 생산 시스템으로의 전환을 완료해야 한다.

분명한 것은 농경지를 더 확대하지 않는 수준에서 지속 가능하게 작물을 재배해야 한다는 점이고, 이를 위해 할 수 있는 모든 노력을 기울여야 한다. 지난 1만 년 동안 반복되었던 새로운 농경지 개간은 이제 멈추어야 한다. 이것이 과학자들이 지구 위험 한계선을 연구하면서 얻은 결론이다. 인류는 이미 지표면의 반을 이런저런 목적을 위해 개발했다. 남은 반은 보호되어야 한다. 윌슨의 저서 『지구의 절반』의 기본 철학이기도 하다. 따라서 이 분야의 전환을 위해 지구 청지기 활동을 도입해야 한다. 농경지는 탄소 배출원이 아닌 흡수원이 되어야 하고, 농작물의 다양성뿐만 아니라 주변 생태계의 다양성도 보존되어야 한다. 가뭄과 홍수, 한파와 무더위 등의 이상 기후에 대한 회복력도 증진되어야 할 것이다. 앞으로 10년 동안 지속 가능한 농업은 새로운 표준이 되어야만 한다.

기술 혁신과 제도 개혁, 정책 혁신 들이 유기적으로 결합해 이런 전환을 이끌어야 한다. 가뭄을 잘 견디고 탄소 포집 능력이 높은 작물을 개발할 필요도 있다. 우리는 이 책에서 여러 차례 탄소 배출에 대한 비용, 즉 탄소세의 도입을 강조했다. 46개국이 이미 탄소세를 제도화했다. 그러나 이런 국가들도 식량 생산 시스템으로부터 배출되는 탄소에 관심을 두고 있지 않다. 그래서 다시 이 문제에 대한 종합적인 연구가 시작될 것이다. 또한 질소와 인, 물에 대한 비용도 같이 연구될 것이다. 이를 위해 현재 남아 있는 생태계를 보호하기 위한 제도적 장치에 대해 국제적인 동의가 선행되어야 한다. 0의 법칙에 따라 생태계의 기능 상실도 이제 0이 되어야 한다.

한발 더 나아가, 버려진 땅에 대한 재생과 회복이 진행되어야 한다. 독자들도 농경지 황폐화 현장을 보면 큰 충격을 받을 것이다. 농경지의 흙은 비료에 길들어 스스로 농산물을 길러낼 수 없는 상황이 되었고, 구체적으로는 60퍼센트 이상의 활력을 잃어버렸다.

＊＊＊

식량과 재생 가능 발전 시설을 위한 땅을 개발하고, 숲을 보존하는 것 등은 토지의 활용에 대한 큰 과제를 던져 주는 것이 사실이다. 과학자들을 비롯한 누구도 이 과제가 쉽다고 이야기하지 않는다. 모든 문제를 한 번에 날려 버릴 '한 방'을 기대할 수 없다. 나무를 심고 숲을 보존하며 바이오 연료를 활용하는 것이 효과적인 대응 방법이라면, 다른 분야와 마찬가지로 화석 연료 중심의 에너지 체계에서 신속하게 벗어나는 것도 중요한 일일 것이다.

종합해 보면, 결론은 명확하다. 기후 재앙을 사전에 방지하고, 인류 문명을 지탱해 주는 생태계의 기능을 유지하기 위해 '탄소의 법칙'과 '0의 법칙'을 충실하게 따라야 한다.

인류가 창조한 신물질

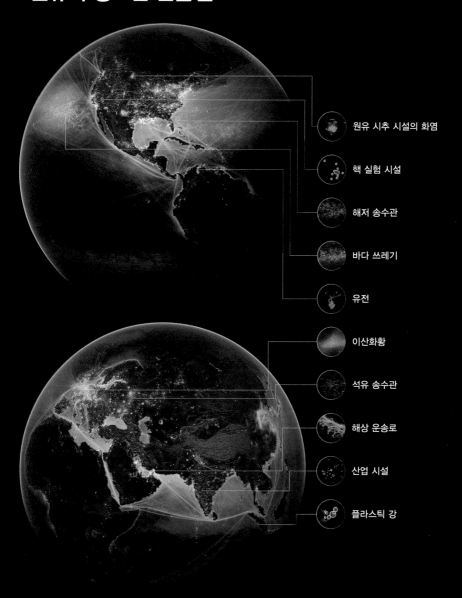

- 원유 시추 시설의 화염
- 핵 실험 시설
- 해저 송수관
- 바다 쓰레기
- 유전
- 이산화황
- 석유 송수관
- 해상 운송로
- 산업 시설
- 플라스틱 강

'인류가 창조한 물질', 즉 신물질은 과학자들이 구별한 9개 시류 위험 힌게션 히나이나 신물질이 종류는 매우 다양한데, 플라스틱과 화학 폐기물, 유전자 변형 작물, 나노 물질, 핵 폐기물 등이 포함될 수 있다. 최근에 각광 받는 인공 지능도 신물질의 하나이다. 이 물질들은 과학 기술에 의해 창조된 것이지, 자연 상태에 존재하던 것은 아니다. 인간의 필요로 개발되었기 때문에 이 물질들은 계속 증가할 수밖에 없는데 현재 10만 종류가 넘을 것으로 보인다. 문제는 이 물질들을 우리가 제대로 통제할 수 있는지 확신할 수 없다는 것이다. 최근의 기술 혁신은 환경과 조화를 이루는 방향으로 물질을 개발하고 있지만 여전히 큰 부담이 되고 있다.

네트워크 효과

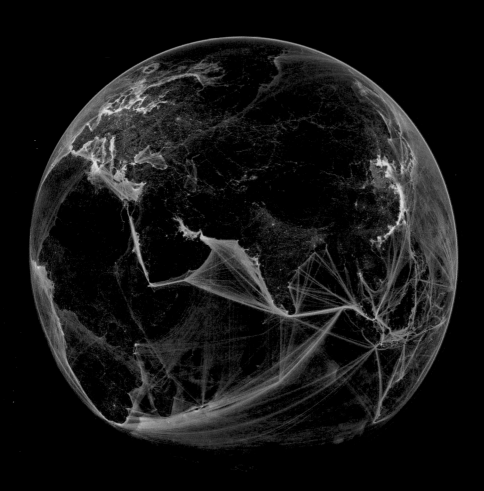

문명의 발전은 상호 교류, 무역, 여행, 이주 등의 이야기로 가득 차 있다.

위의 사진은 왼쪽 인류세 시대의 지구 모습을 보여 준다. 한 곳에서 다른 곳으로 연결된 철도, 도로, 송전선, 해운, 해저 케이블 등을 밝은 불빛으로 확인할 수 있다. 대부분 발전된 도시들은 해안선을 끼고 발달했거나, 강 상류 혹은 하류에 밀집되어 있다. 무역로는 문명과 문명을 연결해 주는 중심축이고, 이렇게 발달한 세계는 이제 거대한 하나의 문명으로 성장했다.

우리는 이 작은 지구 위에 거대한 세계를 건설한 것이다.

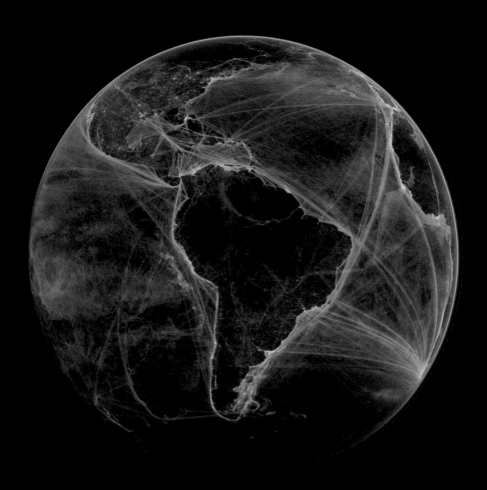

지난 500년 동안 세계는 극적으로 변했다. 고립된 지역을 찾아보기 힘들 정도로 모든 문명은 서로 연결되었다. 그중에서도 유럽 인들이 북아메리카와 남아메리카로 이주해 문화적 충돌과 생태 변화를 일으킨 것이 가장 큰 사건일 것이다. 촘촘히 연결된 세계는 지식과 문화의 전파, 무역 등의 분야에 큰 이점을 가져다주었다. 반면, 세균과 바이러스, 경기 침체 등도 빠르게 퍼질 수 있었다. 제프리 삭스의 『세계화의 시대(The Ages of Globalization)』(2020년)에 따르면, 중세 시대 흑사병이 유럽에서 아시아로 전파되기까지 16년이 걸렸다. 그러나 현대의 코로나 바이러스는 불과 며칠 만에 전 세계로 확산되어 초기 발생 이후 4개월 만에 전 세계 인구의 반이 봉쇄 조치에 놓이기도 했다. 코로나 바이러스는 세계가 얼마나 촘촘하게 연결되어 있는지 깨닫게 해 준 계기이기도 했다. 또한 이런 연결이 여러 분야에 좋은 효과를 가져다주지만, 때때로 얼마나 취약해질 수 있는지 신랄하게 증명하기도 했다.

인간에 의해 변형된 지구

인간에 의한
토지 사용의 변화

─ 완전 개발지

─ 미개척지

현재 인류는 전체 토지의 50퍼센트가량을 농작지로 개척한 상태이다. 1000년 전 이 비율은 고작 4퍼센트에 불과했다.

인류 문명은 다양한 목적을 위해 토지를 개발했다. 농작지나 가축을 위한 개척, 도시화, 광산, 교통로, 에너지 생산 시설과 발전 설비 등이 주요 목적이었다. 개발된 지역은 사람들의 유입을 이끌었고 인구 밀도가 높아졌다.

12장

지구를 뒤흔드는 불평등

공유된 자산이 없다면, 과학은 제 기능을 하지 못한다. ― 조 지프 스티글리츠(Joseph Stiglitz, 2001년 노벨 경제학상 수상자)

스웨덴의 탁월한 학자를 기념하며 이 장을 시작하고자 한다. 2017년 아쉽게 명을 달리한 한스 로슬링 박사는 의사이자 과학자로 많은 업적을 남겼다. 그러나 그의 이력에서 돋보이는 점은 지구 환경의 보호에 대한 강력한 신념이다. 강연도 많이 했는데, 세계 경제 포럼과 세계은행, TED 강연장에서 그는 건강과 경제 발전, 빈곤에 대한 사실을 전파하며 새로운 가치관을 끊임없이 제안했다. 그의 연설은 매우 열정적이었고 청중이 가지고 있던 세계관의 근본적인 점들을 드러냈다.

로슬링 박사는 종종 다음과 같은 질문을 청중에게 던지면서 관심을 이끌어 냈다. "지난 20년간 최빈층에 속한 전 세계 인구의 비율은, …… (A) 거의 2배가 되었다, (B) 큰 차이가 없었다, (C) 반으로 줄었다."

정답은 C이다. 그러나 여론 조사에서는 오직 10퍼센트만 정답을 맞힐 뿐이다. 최빈층에 속한 인구의 수는 기하급수적으로 줄고 있다. 지난 100년 동안 우리 문명이 이룩한 가장 눈부신 업적일 것이다. 2020년의 통계를 보면, 전 세계 8퍼센트의 인구만 최빈층에 속할 뿐이다. 지난 25년 동안 10억 명 이상의 사람들이 최빈층에서 벗어나게 되었다.[1] 인류 문명의 발전이라고 충분히 찬사받을 만한 일이지만, 극심한 불평등은 이것과는 다른 문제이다.

***

몇 년 전 두 마리의 꼬리감기원숭이 영상이 화제에 올랐다. 두 원숭이가 서로 다른 우리에 나란히 있는데, 연구원에게 돌을 건네면 보상을 받는다. 처음에는 오이 조각이 보상으로 주어졌는데, 원숭이들은 만족하는 듯 보였다. 그러나 연구원이 한 원숭이에게 보상으로 포도를 제공하면서 상황이 달라졌다. 포도는 오이보다 훨씬 큰 보상인데, 옆의 원숭이가 포도를 받는 것을 보게 되면, 그렇지 못한 원숭이는 돌을 살펴보거나 혼란스러운 표정을 짓다가 결국 연구원을 향해 분노를 표출한다. 이후에는 같은 일을 반복하려 하지 않는다.

포도가 1달러라면, 다국적 기업 아마존의 최저 임금 노동자는 일당으로 포도 15개, 창립자인 제프 베이조스(Jeff Bezos)는 포도 450만 개를 받는다. 디지털 세상에서는 몇 번의 검색으로 다른 사람들이 얼마나 많은 포도를 가졌는지 알 수 있다. 그리고 이를 통해 확인된 거대한 불평등과 불공정은 정치적인 불안을 야기하고 있다.

이 장을 통해 세 번째 전환인 불평등 전환과 관련된 문제를 3가지로 압축해 살펴볼 것이다.

첫 번째로 살펴볼 문제는 불평등을 감소시키는 것이 지구 위험 한계선을 지키기 위한 가장 중요한 정치적, 경제적 해법이라는 점이다. 불평등은 빈곤을 근절하거나 '발전 중인 경제(developing economy)'가 '발전된 경제(developed economy)'를 따라잡는 것만을 뜻하지는 않는다. 그것은 전 세계의 부가 가구 단위에서 더 공정하게 분배되어야 한다는 의미이기도 하다. 평등이 실현될수록 사회 구성원들의 연대 의식은 높아지고, 공통된 목표에 대한 사회적 책임감도 높아진다. 궁극적으로는 지구를 회복하는 것이 바로 그 목표이다.

두 번째 문제는 향후 10년 동안 불평등을 근절하기 위한 실천이 매우 어려운 과제가 될 것이라는 점이다. 실제로 많은 국가에서 불평등이 심화할 조짐이 보이자 정치 체제가 급격하게 권위주의적인 성향으로 변모하고 있다. 비합리적인 선동이 힘을 얻고 있다. 대중 영합이라는 의미의 '포퓰리즘(populism)'은 그래도 사회 기득권보다는 기층 민중의 이익을 어느 정도는 대변하기 때문에 현재 나타나고 있는 정치가들은 '포퓰리스트(populist)'라기보다는 '데마고그(demagogue)'라고 표현하는 것이 적당해 보인다. 이런 선동가들은 침체된 경제를 살리고 평범한 시민들에게 더 많은 혜택을 제공하겠다고 다짐하지만, 그들의 정책을 들여다보면 불평등의 감소가 아닌 확대에 초점이 맞춰져 있다.

세 번째 문제는 언론이 오랫동안 경제적 불평등과 환경 보호를 서로 다른 의제로 다루었다는 점이다.[2] 그러나 이것은 잘못된 분리법이다. 망가지고 있는 환경은 경제적 불평등을 심화시키고, 경제적 불평등의 해법은 지구 청지기 활동과 맥이 닿아 있다. 두 요소는 분리된 것이 아니라 서로 유기적으로 연결되어 있고, 상호 보완적인 관계이면서 혁신을 촉진하는 역할을 한다. 이 두 요소가 잘 결합된다면 튼튼한 지구 환경을 유지할 것이고, 사회의 극빈층이 생존하고 발전할 기회를 제공할 것이다.

불평등의 충격적인 면

경제가 급격히 발전하고 중산층이 늘어나면서 사회적, 환경적 비용이 증가하고 있다. 우리는 진퇴양난의 시대를 살고 있다. 전 세계적으로 경제 성장은 빈곤층을 줄여 주고 있지만, 반대로 경제적 불평등을 심화시키고 환경을 파괴한다. 그렇다고 경제 성장의 속도를 늦춘다면 그 피해의 첫 번째 당사자는 사회의 극빈층이 될 것이다. 2017년 프랑스의 마크롱 대통령은 탄소 배출량을 감축하고 화석 연료에 더 높은 세금을 부과할 필요가 있다고 생각했다. 그 결과 상용차의 연료인 디젤의 가격이 1년 사이에 23퍼센트 상승했고, 가난한 사람들에게 큰 부담이 되었다. 2018년 10월에 일어난 '노란 조끼(Gilets Jaunes)' 운동은 이런 과정에서 누적된 노동 계급의 불만이 표출된 결과이다. 그들의 시위는 다른 시민들의 공감을 얻었는데, 정치적 부담으로 인해 마크롱 대통령이 한 발 물러설 수밖에 없었다.

프랑스의 사례는 사회적 불평등이 심각한 사회에서 어설픈 정책은 부작용을 낳을 뿐이라는 교훈을 주었다. 그렇다고 이 문제를 무시하고 넘어갈 수는 없다. 체계적인 정책 전략과 불평등을 완화하는 정책 방향이 절실한 상황이다. 정책 시행 전에 마크롱 대통령이 탄소세를 이미 시행하고 있던 스웨덴의 스테판 뢰벤(Stefan Löfven) 총리에게 조언을 구했다면, 상황이 그렇게 심각해지지 않았을 것이다. 뢰벤 총리는 1990년에 탄소세를 도입했는데, 별다른 저항을 겪지 않았다. 탄소세를 적용하는 대신 소득세를 줄이는 방향으로 정책을 설계했기 때문이다. 이와 같은 '녹색 세금 전환(green tax shift)'은 이제 하나의 표준이 되고 있다. 일종의 사회 배당 이익이 소득이 낮은 계층에게 우선 분배되게 설계하는 것이 핵심이다.

노란 조끼 운동이 격화된 것은 사회적 불평등이 원인이었다. 매년 1월 스위스 다보스에서 개최되는 세계 경제 포럼에서 옥스팜 재단은 불평등에 대한 보고서를 발표한다. 2017년 보고서에 따르면, 세계에서 가장 부유한 8명의 자산이 소득 계층 하위 50퍼센트의 자산 총합과 비슷한 상황이다. 불과 1년 전에는 이 숫자가 상위 62명의 자산이었는데, 1년 사이에 자산 불평등이 급속하게 심화된 것이다.

불평등은 부유층과 빈곤층에만 존재하는 것이 아니다. 가장 부유한 국가인 미국을 보면, 상위 1퍼센트 사람들의 자산이 중산층의 자산 총합과 거의 같은 35조 달러이다.

사회의 불평등은 왜 이렇게 확대되었을까?

경제적 가치는 꾸준하게 늘어났지만, 분배가 공평하게 이루어지지는 않고 있다. 소수의 사람들에게 너무 많은 부가 몰리고 있는 것이다. 상위 10퍼센트 사람들이 전 세계 부의 82퍼센트를 소유하고 있고,[3] 이중 상위 1퍼센트의 사람들은 45퍼센트의 부를 차지하고 있다.

정부에서 긴축 정책을 시행하더라도 부유한 사람들은 거의 손해를 입지 않을 것이다. 경제학자 토마 피케티(Thomas Piketty)는 그의 연구 결과를 간단한 수식, '$r > g$'으로 표현했다. 여기서 r는 부동산 소득과 같은 자산으로부터 얻는 수익을 의미하고, g는 경제 성장을 의미한다. 자산을 더 많이 소유할수록 더 큰 부자가 된다는 의미인데, 예를 들어 경제 성장률이 평균 2퍼센트라고 하고, 자산 소득이 평균 4퍼센트라고 가정한다면, 두 비율의 차이는 시간이 지나면서 어마어마한 차이를 만들어 낸다. 피케티에 따르면 지난 100년 동안 실제로 일어난 일이다.

선진 공업국에서 소득 격차는 지금도 확대되고 있다. 이 격차는 1930년대 이후 가장 높은 수준인데, 이로 인한 사회적 불안정성이 대공황 시대에 비견될 정도로 커지고 있다. 미국은 전체 국가 소득의 50퍼센트가 상위 10퍼센트의 사람들에게 돌아간다. 나머지 반을 놓고 90퍼센트의 사람들이 투쟁하는 것이다. 이런 사회가 지속 가능할 것이라 예상하는 사람은 거의 없으며, 정말 큰 소요 사태가 일어나기 전에 새로운 사회 계약을 체결해야 한다.

미국의 경우 프랭클린 루스벨트(Franklin D. Roosevelt) 대통령이 대공황 당시 취한 '뉴딜(New Deal) 정책'의 사례가 있다. 1933년 한 연설에서 그는 "위기에 대응하기 위해 한 기관의 존속을 의회에 요청할 것입니다. 그리고 외적과의 전쟁 상황에서나 주어지는 권한을 부여받고자 합니다." 이런 막강한 권한으로 고소득자에 대한 소득세율을 80퍼센트까지 올렸다. 그럼에도 불구하고 사회의 불균형을 해소하는 데 실패했고, 결과적으로 제2차 세계 대전으로 위험이 확대되었다.

대공황 이후 60년 동안 부유한 국가들은 고소득자들에게서 세금을 거두어 사회 복지 프로그램을 강화해 왔다. 국민 보건과 교육 제도, 과학과 사회 기반 시설 등에 많은 투자가 이루어졌고, 이런 투자는 전문가 집단과 중산층의 일자리를 늘리는 선순환 구조를 만들었다. 자동차와 전자 제품과 같은 현대 문명의 기초가 되는 기술들이 발명되었고 새로운 발전을 이끌었다. 로슬링 박사가 회고하듯, 세탁기를 샀을 때 그의 어머니를 포함한 가족의 삶의 획기적으로 바뀌었다. 빨래에 들어가는 시간이 줄어들자 그의 어머니는 그를 데리고 도서관으로 가 수많은 책을 읽어 주었다. 결과적으로 독서 습관을 갖춘 아이는 대학에 진학해 학자로서의 길을 걸을 수 있었다.

1970년대까지 불평등은 꾸준하게 개선되었다. 빈곤층의 소득 상승률이 상위 계층의 소득 상승률을 앞질렀기 때문이다. 그러나 1973년 석유 파동이 발생해 한순간에 유가가 400퍼센트가량 상승하면서 세계 경제는 큰 충격을 입고 새로운 경제 발전 전략이 대두되었다. 미국과 영국을 중심으로 정부의 역할을 제한하고 기업의 혁신 활동에 더 많은 자유를 부여하는 신자유주의가 새로운 경제 철학이 된 것이다. 이때를 기점으로 꾸준하게 좁혀지던 계층 간의 소득 차이는 다시 벌어졌다. 대부분의 독자가 할머니, 할아버지 세대보다 더 건강하고 오래 사는 것은 사실이지만, 정치적 불안정성과 소득 불균형은 그때보다 더 확대되었다. 현대의 SNS는 부유층들이 어떻게 살고 있는지 생중계하듯이 보여 주는데, 그런 내용을 보고 있으면 주말에 발리나 뉴욕에 가서 우아한 시간을 보내지 않으면 실패한 인생같이 느껴진다.

인류세 시대의 불평등

인류세 시대에 불평등이 심화하면서 우리 삶은 더욱 팍팍해졌다. 가난한 국가들은 사회 구조가 매우 취약해져 있어서 기상 이변과 같은 여러 외적 상황에서 피해가 크다. 식량 부족은 불평등을 증폭시키는 핵심 요소이다. 2019~2020년에 아프리카 동남부에서 발생한 가뭄과 홍수는 거의 4500만 명의 사람들에게 큰 고통을 주었다.

불평등은 빈곤층에게 스며들어 고통을 가중한다. 바다가 따뜻해지면서 물고기들은 적도 지방을 벗어나 좀 더 서늘한 바다로 이동하고 있다. 이 지역의 사람들은 어업에 의존하는 경우가 많은데, 어획량이 급격하게 감소하면서 수입이 줄고 있다. 이런 현상은 농업에도 나타나는데, 적도 지방의 농업 생산성은 줄어드는 반면, 북반구 위쪽의 한랭 지방의 생산성은 높아지고 있다. 아프리카 서부 지방의 농산물 수확은 46퍼센트까지 감소한 것으로 보고되는데, 이렇게 되면 그 지역의 가난한 농부들은 더욱 가난해질 수밖에 없을 것이다. 2020년 보고서에 따르면 지구 평균 기온이 1도 상승할 때마다 10억 명 이상의 사람들이 극심한 더위를 피해 새로운 곳으로 이동할 것이다. 이 기준을 놓고 계산해 보면, 앞으로 80년 이내에 30억 명의 사람들이 기후 난민이 될 것으로 보인다. 이런 피해는 적도 부근의 가난한 사회에 집중될 텐데, 현재도 어려운 사람들이 더욱 어려운 삶을 살게 될 것이다.

기후 변화는 낙후된 사회를 더 발전시키기 어렵게 만들기도 한다. 몇 년 전에 이런 예측을 한 경제학자들이 있었는데, 불과 몇 년 후에 이들의 예측은 현실이 되었다. 스탠퍼드 대학교의 노아 디펜바우(Noah Diffenbaugh)와 마샬 버크(Marshall Burke)는 기후 변화로 인해 가난한 국가들이 선진국을 추격하는 것이 더 어려워졌다는 연구 결과를 발표했다. 버크의 이전 연구에 따르면 연평균 기온이 섭씨 13도일 때 경제적 생산성이 가장 높다고 발표했는데, 현재 대부분의 선진국들은 연평균 기온이 섭씨 13도보다 조금 낮은 상황이다. 따라서 선진국들은 지구 온난화가 약간 진행되면 일시적으로 더 이익이 될 수도 있지만, 연평균 기온이 섭씨 13도보다 높은 저개발 지역은 지구 온난화가 진행될수록 피해 규모가 커지고 있다. 붉은 여왕의 저주이다.[6] 가난한 국가의 가난한 사람들은 굴레를 벗어나기 위해 최선을 다하고 있지만 상황은 더 악화할 것이다.

부유한 국가들이라고 해서 기후 변화의 재앙을 피할 수는 없다. 재앙이 들이닥치면, 상대적으로 저소득 계층의 피해가 훨씬 크기 마련이다. 미국에서만 약 50만 가구가 홍수의 위험이 큰 지역에서 정부의 보조금으로 살아가고 있다. 유럽 전역에서 가난한 지역은 부유한 지역보다 공기 오염이 훨씬 심하다. 미국에서도 저소득층, 소수 민족 공동체들은 유해한 공기를 들이마실 가능성이 더 크다. 아프리카계, 라틴계, 아시아계 미국인들은 백인들보다 자동차로 인한 공기 오염에 66퍼센트 더 많이 노출되어 있다. 환경 불평등과 인종 차별이 실

브레이킹 바운더리스

제 존재하는 것이다.

불평등과 기후 변화에 대한 연구는 대부분 가난한 계층에 초점이 맞춰져 있다. 부유한 계층에 대한 연구는 거의 없는데, 경제가 발전해 사람들의 생활 수준이 올라가면서 환경에 대한 그들의 행동을 연구할 필요가 생겼다. 포츠담 기후 영향 연구소 일로나 오토(Ilona Otto)의 연구진은 가장 부유한 계층의 사람들은 연평균 65톤의 이산화탄소를 배출한다는 연구 결과를 발표했다. 1인당 배출량 기준으로 지구 평균의 약 10배이다. 소득과 비슷하게, 최상위 0.5퍼센트의 탄소 배출량은 하위 50퍼센트의 배출량을 합친 것보다 더 클 것으로 보인다. 오토 박사는 탄소 배출량에 관심이 있는 부유층을 만나기 어렵다고 했는데, 이들의 생활 방식을 보면 놀랄 만한 일은 아닐 것이다.[5] 역설적이게도 부유층은 태양광 패널을 설치하고 에너지 효율을 높일 방법이 많은데, 실제로 실천하지는 않고 있다. (그들이 배출하는 탄소의 절반은 그들의 비행기 여행에서 나온다.)

평등과 지구 청지기 활동

소득 불평등이 해소되면 지구 청지기 활동에 도움이 될까? 우리는 그렇게 믿고 있다. 우리는 이것이 인류세 시대의 가장 중요한 비밀 중 하나라고 생각한다. 2009년 영국 북부의 전염병 학자 케이트 피켓(Kate Pickett)과 리처드 윌킨슨(Richard Wilkinson)이 부유한 사회의 불평등 문제를 다룬 『평등이 답이다: 왜 평등한 사회는 늘 바람직한

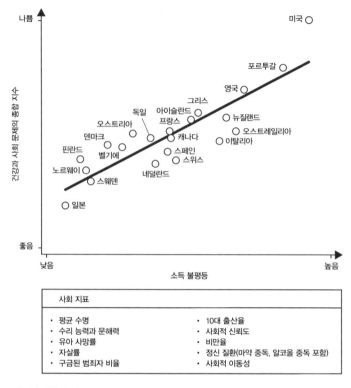

건강과 사회 문제들.
소득 불평등이 높은 국가일수록 건강과 사회의 지표가 나쁘다는 것을 알 수 있다.

가?(*Spirit Level: Why More Equal Societies Almost Always Do Better*)』를 발간했다.[6] 이들의 연구는 놀라운 점이 있다. 스웨덴이나 덴마크처럼 좀 더 평등한 사회가 연대성, 신뢰도, 범죄율 등에서 더 좋은 지표를 보인다는 것이다. 그리고 일본, 노르웨이, 핀란드와 같은 사회가 상대적 불평등이 심한 미국, 영국, 싱가포르에 비해 기대 수명이 더 높다는 사실도 알려준다.

평등한 사회가 수리 능력과 문해력 등의 측면에서 더 높은 교육 수준을 보여 준다. 10대 출산율과 비만 문제도 더 좋은 지표를 가지고 있다. 심지어 살인 범죄 발생율과 재소자의 비율도 낮다. 사회 계층 간 이동성도 훨씬 높다. 스웨덴의 저소득 가구에 태어난 아이는 비슷한 환경의 브라질이나 미국의 아이들에 비해 더 질 좋은 교육을 받고 고소득자가 될 기회가 많다. 스톡홀름이나 코펜하겐에 사는 것이 LA이나 뉴욕에 사는 것보다 아메리칸 드림을 성취할 가능성이 큰 것이다. 피켓과 윌킨슨은 미국 내의 불평등 문제를 조사했다. 미국의 여러 주에서도 비슷한 현상이 관찰되었는데, 소득 불평등의 정도가 심한 주일수록 마약 중독부터 비만에 이르기까지 사회 문제가 더 심각한 양상을 띠었다.

더 흥미로운 결과는 부유한 사람들에 대한 것이다. 좀 더 평등한 사회에 사는 부유층이 그렇지 않은 사회의 부유층보다 행복 지수가 더 높았으며 삶에 대한 만족도가 월등히 컸기 때문이다. 워런 버핏(Warren Buffett)이나 마이클 블룸버그(Michael Bloomberg)와 같은 최고의 부자들이 미국이 아닌 스웨덴에 살았다면 아마 더 행복하고 건강한 삶을 살았을 것이다.

사람들의 주요 관심사는 사회적 지위에 대한 것일 수 있다. 사람들이 선택하는 옷과 영화, 음식과 여행지, 거주지 등은 사실 그들의 사회적 지위와 자존감을 나타낸다. 사회적 지위가 낮다면 신체적 정신적 건강 상태가 상대적으로 나쁠 것이고 기대 수명도 적다. 경제적 불평등은 개인의 자존감을 표현하는 사회적 지위의 격차를 발생시키고, 그만큼 사회적 문제에 있어 격렬한 반응을 불러일으킨다. 마케팅에 종사하는 사람들에게 사회적 지위에 대한 자존감은 대단한 영업 포인트이다. 그들은 자존감을 고취하는 데 필요한 상품을 제시하고, 그런 제품이 있어야만 사회적 지위를 유지할 수 있는 것처럼 광고한다. 당장 거의 모든 광고가 이런 메시지를 담고 있다. 이런 사회적 지위를 대표하는 상품을 구매하지 못하면 계층에 관계 없이 사람들은 불안감과 우울함을 느낀다.

지금까지 본 불평등의 양상이 지구 환경을 지키려는 활동과 어떤 연관이 있을까?

불평등은 물질주의의 가장 큰 동력이다. 우리는 상품 소비나 그 방식을 통해 사회적 지위를 표현하려 한다. 평등한 사회일수록 소비와 사회적 지위의 연관성은 상대적으로 적다. 사회적 신뢰도가 높기 때문이다. 스웨덴이라면 이웃과 동료, 고용주와 정부에 대한 신뢰도가 사우디아라비아보다 훨씬 높을 것이다. 사회 전체의 신뢰도가 높고 책임감이 클수록 효율적인 시스템에 대한 합의에 이르기 쉽다. 정부에 대한 신뢰도가 높으면 합리적인 정책을 도입할 때 권한을 위임하는 경향이 더 크다. 지구 청지기 활동을 지원하는 결정적인 요소이다. 정부를 믿지 못하는 사회, 부패한 관료주의 사회에서는 지구 환경을 지키는 합리적인 결정이 선택되기는 매우 어려울 것이다.

북유럽 국가들은 지구 청지기 활동에 좀 더 적극적인데, 이 지역의 시민들은 물건을 재활용하는 비율이 높고 육류를 덜 섭취하며 폐기물을 덜 배출하고 있다. 전염병이 확산되기 직전에도 비행기를 이용하는 승객이 막 줄어들고 있었다. 기업인들의 행동도 조금 차이가 있다. 피켓과 윌킨슨의 연구에 따르면 평등한 사회일수록 국제적인 환경 조약을 준수하려는 기업인의 비율이 훨씬 높다. 우리는 북유럽에 본사를 두고 있는 에릭슨, 이케아, 스카니아, 스포티파이의 대표를 인터뷰한 적이 있는데, 우리의 결론도 다르지 않았다. 그들 모두 현재의 기후 변화를 주시하며 지속 가능성을 기업의 전략으로 채택하고 있었다. 그들은 새로운 직장을 찾는 젊은이들에게 가장 중요한 요소는 삶의 질이라고 강조한다.

사회적 평등의 확대는 지구 청지기 활동의 강력한 동력이다. 그러나 불평등은 확대되고 있다. 세계화는 바닥으로 고꾸라지는 경주이다. 기업들은 조세 회피처를 교묘하게 활용해 합법적으로 세금을 면세받고 있는데, 각국 정부는 더 많은 투자를 받기 위해 이런 사실을 눈감아 준다. 경제에서 시작된 불평등이 정치적 혼란으로 확대되어 세계로 퍼져 가고 있다. 지구 위험 한계선을 지키는 활동에 사회적 평등은 매우 중요한 요소인데, 현재 상황에서 어떻게 이런 전환을 이끌어 낼 수 있을까?

영국 총리 윈스턴 처칠(Winston Churchill)이 연설했던 것처럼, 좋은 위기를 결코 낭비해서는 안 된다. 루스벨트의 뉴딜은 대공황의 위기에서 탄생했고, 제2차 세계 대전은 국제 정치 구조를 재정비하는 계기가 되었다. 실제로 몇 년 후에 처칠과 다른 정치 지도자들은 IMF와 세계 은행을 창설해 후에 유엔으로 가는 초석을 놓았고, WTO도 이즈음에 창립되었다. 이 기구들은 지난 75년간 여러 우여곡절을 겪으면서도 세계 경제의 안전판 역할을 했다. 2020년의 전염병 확산은 제2차 세계 대전 이후 가장 큰 경제적 충격을 주었다. 경제가 하염없이 추락하자, 전례 없는 조치들이 시행되었는데, 미국에서만 수조 달러가 기업과 가계에 지급되었다. 상상도 못 한 일들이 갑작스럽게 시행된 것이다.

지속 가능성과 불평등을 위한 대책들이 동시에 제시되고 있다. 그린 딜(Green Deal)이 대표적인 정책 전략이다. EU는 2050년까지 탄소 중립을 실현하는 계획을 발표했고, 7500억 유로의 자금을 친환경 일자리 마련에 투자할 예정이다. 미국의 바이든 정부도 2050년 탄소 중립의 자체 계획을 발표하며 2035년까지 완전한 재생 에너지 발전으로 전환하겠다고 선언했다. 여러 세밀한 변수들이 포함되어 있지만, 그린 딜 정책은 지구 위험 한계선을 지키고 불평등을 해소하려는 목적으로 설계되었다. 구체적인 사업은 매우 다양한데, 깨끗하고 친환경적인 철도 체계와 도심의 대중 교통, 태양광과 풍력에 의해 발전된 전기를 배송할 송전 시스템, 에너지 효율을 향상하는 시스템에 이르기까지 그린 딜은 매우 원대한 목표를 가진 정책이다. 여기에 더해 보건, 교육, 과학 분야에 투자가 집중될 것이다. 이 과정에서 일자리를 잃게 될 석탄 발전소의 노동자들에게는 새로운 일자리가 제공될 것이다.

이 모든 것들이 이루어질 수 있을까? 코로나19로 경제가 휘청이는 지금이 오히려 새로운 경제 질서를 시도할 가장 적당한 시기일 수도 있다. 완전 자유 시장과 급진적인 자본주의를 강조하던 국제 기구들과 언론들도 이제는 기존 경제 구조를 수리할 필요가 있다고 발표하는 상황이다. 어쩌면 이런 주장을 오랫동안 해 왔던 환경주의자들과 기후 행동가들에게는 이들의 갑작스러운 태세 전환이 좀 당황스럽게 다가올 정도이다. IMF와 유럽 중앙 은행의 수장들도 공공연하게 이런 주장을 하고 있다. "미래를 대비하고 위험을 인식해야 한다." 자본주의라는 종교의 최고 성직자들이 급격한 조정을 요구하고 있는 셈이다. 분위기는 형성되고 있다. 향후 10년 이내에 주요 전환이 완료될 가능성이 커지고 있다.

불평등 감소

불평등을 줄이는 방법은 3가지이다. 첫째, 우리는 세금과 인센티브를 활용해 돈이 부자들에게서 가난한 사람들에게로 이동할 수 있게 만들어야 한다. 둘째, 세금 이전에 소득 격차를 줄여야 한다. 최고 경영자의 임금을 그 기업의 평균 임금과 연동하는 것도 한 방법일 것이다. 셋째, 자산 소득이 평균 경제 성장보다 빠르게 증가한다는 역사적 사실을 더는 방관해서는 안 된다. 세금과 인센티브를 통해 부를 재분배하는 방법은 제2차 세계 대전 후 북유럽과 프랑스가 시행하고 있다. 반면 일본은 임금 격차를 줄여 상대적 박탈감을 해소하는 방법을 선택했다. 그러나 세 번째 방법은 사례를 찾을 수 없다. 특히 자본의 국제적 이동이 자유롭고 조세 회피처가 있는 현대 사회에서 이를 규제할 마땅한 방법이 없다. 피케티는 자본에 대한 국제적인 세금을 도입하자는 제안을 하기도 했다. 그의 부유세 개념에 반대하는 사람도 많은데, 혁신의 동력을 떨어뜨릴 수 있다는 우려 때문이다. 이런 우려는 여러 연구로 뒤집히고 있다. 부유세를 도입해도 이익률과 혁신에 영향이 없다는 연구 결과가 많이 발표되었다.

좀 더 급진적인 제안도 2가지 있다. 하나는 세금에 대한 근본적인 전환을 제안한다. 현재 우리는 열심히 일하고 받는 소득에 세금을 부과하는데, 이렇게 좋은 일에 세금을 부과하지 말고, 나쁜 일, 예를 들면 탄소 배출이나 환경 파괴 등에 세금을 부과하자는 것이다. 오염 물질을 많이 배출하는 곳에 더 많은 세금을 부과하고, 소득이 낮은 사람들은 세금을 면제하는 것도 절충 방안이 될 수 있다. 이렇게 되면, 저소득층은 세금 부담이 사라지는 대신, 비행기 여행과 같은 환경 오염 유발 행위는 매우 비싼 가격표가 붙을 것이다. 물론 이런 정책은 좀 더 연구될 필요가 있다. 프랑스의 노란 조끼 운동에서 보듯이 사람들은 새로운 것을 얻을 때의 기쁨보다 기존의 것을 잃을 때의 상실감에 더 예민하기 때문이다.

또 다른 제안은 그렇게 급진적이지는 않을 것 같다. 2020년 팬데믹 확산과 경제의 붕괴를 막기 위해 각국의 중앙 은행들이 엄청난 돈을 뿌렸기 때문이다. 별 목적 없이 돈을 경제 체제에 제공하는 대신, 이 돈을 미래에 투자하도록 하는 것이 제안의 핵심이다. 그린 딜 정책이 목표로 하는 친환경 기반 시설과 교육, 의료 분야에 대한 투자를 통해 미래를 준비하는 것이다.

중앙 은행의 자금을 융통해 녹색 투자 혹은 기후 투자에 집중 투자하는 것이 왜 의미가 있을까?

2가지 이유가 있다. 첫째는 이자율이 지난 10년 동안 최저 수준이었다는 점이다. 돈을 빌리는 비용이 이처럼 싼 시기는 역사적으로 없었다. 둘째는 세계적으로 유동 자금이 넘쳐나고 있기 때문이다. 예를 들어 미국의 기술 기업들, 즉 아마존이나 구글, 페이스북과 같은 기업들은 사내 유보금만 4조 달러가 넘을 것으로 예상된다. 버핏과 같은 투자자는 그가 가진 1300억 달러 이상의 현금을 투자하기 위해 혈안이 되어 있다. 그의 커다란 지갑 속에 들어 있는 현금을 더 안전한 곳에 투자해 결과적으로 더 큰 지갑을 만들 투자처를 찾는 것이다. 이런 자금들이 친환경 기반 시설과 초고속 열차, 에너지 저장 장치와 같은 곳에 투자된다면 투자자들에게도 가장 안전하고 수익성 좋은 투자가 될 것이다.

물론 부자들에게 돈을 빌려서 투자하게 만드는 것보다 더 좋은 방법은 그들에게 세금을 부과하는 것이다. 피케티의 제안도 이것이다. 아마도 두 방법을 혼용해야 할 수도 있다. 세금도 부과하고, 동시에 투자를 유인해 서로 이익이 되게 하는 것이다.

＊＊＊

다시 돌아보자. 우리는 놀라운 시대에 살고 있다. '데이터로 본 우리 세계(Our World in Data)'의 창립자인 맥스 로저(Max Roser)의 표현대로, "환경 오염의 90퍼센트는 극심한 빈곤으로부터 발생"했다. 불평등은 빈곤 근절보다 더 심각하다. 사회의 지향점은 부의 공평한 분배에 맞추어져야 한다. 그래야 사회 구성원 간의 신뢰도가 높아질 것이고, 과시적인 소비가 줄고, 결과적으로 합리적인 정책 결정에 대한 합의를 이룰 수 있다.

다양한 해결책이 제시되었다. 세금으로 부를 재분배하거나, 오염원에 대해 세금을 매기는 것 등이다. 모두 정책으로 실현되어야 하는

데, 유권자들이 힘을 모은다면 예상보다 빨리 이런 정책들이 도입되어 지구 환경의 경계를 지킬 수 있을 것이다. 좀 더 구체적인 정책으로 그린 딜도 이미 제안되었다. 여기에 포함된 여러 정책들을 장려하고 응원할 필요가 있다. 그린 딜이 확산되면 좀 더 평등하고 공정한 세상을 위한 장기적인 투자가 이루어질 것이다. 그러나 소득 불평등은 쉽게 풀 수 있는 문제가 아니다. 따라서 사회의 다른 불평등, 즉 인종이나 성별에 따른 불평등을 해소하는 노력이 선행되어야 할 수도 있다.

이 모든 일이 현재와 미래 세대, 모두의 과제이다.

13장
미래 도시 건설

미국인들과 외계인을 위한 공지: 밀튼 케인스(Milton Keynes)는 런던과 버밍엄의 중간 지점에 있는 신도시이다. 이 도시는 현대적이고 효율적이며 복지가 잘 갖춰진 살기 좋은 곳이다. 많은 영국인들이 이 도시에서 새로운 희망을 발견하고 있다. ― 테리 프래쳇(Terry Pratchett), 닐 게이먼(Neil Gaiman), 『멋진 징조들(*Good Omens*)』(1990년)에서 스테판은 그의 고향 오스트레일리아 캔버라에 대해 재미있는 이야기를 한 적이 있다. 2011년 소수 정당이었던 녹색당이 10년 이내에 탄소 배출을 절반으로 줄인다는 공약으로 지역 선거에서 당선되었다. 시기적으로 매우 적절했지만 공약의 실현 가능성은 미지수였다. (녹색 정치가 다 그렇다고?)

그러나 결과적으로 이들의 비전은 달성되었다. 10년 이내에 배출량이 반으로 준 것이다. 도시의 전기 수요를 친환경 발전 방식으로 대체한 결과인데, 2020년 1월부터는 모든 전기 수요가 대체되었다. 100퍼센트 친환경 발전은 전 세계 여덟 번째, 유럽 대륙 밖으로 보면 첫 번째 도시이다.

이런 성공에 가장 먼저 반응한 사람들은 정치인들이었다. 격렬한 반대도 있었지만, 이들은 2045년까지 캔버라가 탄소 중립을 달성하겠다는 '그린 플랜(Green Plan)'을 발표했다. 이 계획에는 모든 시내 버

브레이킹 바운더리스

스를 전기차로 대체하고 전기차를 구입하는 시민들에게 보조금을 지급하는 것이 포함되어 있었다. 또한 코펜하겐처럼 걷기 좋고 자전거로 이동하기 편한 도시를 만들기 위해 노력하고 있다.

거창한 목적만 있고 구체적인 실천 방법이 없던 이들이 어떻게 이런 일을 성공시킬 수 있었을까? 우선 이 도시는 햇볕이 좋다는 장점이 있었다. 태양광 발전에 최적의 입지였던 것이다. 태양광 발전 시설 건설 사업이 시작되자 효과는 즉각적으로 나타났다. 도시에 더 많은 일자리가 생겨났고 농경지 한 편에 발전 시설을 설치한 농부들의 수입이 늘어났다. 계속되는 가뭄으로 인해 농사가 어려웠던 사람들은 이제 풍력과 태양광 발전 시설의 사업자로 변신하고 있다. 스테판의 예언대로다. "2045년이 되면 이익은 정말 커질 것이다. 그때쯤이면, 아이들과 손자들에게 자랑스럽게 말할 수 있을 것이다. 우리가 너희를 위해 제대로 된 일을 했다고 말이다."

∗∗∗

캔버라는 도시의 발전을 비추는 거울이다. 모든 도시 문제의 원인과 해결책이 여기에 담겨 있다.[1]

지구 회복 계획의 네 번째 전환은 도시에 대한 것이다. 전통적으로 도시는 문명의 최전선이었다. 새로운 혁신이 시도되고 창조적인 아이디어들이 모이는 곳이다. 돈과 재능 있는 청년들을 끌어들이고, 권력과 영향력이 집중되는 곳이 도시이기도 하다. 실제로 시청은 도시의 중심에 자리 잡아 사람들의 방문을 장려하고, 이런 친밀함은 정치인들에게 권력을 부여하기도 한다.

빛이 있다면 그림자도 있게 마련이다. 도시는 범죄와 환경 오염, 빈곤과 질병의 공간이 되기도 한다. 현재 전 세계 탄소 배출량의 70퍼센트는 도시에서 발생한다. 모든 도시가 똑같은 것은 아니다. 수천이 넘는 도시 중에 100여 개의 도시가 탄소 배출량의 18퍼센트를 차지하고 있다.

역사를 보면, 산업화와 도시화는 연금술처럼 놀라운 면이 있다. 현대적인 제도와 온갖 중요한 혁신이 도시라는 공간에서 이루어졌기 때문이다. 이런 발전은 통계적인 수치로는 설명이 어렵다. 도시의 면적이 2배가 되면 생산량도 2배가 되는 것이 자연스럽지만, 실제로는 이보다 훨씬 더 큰 경제 성장이 이루어졌다. 도시의 시스템이 정착되고 사람들 간에 연결망이 촘촘해지면 더 많은 아이디어가 나오고 더 많은 혁신적인 시도들이 이루어졌고, 결과적으로 도시 경제는 급격하게 성장했다.[2] 이렇게 도시는 사람과 자원, 새로운 아이디어를 빨아들이는 거대한 기계가 되어 질적인 발전을 이끌어 왔다. 창조적인 사고와 지식의 발전은 긍정적인 면이지만, 질병과 범죄가 반대편에 자리 잡기도 했다.

도시의 시스템은 반드시 전환되어야 한다. 첫째, 인류세 시대의 최전선에 도시 문명이 있기 때문이다. 인류의 운명을 가를 향후 10년 동안 도시는 시험대에 오르게 될 것이다. 캔버라처럼 새로운 방향으로 발전하지 않는다면, 도시 시스템은 빠르게 악화될 것이다.

둘째, 도시는 새로운 정보에 적응하는 능력을 갖추고 있기 때문이다. 오래된 정보를 걸러내고 활기차고 역동적인 곳으로 변모할 수 있는 것이다. 또한 여러 자연 재해나 홍수나 이상 고온 현상 들이 새로운 전환에 힘을 보탤 수 있을 것이다. 지금껏 그래 왔던 것처럼, 새로운 전환을 위해 혁신적인 아이디어와 사람 들이 몰려들 것이다. 이들 간의 치열한 경쟁이 도시를 지구 위험 한계선을 지키고 더 살기 좋은 도시로 탈바꿈할 것이다. 오염과 끔찍한 교통 정체가 없는 도시가 발전의 방향이 될 것이다.

셋째, 이런 긍정적인 전환을 실행할 역량을 가지고 있느냐 없느냐가 도시의 운명을 가를 것이다. 막중한 부담이 있지만 도시의 역량을 과소 평가할 필요는 없다. 이미 많은 도시들이 그렇게 변화하고 있다. 시장 서약(Covenant of Mayors)이나 C40 도시 기후 리더십 그룹(Cities Climate Leadership Group, C40)과 같은 국제 기구들이 선두에 서서 이런 변화를 확산시키고 있다.

도시를 소멸시킬 수 있을까?

도시는 살아 움직이는 생명체이다. 예루살렘이나 로마, 아테네나 이스탄불 등 고대 도시를 여행하는 사람들이라면 골목마다 쌓여 있는 역사의 유적 속에서 새로운 경험을 하게 될 것이다. 때때로 엄청난 재앙이 있었지만, 이 도시들은 다시 일어서 과거의 영광을 재현했다.

도시의 역사는 이들이 웬만해서는 사라지지 않는다는 점을 보여준다.[3] 제2차 세계 대전 때 드레스덴이나 코번트리 같은 도시는 엄청난 폭격을 받고 소멸 위기에 놓였다. 미국과 일본의 전투기들은 필리

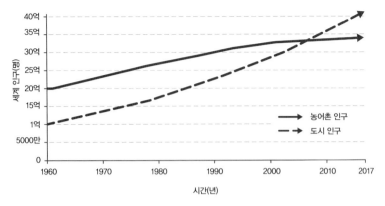

도시와 농어촌의 인구 증가 비교.
2007년을 기점으로 전 세계에서 도시의 인구가 농어촌의 인구를 추월했다.

편의 수도 마닐라를 엄청나게 폭격했다. 히로시마와 나가사키에 떨어진 핵폭탄은 더 말할 것도 없다. 그러나 지도에서 사라질 뻔한 이 도시들은 지금도 건재하고 눈부시게 발전했다. 시민들의 노력이 이루어 낸 결과이다. 도시는 영원히 계속될 수 있는 생명체이다.

세계 인구의 반 이상이 도시에 살고 있다.[4] 2050년이 되면 20억 명이 더 추가되어 전 세계 인구의 70퍼센트가 도시에 살게 될 것이다. 이런 인구 이동의 중심은 중국이다. 현재 중국의 도시화는 역사상 전례를 찾아보기 힘든 규모인데, 향후 20년 이내에 10억 명 이상의 인구가 도시에 살게 될 수도 있다. 인구의 도시 집중화가 빠르게 일어나는 것은 인도나 아프리카의 몇몇 도시에서 공통으로 관찰되는 현상이기도 하다. 비율을 계산해 보면, 매주 150만 명의 사람들이 도시로 이주하고 있는 셈이다. 현시점에 인구가 1000만 명이 넘는 메가시티는 전 세계에 33개가 있다. 1970년에는 도쿄와 뉴욕, 단 두 곳뿐이었다. 2030년까지 10개의 도시가 목록에 추가될 것으로 보인다. 이때쯤이면 사람이 거주하는 지역의 60퍼센트는 도시가 되어 있을 것이다. 이것은 기회가 될 수도 있다. 기존의 도시를 탈바꿈하는 것은 매우 어려운 일이지만, 신도시는 처음부터 친환경 시스템으로 설계할 수 있기 때문이다.

인류세 시대로 접어들면서 도시의 성장과 지구 청지기 활동을 공존시키는 것은 어렵지만 중요한 과제로 대두하고 있다. 1960년대에 나이지리아의 라고스는 조용한 해변 마을 중 하나였다. 그러나 이 지역은 이제 인구 2000만 명의 메가시티로 변모했다. 2100년이 되면 인구가 1억 명까지 증가할 수도 있다. 도시가 확장되면서 아프리카와 아시아의 도시들은 북아메리카 모형을 따라가고 있다. 매우 우려스러운 일인데, 끔찍한 교통 정체와 대기 오염이 이들을 기다리고 있다.

가라앉는 도시들

일부 도시는 소멸 위기를 겪고 있다. 일례로 뉴올리언스는 현재 해수면 밑으로 가라앉고 있다. 도시의 절반이 이미 해수면 아래에 놓여 있고 주변 습지는 빠르게 사라지고 있다. 파도를 막기 위한 제방은 점점 높아지고 있어서 도시 밖에서 보면 일종의 요새처럼 보이기도 한다. 위험이 커지면서 미국 당국은 100년에 한 번 있을 만한 재앙에 대비해 안전한 도시를 만들기 위해 140억 달러 이상을 투자했다. 그러나 북과 1년도 안 되어 이런 노력은 무의미해졌다. 100년 만의 재앙이 너무 자주 일어날 것으로 예측되었기 때문이다.

"기후 변화는 100년에 한 번 일어날 만한 홍수를 20년에 한 번 일어날 수 있는 것으로 변화시켰다." 지역 기후 전문가 릭 루티크(Rick Luettich)가 《뉴욕 타임스》에 기고한 글의 일부이다.

IPCC의 2019년 특별 보고서에 따르면 해수면은 2100년까지 지구가 얼마나 뜨거워지는가에 따라 0.39~1.1미터 상승할 것으로 예측된다. 보고서에 따르면, 만약 남극과 그린란드가 컴퓨터 시뮬레이션 예측보다 더 빨리 붕괴한다면 도시 계획 전문가, 공학자, 그리고 위험 취약 계층은 2미터 상승에 대비해야 할 수도 있다. 남극과 그린란드 빙하는 이미 최악의 시나리오대로 무너져 내리고 있지만 그게 전부가 아니다. 이번 세기는 80년 남았으며 2101년이 된다고 해수면 상승이 멈추지는 않을 것이다. 해안가 도시들은 특단의 조치가 필요하다. 우리가 지구 온난화의 한계선을 지켜내지 못하고 지금의 경향이 이대로 계속된다면 해수면은 6~9미터 상승할 수 있다. 2도 이하로 유지하더라도 대책을 세울 필요가 있다. 많은 것이 걸려 있다. 현재 10억 명의 사람들이 해발 10미터 이하에서 살고 있다. 이것이 다음 10년이 매우 중요한 이유이다. 우리는 이미 많은 시간을 허비했다. 지금 당장 도시들이 숨 쉴 공간을 확보하고 해수면 상승 속도를 늦춰야 한다.

뉴올리언스는 작은 도시이지만, 방콕이나 콜카타, 마닐라, 뉴욕, 상하이 등의 대도시는 이런 상황이 더욱 큰 위험이 될 것이다. 영화 「시티 오브 조이(City of Joy)」로 유명한 콜카타는 인도의 문화 수도이자 서벵골 주의 주도로 인구만 1400만 명에 이른다. 해수면과 매우 가까운 이 도시는 2050년이 되면 매년 큰 홍수가 덮칠 것으로 예상된다. 인도네시아의 자카르타는 더 큰 위험에 놓여 있다. 13개의 강이 얽혀 있는 늪지대에 건설된 이 도시는 지난 10년간 이미 2.5미터가량 내려앉았다. 이런 사실도 매우 놀랍지만, 더 놀라운 것은 누구도 이 문제에 관심을 두지 않는다는 것이다. 지금도 해안가를 따라 고급 아파트들이 계속 들어서고 있다. 식수를 위해 지하수를 끌어 쓰다 보니, 사람들의 관심은 해수면 상승이 아니라 식수 문제에 집중되고 있기도 하다.

물 위에 건설된 역사적인 도시 베네치아도 해수면 상승이 큰 위험이다. 이에 대응하기 위해 도시 주변에 거대한 제방이 건설되고 있는데 이런 모습을 보면서 과학자들은 뉴욕과 유럽의 해안 도시를 위한 새로운 계획을 계속 제안하고 있다. 예를 들면 스코틀랜드와 노르웨이, 영국과 프랑스를 연결해 북해에 제방을 쌓자는 아이디어도 나왔다. 스페인과 모로코를 연결하는, 지중해를 보호하는 요새가 생길지도 모른다.

홍수가 바닥에서 차오른다면, 이상 고온은 머리 위에서 내리 쬐고 있다. 2020년 오스트레일리아의 시드니 근처에서 발생한 산불은 엄청난 그을음을 만들어서 열을 붙잡아 두었다. 그 결과 최고 섭씨 48.9도까지 올라갔다. 이날 시드니는 기후 관측상 지구에서 가장 뜨거운 지역으로 기록되었다. 그 6개월 전 인도의 델리에서는 1900만 명이 섭씨 48도에서 신음했다. 우리의 예측은 이런 이상 기온이 더 이상 '이상 현상'이 아니라는 점이다. 이런 고온 현상은 지역에 관계 없이 빈번하게 발생할 것이고, 해수면 상승이나 대기 오염 등의 현상도 자연스러운 일이 될 것이다. 인류세 시대를 살기 위해 도시들은 더 혁신적인 발전 방향을 채택할 수밖에 없고, 어쩌면 새로운 곳으로 이동할 수도 있다.

죽거나 적응하거나

현재까지 600개 이상의 도시들이 기후 비상 사태를 선언했다. 구체적으로 코펜하겐은 2025년 탄소 중립을 목표로 하고 있고, 오슬로는 2030년까지 탄소 배출량의 95퍼센트를 감축한다고 발표했다. 133개국 7000개 이상의 도시들이 기후 변화에 대한 적극적인 대응책을 발표하기도 했다. 27개 도시는 5년 이내에 최소 10퍼센트 이상 탄소 배출량을 감축할 것이다. 동시에 이 도시들의 경제 성장률은 3퍼센트 정도가 될 것이다. 탄소 배출량을 줄이면서 경제 성장을 이루어내는 것, 이 점이 매우 중요한 요소이다.

코펜하겐의 사례를 좀 더 살펴보자. 2009년에 '2025년 탄소 중립'이 발표되자 사람들의 반응은 회의적이었다. 16년 만에 무슨 수로 이 목표에 도달한단 말인가? 그 해답은 다음과 같다.

✳ 새로운 풍력 발전 시설 100개 건설.

✳ 전기 소비 20퍼센트 이상 감축.

✳ 이동 수단 75퍼센트를 대중 교통과 자전거, 걷기 위주로 전환.

✳ 모든 유기성 폐기물의 바이오가스화(biogasification).

✳ 2만 평 이상의 용지에 태양광 발전 시설 건설.

❋ 난방용 에너지 100퍼센트를 재생 에너지로 충당.

코펜하겐 시 당국은 우리가 제시한 지구 다이어트를 적극적으로 전파하고 있다. 실제로 지구 다이어트 프로젝트에 참여했던 여러 과학자들이 시 당국과 함께 해법을 찾고 있기도 하다. 시민들을 비만과 질병으로부터 보호하기 위한 정책들도 계속 개발되고 있다. 코펜하겐은 매우 성공적인 사례가 되고 있는 것이다.

2005년부터 현재까지 결과를 계산해 보면, 코펜하겐은 탄소 배출량을 약 42퍼센트 감축시켰다. 반면 이 시기에 도시의 경제는 25퍼센트 성장했다. 2014~2015년 한 해 동안 탄소 배출량은 11퍼센트나 절감되었는데, '탄소의 법칙'을 충실히 따른 결과였다. 전임 시장 보아스무스 크젤트가르드(Bo Asmus Kjeldgaard)의 2019년 인터뷰를 보자. "시 당국은 삶의 질과 지속 가능성을 유기적으로 결합하기 위해 노력했다. 우리는 이를 '생활력(liveability)'이라고 불렀는데, 중요한 것은 시민과 소통하고 합의를 이끌어 내는 데 성공했다는 것이다."

도시의 정책 결정권자들은 시스템을 먼저 고려했다. 일례로 대중교통을 보면, 시 당국은 IT 기술을 활용해 시민과 여행자 들이 도시의 모든 교통 수단, 버스, 지하철, 기차, 공공 자전거, 공유 자동차, 택시 등을 하나의 결제 수단으로 사용할 수 있게 했다. 여기서 더 나아가 북유럽의 도시들은 '5분 도시' 개념을 설계하고 있다. 생활에 필요한 모든 요소를 걸어서 5분 이내의 지역에 밀집시킨다는 개념이다. 물론 이러한 밀집이 새로운 문제를 일으켜서는 안 될 것이다. 코펜하겐만이 아니라 덴마크 정부도 2050년까지 화석 연료와 완전히 결별하겠다는 청사진도 발표했다. 코펜하겐이 2025년 탄소 중립에 성공한다면, 덴마크의 계획은 2040년 또는 2035년에 성공할 것이다.

부유한 유럽의 도시들이야 이런 전환에 상대적으로 여유가 있겠지만, 빈곤층이 많은 아시아 도시들은 그럴 수 없다는 반론이 있을 수 있다. 그렇지 않다. 오늘날 중국의 도시에서는 42만 5000대의 전기 버스가 운행되고 있다. 전 세계 전기 버스의 99퍼센트가 중국의 도시에 있는 것이다. 홍콩 근처에 있는 선전 시는 인구 1200만의 대도시이지만, 100퍼센트 전기 버스만 운행하며 그 수도 세계에서 가장 많은 1만 6000대 이상이다. 버스에 이어 택시도 전기차로 전환할 것이라고 한다. 이른 아침 베이징의 대학가를 방문하면 강의실로 달려가는 학생들의 모습을 볼 수 있다. 그러나 의외로 소음이 거의 없다. 모두 전기 스쿠터나 전동 킥보드를 타고 있기 때문이다.

경제가 급격히 성장하면서 중국은 대기 오염이라는 비용을 치르고 있다. 실제로 중국의 사망 원인 12퍼센트는 대기 오염과 관계가 있을 것이라는 보고서도 많이 발표되었다. 세계적으로는 900만 명의 사람들이 대기 오염과 관련된 질병으로 매년 사망하고 있기도 하다.[5] 중국 전역에서 약 10억 명이 최소 6개월간 위험한 대기 오염에 노출되고 있다. 내연 기관 차량을 전기차로 전환하는 것은 에너지뿐만 아니라 시민들의 건강과도 밀접하게 연관된 절박한 일인 것이다. 화석 연료 사용을 제한한다면, 인류의 평균 수명은 1년 정도 늘어날 것이다.

우리의 예측보다 도시의 전환은 더 빠를 수 있다. 전환의 경로가 점증적이지 않고 기하급수적으로 가고 있기 때문이다. 즉 어느 시점에 도달하면 급격한 전환이 가능하다. 코펜하겐의 사례는 우리가 제안하는 전환이 시민들의 건강에 도움이 되고 새로운 일자리를 만들어 낼 수 있음을 보여 준다. 다른 도시들도 이런 전환에 뒤지는 것을 원하지는 않을 것이다. 2019년 기후 정상 회의 참석을 위해 뉴욕에 갔을 때, 도심을 둘러보는 가장 편리한 방법이 자전거라는 것을 알게 되었다. 비용도 저렴할 뿐만 아니라 편리하고 빠르기 때문이었다. 지난 방문에서 교통 정체로 고생했던 것을 생각하면, 자전거는 정말 좋은 교통 수단이었다. 뉴욕의 맨해튼처럼 도시 기능이 모두 좁은 지역에 밀집해 있는 곳은 새로운 교통 수단으로의 전환이 훨씬 쉬울 수 있다. 교통 정체에서 해방되는 것만으로도 시민들의 시간이 얼마나 절약될 수 있는지 상상만 해도 즐거운 일이다.

모든 도시가 코펜하겐이나 뉴욕과 같을 수는 없다. 뉴욕 대학교 도시 생태학 교수인 티몬 맥피어슨(Timon McPhearson)은 전 세계 약 10억 명의 사람들이 빈곤층에 속해 있고, 이들의 대부분은 10만 개의 도시에 있는 100만 개의 빈민가에 살고 있다. 농촌에서 올라온 가난한 사람들은 도시의 빈민가에 정착할 수밖에 없다. 재개발과 철거라는 위험 속에 임시 판잣집에 사는 사람들도 많다. 그러나 도시의 전환이 진행된다면, 이들에게 새로운 기회가 부여될 것이고 삶의 질을 높일 수 있을 것이다.

도시의 미래

지금까지 본 내용을 종합해 지구 위험 한계선을 지키는 도시의 전환을 4가지로 정리해 보려 한다.

첫째, 도시의 모든 시민은 상하수도 시스템을 이용할 수 있어야 한다. 휴대폰은 사용하는데 화장실은 제대로 이용하지 못하는 사람들도 많이 있다. 이들에게 적당한 권리와 환경을 부여하는 것만으로도 도시의 경제는 성장할 수 있다. 적당한 거주 시설과 학교를 건립하는 것은 이들에게 새로운 희망과 자존감을 주고, 시민 의식을 고양하는 계기가 될 것이다.

둘째, 도시의 무분별한 확장을 막으면서 효율적이고 친환경적인 도시 시스템을 구축해야 한다. 5분 도시처럼 밀집된 형태의 도시는 친환경 난방 시설에도 필수적이다. 도시의 숲과 가로수는 대기 오염을 정화하고 더운 날 도시를 식혀 주는 역할을 한다. 또한 하수 시설과 더불어 물을 흡수하고 정화해 식수와 도시 농업 용수를 제공하기도 한다.

셋째, 효율적인 교통 체계를 구축해야 한다. 도시가 배출하는 대부분의 탄소는 도심 내의 짧은 거리 이동으로부터 나온다. 거리는 짧아도 길이 막히기 때문이다. 따라서 핵심은 이런 교통 정체를 해소하는 것이다. 실리콘 밸리나 LA처럼 부유한 도시라도 교통 정체에서 벗어날 수가 없고 시민들은 하루에 몇 시간을 거리에서 허비하고 있다. 경제적으로도 매우 비효율적인 일이고 삶의 질을 떨어뜨리는 주요 원인이다. 아무리 전기차라 하더라도 차의 수를 줄여야 한다.

마지막으로, 살아 있는 거대 생명체로서 도시는 자원의 순환과 재생을 적극적으로 포용해야 한다. 이것이 우리 도시의 미래 모습이어야 한다.

시작은 모든 도시가 지구 위험 한계선을 기반으로 한 목표를 설정하는 것이다. 현재 글로벌 커먼스 얼라이언스(Global Commons Alliance)나 세계 경제 포럼 등의 기구들이 과학적 사실에 기반해 최선의 도시를 연구하고 있다. 일례로, 2020년 4월 네덜란드 암스테르담의 부시장 마리케 판 두르닉(Marieke van Doornick)은 '도넛 경제학 모형(Doughnut economic model)'에 근거한 도시 발전 목표를 채택하겠다고 선언했다. (16장 참조) 도시 내에서 이루어지는 모든 경제 활동은 시민들의 기본적인 욕구를 충족시켜야 하지만, 동시에 지구 위험 한계선을 넘어서는 안 된다. 도넛의 안쪽(기본 욕구)과 바깥쪽 원(환경의 경계)이 이런 경계처럼 보여 도넛 경제학이란 달콤한 이름을 얻었다. 우리는 암스테르담의 훌륭한 정책 목표가 다가올 위기에 대한 대응력을 높여 줄 것으로 기대한다.

∗∗∗

도시에 관한 흥미로운 사실도 있다. 도시의 출생률이 줄고 있다. 아파트 한 채에 10명의 가족이 모여 사는 것은 쉽지 않은 일이다. 따라서 도시의 여성들은 아이를 적게 출산하는 경향이 있고, 도시의 확산이 인구 성장률을 떨어뜨리는 원인이 된다. 결과적으로 일부 국가에서 한 자녀 정책으로 이어지기도 했는데, 개인의 자유를 억압하는 것이 해결책일 수는 없다. 14장에서는 인구와 보건에 대한 시스템 전환을 살펴볼 것이다.

14장

완화되는
인구 성장률

전 세계적으로 아이들의 수가 늘지 않고 있다. 산업계에서는
원유 자원의 최고점인 '피크 오일'에 대한 논의가 분분하지만,
정작 관심을 가져야 하는 것은 아이들 수의 최고점인 '피크
차일드'여야 한다. ─ 한스 로슬링, TED 연설, 2012년

우리는 매일 세계 곳곳에서 지구 비상 사태의 원인이 잘못되었다는 지적을 받는다. 약간 틀린 정도가 아니라 완전히 다른 원인을 찾고 있다고 우리를 꾸짖기도 한다. "문제는 인구야, 이 멍청아."

그들의 요지는 간단하다. 인구가 기하급수적으로 늘어나는 것이야말로 진정한 비상 사태라는 것이다. 그대로 둔다면 인구는 곧 1000억명이 될 것이다. 그러나 사실을 보면 그렇지 않다. 지구 환경에 큰 손해를 입힌 국가들은 현재 최저 출생률을 보이고 있다. 만약 지구의 모든 사람이 미국 시민들처럼 자원을 쓰려면, 우리는 지구가 3~4개 더 필요할 것이다. 아프리카의 니제르, 우간다, 말리 같은 국가들은 출생률이 매우 높은데 최악의 빈곤으로 인해 지구 환경에 거의 위협이 되지 않는다. 이 국가들의 출생률도 조만간 떨어질 것이고 빈곤에서 벗어난다면 더욱 그렇게 될 것이다. 따라서 지구 위험 한계선을 무너뜨리는 것은 출생률이 높은 가난한 국가들이 아니다.

이제 우리가 보려고 하는 다섯 번째 시스템 전환은 인구와 건강에 대한 것이다. 우리는 인구 밀도가 높은 지구에 살고 있다. 2020년 전염병 사태에서 보듯이 아시아의 한 지역에서 콜록거린 기침이 몇 주 후면 지구 전역으로 퍼진다.

20세기 들어 공중 보건과 의약품이 개선되면서 인구는 폭발적으로 증가했다. 현재는 만성 비만과 환경 오염이 건강에 심각한 위험이 되고 있고, 이런 요소들은 지구 위험 한계선을 지키려는 일련의 노력을 무효로 만들고 있기도 하다. 여기에 더해, 기후 변화는 새로운 위험을 불러오고 있다. 말라리아와 같은 풍토병이 확산되기도 하고, 농업 생산성이 떨어지면서 영양 실조도 나타난다. 무엇보다 섭씨 50도 가까운 온도에 사는 것은 그 자체로 심각한 위협이다.

인구와 관련된 궁극적인 목표는 인구 증가 곡선을 평평하게 만드는 것이다. 현재 우리가 수집한 모든 데이터는 피크 차일드(4장 참조)에 근접했음을 보여 준다. 따라서 30~40년 전에 보았던 인구 증가 곡선은 더는 유효하지 않은 것이다. 로슬링이 지금도 우리와 함께 있다면 이렇게 토로했을 것이다. "사람들은 자신들이 학교에서 배웠던 것들이 전부인 줄 알아. 몇십 년 전 지식인데 말이지……." 실제로 30~40년 전의 인구 증가 곡선은 매우 가팔라서 제대로 통제할 수 없을 것 같았다. 이런 증가 곡선이 앞으로도 계속 유지된다면, 2300년경에 지구 인구는 5400억 명이 될 것이다. 다행인지는 몰라도 이런 일은 일어나지 않을 것이고 인구의 증가 추세는 현저하게 줄어들다.

홀로세 초기에 지구의 인구는 대략 500만 명으로 추산된다. 그러다가 1800년 즈음에는 약 10억 명으로 늘어났는데, 이는 일반적으로 빙하가 커지는 속도인 연간 0.1퍼센트보다도 느린 성장 속도였다. 그러나 20세기에 인구는 16억 5000만 명에서 60억 명으로 증가했다. 범위를 더 좁혀서 1970년 이후만 봐도, 인구는 2배 정도 늘어났다. 현재 전 세계 인구는 78억 명 정도이고, 2020년대 초에는 80억 명에 도달할 것이다.

인류의 역사를 보면 거의 모든 시기에 여성들은 5~8명의 아이들을 출산했다. 태어난 아이의 반이 조기에 사망했으므로 여성들은 너무 늦기 전에 아이를 낳으려 했다. 로슬링의 말이다. "인류는 자연과 조화를 이루며 살지 못했다. 죽은 후에야 자연과 조화를 이루었다." 인류는 굶주림과 질병, 전쟁 등의 위협 속에서 살아왔다. 비극과 재앙이 언제나 인류와 함께했다. 반전이 일어난 것은 산업 혁명 이후이다. 사실, 인류의 역사에서 비극과 재앙을 겪지 않은 것은 최근 몇 세대에 불과하다. 특히 1950년 이후에는 대규모의 전쟁이 일어나지 않았고, 의약품과 식량의 환경이 극적으로 개선되었다.[1]

인구 성장률이 최고점에 이른 시기는 1960년대로 약 2.1퍼센트의 증가율이었다. 이 비율은 현재 1퍼센트 수준이고 계속 떨어지는 중이다. 이런 수치는 지역별로 매우 상이한 편이다. 일본과 한국은 여성 1명당 출생률이 1.4와 1.0 정도이다. (2021년 현재 한국의 출생율은 0.81이다. ─옮긴이) 반면 니제르는 이 수치가 6.9에 이른다. 놀라운 것은 홍콩인데, 중국의 한 자녀 정책 기간(1979~2015년) 동안 홍콩의 출생률은 중국보다 더 낮았다. 높은 교육비와 인구 밀도 등이 사람들에게

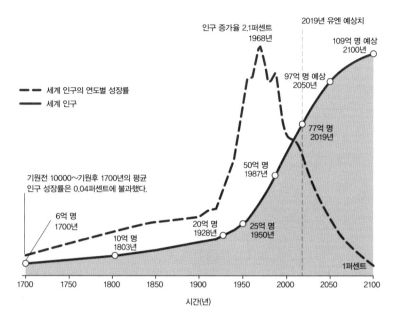

인구 성장 곡선.

인구 성장률은 1960년대 정점을 찍고 계속 감소 중이다. 어쩌면 이것이 지난 50년 동안 인류가 이룬 가장 큰 성취일지도 모른다.

한 자녀 이상의 필요성을 느끼지 못하게 했을 수도 있다.

21세기에도 인구는 꾸준하게 증가하고 있다. 사람들의 평균 수명이 늘어나고 있기 때문이다. 2016년에 태어난 아이는 평균적으로 72세까지 살 것으로 보인다. 여자 아이라면 74세, 남자 아이라면 70세이다. 유럽이나 북아메리카 지역은 이보다 훨씬 기대 수명이 높다. 인류가 모든 역량을 동원해 달에 착륙한 것이 대단한 성취라고는 하지만, 기대 수명의 상승 역시 못지않게 놀라운 성취였다.

최근의 성과는 더욱 놀랍다. 2016년에 태어난 아이들은 2000년에 태어난 아이들보다 5.5년을 더 살 것으로 기대된다. 1990년대 (구) 소련이 해체되고 에이즈 확산이 잦아들면서 기대 수명이 늘어나고, 공중 보건과 관련 깊은 경제 분야도 같이 개선되었다. 아프리카의 기대 수명은 거의 10년 가까이 늘어났다. 오늘 태어난 아프리카 아이는 61세까지 살 수 있을 것으로 예측된다.

부유한 국가들의 기대 수명도 계속 늘어나고 있다. 그러나 미국은 조금 양상이 다른데, 2014년 79세의 기대 수명을 보이다가 이후에는 조금씩 감소하고 있다. 약물 과다 복용과 비만, 자살 등이 기대 수명을 깎는 요인들이다. 미국은 공중 보건 분야에 대한 투자가 다른 주요 국가들보다 훨씬 높은데도 이런 사회 문제를 제대로 해결하지 못하고 있다.

저개발 국가들이 빠르게 발전하면서 전 세계 기대 수명은 빠르게 늘어나고 있다. 현재로 봐서 지구 인구는 2050년경 약 100억 명으로 증가했다가 2100년에는 110억~120억 명까지 늘어나고 이후 조금씩 줄어들 것으로 보인다. 저개발 국가의 발전이 더 빨라진다면, 이 숫자도 확연하게 달라질 것이다. 산업화가 본격화되면, 인구 증가율이 급격하게 떨어지는 양상이 일반적이다. 여성의 교육 기회가 늘어나면, 아이를 적게 낳고 도시로 거주지를 옮기는 현상이 전 세계 공통으로 나타난다. 이런 현상이 중요한 힌트이다. 잘만 활용하면 인구 성장률을 안정화하면서 질적 발전을 도모할 수 있기 때문이다.

인구에 관한 핵심적인 질문은 이런 것이다. 지구 위험 한계선 내에서 얼마나 많은 사람이 살 수 있을 것인가? 수십 년 동안 학자들을 괴롭힌 이 질문은 아직도 합의에 도달하지 못했다. 누군가는 10억 명도 많다고 하고, 다른 누군가는 980억 명도 가능하다고 주장한다. 우리의 연구 결과는 약 100억 명 정도가 최대치임을 보여 주지만, 먼저 농업 시스템이 개선되고, 정크 푸드 소비도 좀 더 건강한 방식으로 전환되어야 한다.

우리의 연구는 대지의 사용과 생태계의 규모 등을 기준으로 분석한 것인데, 흥미로운 것은 100억 명에 대한 어떤 연구도 없다는 것이다. 지구 위험 한계선을 지키면서 기본적인 욕구를 만족시키는 선이 존재할 텐데, 과학자들의 결론은 앞의 지구 청지기 활동이 참고가 될 것이다.

중요한 것은 100억 명의 인구가 살아가기 위해서는 획기적인 전환이 필요하다는 것이다. 현재까지 어떤 국가도 지구 위험 한계선을 지키려 하지 않는데, 여기에 20억~30억 명의 사람들이 추가되려면 우리가 제안한 6가지 전환이 신속하게 마무리되어야 한다. 가장 중요한 식량 문제만 봐도, 농업 방식의 혁신이 일어나야 하고, 곡물 기반 식습관으로 전환되어야 하며, 동물성 단백질 섭취를 위한 생명 공학 기술이 발전되어야 한다. 모든 것이 잘 이루어지면 100억 명까지는 괜찮을 것 같은데, 100억 명을 넘으면 상당히 벅찬 상황이 될 것이다.

인류가 20억 명을 위한 공간을 마련한다고 하더라도, 공중 보건 관련 문제는 인류세 시대 내내 불거질 것이다. 대기 오염으로 연간 900만 명이 사망하고 있다. 항생제도 대표적인 문제거리이다. 항생제는 농부들이 가축들의 전염병을 막아 주지만, 너무 많이 사용하면 효용이 떨어진다. 현재 일부 세균은 대부분의 항생제에 내성이 있어서 새로운 티핑 포인트에 근접하고 있다. 제초제와 살충제도 비슷한 양상을 보여 준다. 그래도 가장 큰 위험은 전 세계적인 전염병 확산이다.

다행스러운 점은 현대 과학이 새로운 질병을 분석하는 일에 탁월하다는 것이다. 코로나19만 봐도 첫 사례 보고 이후 약 10일 만에 유전자 분석 결과가 발표되었고, 이를 바탕으로 치료법이 개발되고 있다. 그러나 전염병 확산은 공중 보건을 위한 경제적인 기반을 무너뜨린다. 제약사들은 항생제에 대한 투자보다 합성 진통제를 개발하는 일에 더 많은 관심을 가지고 있다. 게이츠의 말이다. "전염병과 관련된 투자는 매우 위험성이 크기 때문에 정부의 역할이 중요하다."

코로나19의 사례는 현대 문명이 갑작스러운 충격에 쉽게 노출될 수 있음을 생생하게 보여 주었다. 여러 국가와 도시가 신속하게 협력해 사람들의 이동을 차단하고 국경을 닫은 것은 효과가 있었지만, 봉쇄 시간이 길어지면서 정부에 대한 불만이 높아지고 정책에 대한 신뢰가 낮아지는 등의 문제가 생기고 있다. 결과적으로 이 사태는 공중 보건이 인류의 소중한 자산이라는 점을 분명하게 보여 주었다. 사람들이 건강할수록 모두에게 이익이 된다. 그러나 우리는 이런 단순한 진리를 간과하는 경향이 있다.

∗∗∗

공중 보건과 인구 문제에 효과적인 대응은 인류 문명의 발전과 영속성에 핵심 요인이다. 정리하면, 질병의 확산을 감시하고 백신 생산을 신속하게 확대하는 시스템에 더 많은 투자가 이루어져야 한다. 대기 오염과 비만, 항생제 등의 문제도 더 많은 관심을 받아야 한다.

공중 보건에 대한 신속한 투자와 개선이 필요하고, 이는 결과적으로 인류의 미래에 이익이 될 것이다. 비만과 다이어트가 개선되는 것만으로도 온실 기체 배출을 획기적으로 줄일 수 있다. 가족 계획을 장려하고 여자 아이들에게 교육 환경을 제공하는 것만으로도 850억 톤의 탄소 배출을 절감할 수 있다.

우리는 이미 인구와 관련된 티핑 포인트를 넘어섰다. 문제는 아프리카 지역의 인구 성장이 아니라, 저개발국들에서 늘어나는 중산층들이 취하게 될 생활 방식에 있다. 이들의 늘어난 소득을 갈취하기 위해 기업들은 다양한 마케팅 방법을 사용할 것이다. 그들의 광고는 비싼 차를 타고 해외 여행을 가는 것이 세련된 생활 방식인 것처럼 묘사할 텐데, 이들이 이런 생활 방식을 선택한다면 상황은 더 악화할 것이다. 반면에 부유한 국가들이 탄소 중립에 도달하기 위한 생활 방식을 더욱 발전시킨다면, 그 자체로 하나의 큰 지향점이 될 수도 있을 것이다. 모든 것은 우리의 선택에 달려 있다.

15장
기술의 세계를 길들여라

우리는 불을 발견했다. 그러나 화재 사고가 빈번해지자 소화기를 발명했다. 여기에 더해 비상 대피로와 화재 경보기 등이 개발되었고, 화재를 전담하는 소방서가 설치되었다. 자동차도 그렇다. 사고가 빈번하게 일어나자, 안전 벨트와 에어백 등이 개발되었고, 자율 주행차 개발이 진행되고 있다. 최소한 지금까지만 보면, 우리가 개발한 기술은 통제 불가능한 사고를 일으키지는 않았다. ― 맥스 테그마크(Max Tegmark), 『생명 3.0: 인공 지능 시대의 사람』(2017년)에서

"한 사람에게는 작은 한 걸음이지만, 인류에게는 위대한 도약이다."
1969년 7월 20일, 닐 암스트롱(Neil Armstrong)과 버즈 올드린(Buzz
Aldrin)이 달에 첫걸음을 내디뎠다. 우리 부모님은 아일랜드 서부 해
안 셰넌 강가의 공원에서 이 소식을 들었다고 한다. 어머니는 당시
나를 임신 중이었다.

　달 탐사 계획은 모든 사람에게 큰 인상을 남겼다. 아이들의 장래
희망은 우주인으로 모였고, 나도 마찬가지였다. 다행히 수학과 물리
학은 내가 가장 좋아하는 과목이었고, 그 덕에 대학에서 관련 전공
을 할 수 있었다. 돌아보면 내가 전공한 공학과 과학은 관점이 많이
달랐다. 과학은 문제를 찾지만, 공학은 해결책을 연구한다.

　다른 과학자들처럼 나도 우리의 모든 문제는 기술 발전을 통해
해결할 수 있다고 믿었다. 일종의 기술 낙관주의자였다. 신기술을 개
발하고 새로운 산업을 일군 혁신가들의 이야기는 나를 항상 들뜨게

했다. 곧이어서 일어난 정보 통신 분야의 눈부신 혁신은 사람과 정보를 자유롭게 연결했고, 기술 낙관주의를 더욱 단단하게 만들었다. 아마도 사람들의 예상을 넘어서는 발전이었을 것이다. 여기까지만 보면, 혁신은 확실히 긍정적인 것이다. 그러나 이런 혁신들이 지구를 흔들고 불안정하게 만들고 있다. 이제 혁신을 길들여야 한다. 자유로운 연구 풍토는 혁신의 핵심이기는 하지만, 혁신의 사회적 가치가 고려되어야만 한다. 지금부터 우리가 겪게 될 지구 비상 사태 상황은 정치와 경제, 사람들이 살아가는 생활 양식의 전환을 요구한다. 말 그대로 시스템의 전환이어야만 하고, 이 전환의 추진력은 기술이 될 것이다. ― 오웬 가프니

＊＊＊

우리가 살펴볼 여섯 번째이자 마지막 시스템 전환은 기술 혁신, 혹은 디지털 혁명이라고 부르는 것이다. 기술 혁신은 가치 중립적인 것이다. 현재의 경제 구조는 부유한 사람들이 지배한다. 그리고 이들은 기술을 적극적으로 활용해 부를 축적했다. 그 과정에서 지구는 계속 불안정해지고 있다. 따라서 우리가 점점 부유해질수록 지구에 대한 기술의 영향은 점점 커지고 있다. 이 고리를 끊어야 한다. 기술은 지구를 살리는 방향으로 발전해야 한다.

앞에서 살펴봤던 5가지의 전환은 불확실성이 많이 있다. 그러나 기술의 전환은 그렇지 않다. 인공 지능, 머신 러닝(machine learning), 자동화, 사물 인터넷 등은 거의 매일 언론에 소개되고 있고, 우리 앞

으로 성큼성큼 다가오고 있다. 지구 위험 한계선을 지키기 위해 가장 중요한 앞으로의 10년 동안 우리는 기술 혁신을 최대한 유리하게 활용할 수 있어야 한다. 기술 혁신과 지구 청지기 활동이 만나면 큰 성과를 낼 것이 분명하지만, 그렇지 않는다면 파멸만이 남아 있을 뿐이다.

인류 문명은 많은 것들을 창조했고, 이런 것들을 통틀어 '기술권 (technosphere)'이라고 부를 수 있을 것이다. 우리는 이미 지구를 다 덮어 버릴 정도의 플라스틱을 생산했다. 지구 상의 콘크리트를 모두 모아 보면 지구 크기의 공(2밀리미터 두께)을 만들 수도 있다. 인류가 만들어 낸 인공 물질을 모아서 무게를 재면 약 30조 톤이 넘을 것이다. 첫 라디오 전파는 거리만 놓고 보면 이미 지구로부터 100광년 떨어진 곳까지 흘러갔다. 이 정도면 지구와 비슷한 행성 근처를 지나기도 했을 텐데, 물론 전파 신호가 매우 약해 외계인이 해석하기는 어려울 것이다. 이렇게 발전한 기술은 인류의 큰 자긍심이다. 그리고 이 자긍심은 이제 지구를 지키는 활동에 사용되어야 한다.

자본은 이미 친환경 녹색 기술로 모이고 있다. 재생 가능 에너지, 전기차, 전기 비행기, 친환경 건축물과 스마트 공장 등 많은 분야에서 활발한 투자와 개발이 이루어지고 있다. 발전 속도를 보면 눈부실 정도이다. 예를 들어보자. 2016~2017년 오스트레일리아 남부에 여러 차례 정전 사태가 발생하자 정부는 해결 방안이 필요했는데 마침 세계적인 혁신 기업가인 일론 머스크(Elon Musk)가 트위터를 통해 오스트레일리아에 대규모 배터리 공장을 세우면 이 문제를 해결할 수 있다고 공언했다. 심지어 공장을 100일이면 지을 수 있다고 자신했고 건설 비용도 자신이 내겠다고 했다. 놀랍게도 허언이 아니었다. 세

브레이킹 바운더리스

계 최대의 배터리 공장이 오스트레일리아 사막에 세워진 것이다. 1억 달러의 건설비가 들어간 이 시설은 송전 시스템을 완충시켜 주는 역할을 해, 결과적으로 매년 4000만 달러 이상의 절감 효과를 만들어 냈다. 이런 사례가 누적되면서 혁신을 받아들이는 경향이 커지고 있다. 혁신가들의 주장을 냉소적으로 바라보는 분위기에서 실현 가능성을 탐색하려는 사회적 분위기로 전환되고 있는 셈이다. 그리고 눈치 빠른 사업가들과 경제 관료들은 기술 혁신의 사업성을 열심히 홍보하고 있다.

우리는 문명의 지속 가능성을 위해 9개의 지구 위험 한계선을 살펴보았다. 자세히 들여다보면, 이 한계선을 지키기 위한 활동은 기술 혁신에 바탕을 두고 있다. 현재와 같은 추세로 태양광과 풍력 발전 시설이 확장되면 2030년까지 전 세계 전력 수요의 반을 충당할 수 있다. 기술적으로는 충분히 가능하다. 이보다 더 혁신적인 기술들은 시간이 필요할 것이다. 수소 경제와 친환경 비행기 등의 기술이 여기에 해당한다. 빈번히 발생하고 있는 기상 이변에 적응하는 기술들도 계속 개발되고 있다. 더 나아가 기후 재앙을 근본적으로 예방하는 지구 공학(geoengineering) 분야의 발전도 계속 진행될 것이다. 이 모든 기술이 유기적으로 융합되어 기술의 전환을 이끌게 될 것이다.

기술 확산을 이끄는 힘은 무엇인가?

어떤 기술은 사회적으로 큰 성공을 거두지만, 때때로 기막힌 아이디어가 실패하는 사례도 많이 있다. 기술의 성패를 가르는 요인은 무엇일까? 성공하는 기술은 크고 거창한 것이 아니라 점진적인 경우가 많다. 핵 발전소가 아니라 스마트폰을 생각해야 한다. 사회적으로 큰 호응을 받으면서 신속하게 확산되는 기술은 상대적으로 가격이 싸야만 한다. 또한 사회적 분위기에 편승해야 하고 기술적, 경제적 장점들이 서로 융합될 수 있어야 한다. 핵 발전소는 규모가 크고 엄청난 비용이 필요하다. 한 번 지으면 수십 년간 사용할 수 있어야 하므로 새로운 혁신을 받아들이기 어렵다. 태양광과 풍력 발전은 그렇지 않다. 이 시설들은 상대적으로 작고 저렴하며 시설 확장에 유연성이 있다는 특성이 있다. 따라서 시간이 갈수록 핵과 화석 연료를 앞서게 될 것이다. 이런 구시대의 기술들은 지난 수십 년 동안 거의 혁신이 이루어지지 않았다. 핵 발전만 봐도 친환경 기술로 평가받기도 했지만 지금은 안정성에 대한 의심이 매우 커지는 상황이다.

최근에 가장 크게 발전한 분야는 해상 풍력 발전일 것이다. 화석 연료에 대한 집착은 먼 바다에 해상 시추 시설을 설치하도록 유도했는데, 지금은 이런 기술들을 해상 풍력 발전소 건설에 활용하고 있다. 이렇게 멀리 가지 않고 수심 60미터 이내의 해상에 풍력 발전소를 지어도 전기 수요를 충분히 감당할 수는 있다.[1]

그러나 이런 점도 살펴봐야 한다. 우리가 현재 필요로 하는 전력량이 정말 꼭 필요한 것인가? 디지털 기술은 일반 시민의 에너지 소비 방식을 정확히 분석하기 시작했는데, 이를 통해 전기 소비의 효율성을 높일 수 있을 것으로 보인다. 또한 디지털 기술을 활용해 필요한 자원을 공유하게 되면 전기 소비의 40퍼센트까지 줄일 수 있을 것

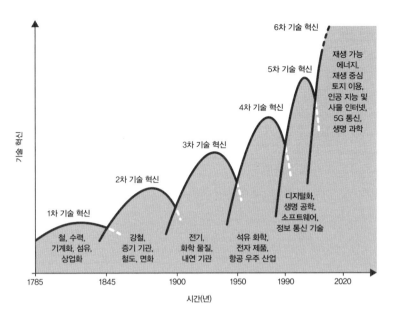

기술의 진화.

산업 혁명 이후 인류는 5번의 거대한 기술 혁신을 목격했다. 매번 기술 혁신이 이루어질 때마다 사회는 경제적, 정치적으로 큰 변화를 맞이했는데 여섯 번째 혁신이 이제 막 시작된 것으로 보인다. 그러나 새로운 혁신은 지속 가능한 발전 목표에 도움이 될까?

이다. 대부분의 전문가들이 에너지 수요는 계속 증가할 것으로 예측하고 있는데, 이 예측이 사실이라면 에너지 효율을 높이는 것은 상당히 중요한 요소로 작용할 것이다. 차량 공유부터 사무실, 공장까지 확대되고 있는 이런 분위기 전환은 기술 전환을 적극적으로 수용하는 바탕이 되고 있다.

가격은 기술 확산의 방정식에서 가장 중요한 요소이다. 때때로 가격은 과대 평가되기도 하는데, 무어의 법칙만 봐도 컴퓨터 능력이 2배가 되면 가격은 반으로 줄어드는 경향이 있다. 산업을 분석해 보면, 가격에 대한 무어의 법칙은 짧은 시간 안에 혁신을 급격히 촉진하고, 새로운 수요를 창출한다. 이런 경향은 하드웨어와 소프트웨어에서 공통으로 관찰되기도 한다. 하나의 혁신이 이런 확산의 분위기를 타게 되면, 기존 기술들을 멀찌감치 따돌리곤 한다. 그리고 사용자가 원하는 방식으로 발전해 가는데, 이 과정에서 가격도 많이 떨어진다. 음악 스트리밍 서비스는 음반 가게들을 몰락시켰고, 아마존과 같은 온라인 서점은 동네 서점들을 과거의 유산으로 만들었으며 넷플릭스와 비디오 대여점의 관계도 마찬가지이다. 혁신의 확산은 이렇게 사람들의 예상을 뛰어넘는 경우가 많다.

재생 가능 에너지 발전, 전기차, 에너지 저장 장치 등의 혁신도 이런 경향을 보이고 있다. 확산의 양상을 보면, 긍정적인 의미의 티핑 포인트를 넘어선 것으로 보인다. (18장 참조) 특별히 노력하지 않더라도 우리는 자연스럽게 지구를 지키는 요원이 되어 갈 것이다. 녹색 기술 혁신이 우리의 일상에 깊숙이 들어오기 때문이다.

기술 혁신이 지구 청지기 활동에 항상 부합하는 것은 아니다. 아직 풀지 못한 과제가 많기 때문이다. 그렇다면 지구 위험 한계선을 지키면서 디지털 혁명을 만들어 가는 방법이 있을까? 더 나아가 디지털 혁명을 지구 청지기 활동에 접목할 수 있을까? 또한 부작용을 통제할 수 있을까? 예를 들면 디지털 기술을 통해 집에서는 에너지 소비를 줄이더라도 밖에서는 나도 모르게 에너지 소비를 늘릴 수 있는데 이를 종합적으로 조절할 수 있는 기술이 필요하게 된다. 분명한 것은 디지털 시대는 지구 환경에 긍정적이어야 한다는 점이다.

기술 혁신의 그림자

기업은 이윤 창출이 목적이다. 원유 시추가 어려워지면, 기업들은 구글이나 아마존 등에 의뢰해 인공 지능의 도움을 받는다. 이 기술을 통해 더 효율적으로 원유 탐사를 할 수 있다고 믿기 때문이다. 2018년에만 18억 달러의 자금이 원유 탐사를 위한 인공 지능 기술에 투자되었다. 2025년이면 투자 금액은 40억 달러 이상이 될 것이다. 기술 혁신이 꼭 지구를 지키는 방향으로 전개되지 않을 수도 있음을 보여 준다.

상황은 더 악화될 수도 있다. 우리는 현재 우리의 생활 습관과 같은 내면의 정보를 디지털 사업자들에게 무료로 제공하고 있다. 구글, 아마존, 페이스북 등은 압도적인 자본을 활용해 심리학자와 뇌과학자 등을 고용하면서 우리의 행동 방식을 분석하고 있다. 그리고 이렇게 모은 정보들은 그들에게 새로운 사업 기회를 만들어 준다. 적절한 통제 장치가 없다면, 이들은 사실과 희망을 섞어 놓는 방식으로 우리의 분별력을 흐리게 하고 있다. 디지털 기술들은 사회의 양극화를 심화시키고, 그 결과 민주주의와 사회적 연대를 무너뜨리고 있다. 디지털 사회로의 변화가 너무 급박해서 사회 체제가 제대로 쫓아가고 있지 못하고 있다.

디지털 기업들은 주식 시장의 왕이다. 이들의 기업 가치는 수조 달러가 넘어가고 있는데, 이런 성공은 전 세계 40억 명의 중산층 소비자들이 무료로 제공하는 정보에 기인한다. 페이스북이나 구글을 통해 아무것도 구매하지 않는다 하더라도, 이 산업의 생태계에서는 접속가 그 자체가 상품이 되는 것이다. 땅 밑에서 석유와 석탄을 캐는 것과 디지털 사업 모형의 차이가 무엇인가? 오히려 사람들의 행동 방식을 캐내는 것이 훨씬 더 가치 있는 것이 아닌가?

마케팅과 광고는 언제나 우리의 욕망과 두려움을 자극해 소비를 부추긴다. 그러나 소비자 개개인에 특화된 광고를 하는 것은 불가능한 것이었다. 디지털 기술은 이런 상황을 가능하게 한다. 이런 상황을 잘 정리한 사람은 하버드 대학교의 쇼샤나 주보프(Shoshana Zuboff) 교수이다. '감시 자본주의(Surveillance Capitalism)'라는 이름이 붙어 있는 이런 구조 속에서 개인의 데이터는 디지털 기업에 있어 새로운 이윤 창출의 기회가 되고 있다. 지구 청지기 활동에 디지털 기술이 접목되면, 우리의 노력이 누군가에게는 새로운 사업 기회가 되는 것이다. 우리의 자유 의지가 기업과 국가의 통제하에 들어가게 되는 것이다. 물론, 어떤 방식이 실질적인 효과를 낼 수 있는지 아직 확신할 수 없다.

새로운 컴퓨터 제왕을 받들어라

현재 우리는 새로운 기술 혁신이 다가오는 것을 바라보고 있다. 인공 지능, 자동화, 머신 러닝, 사물 인터넷 등이다.

2011년 미국의 퀴즈쇼 「제퍼디!(Jeopardy!)」에 획기적인 기획이 성사되었다. 켄 제닝스(Ken Jennings)는 74회 연속 우승 기록을 가지고 있었고, 브래드 러터(Brad Rutter)는 퀴즈쇼 역사상 가장 큰 상금을 받은 사람이었다. 이런 사람들과 함께 IBM의 인공 지능 프로그램인 왓슨(Watson)이 출연해 같이 퀴즈를 푼 것이다. 결과는 왓슨의 압도적 승리였다. 제닝스의 짤막한 표현처럼, 새로운 컴퓨터 제왕을 받들어야 하는 상황이 된 것이다. ("I, for one, welcome our new computer overlords." 1977년 영화 「개미의 왕국」에서 "새로운 곤충 제왕을 받들어라."라는 표현을 재치있게 인용한 것이다. — 옮긴이) 왓슨의 성공은 머신 러닝과 일상 언어의 처리 능력이었다. 왓슨은 어마어마한 양의 문자를 해독할 수 있었고, 이런 능력은 점점 빠르게 성장하고 있다.

2017년에는 더욱 큰 발전이 있었다. 딥마인드(DeepMind)의 알파제로(AlphaZero)는 24시간 동안 일본 장기[2]와 바둑[3] 분야에서 인간을 압도하는 능력을 획득했다. 알파제로의 운영자는 수백만 대국의 데이터와 게임 규칙을 입력했을 뿐 어떤 교육도 실시하지 않았다. 나머지는 알파제로의 능력이었다.

이 새로운 컴퓨터를 어떻게 응용할 수 있을까? 일단, 새로운 항체를 찾는 일에 응용되기 시작했다. 수백만 편의 학술 논문을 검색해 새로운 항체 물질을 발굴하는 것이 이들의 임무인데, 사람이 하는 것보다 인공 지능이 훨씬 효율적이다. 우려의 목소리는 많이 있다. 대표적인 사람이 테그마크이다. 그는 『생명 3.0』에서 이렇게 썼다. "지능은 통제권을 준다. 우리가 호랑이를 통제할 수 있는 것은 더 힘이 세기 때문이 아니라, 더 똑똑하기 때문이다. 우리가 지구에서 가장 똑똑한 생명체로 남는다면, 계속 통제권을 가지게 될 것이다."

우리는 새로운 능력을 가진 컴퓨터에 대한 통제권을 가지고 있을까? 아마도 우리는 이미 컴퓨터에 대한 통제권을 포기한 것처럼 보인다. 그것도 몇 세대 전 컴퓨터에 말이다. 사람들이 넷플릭스의 추천 영화에 의문을 갖지 않는 것만 봐도 그렇다. 시선을 시장으로 돌려보자. 현재 전 세계는 무역으로 묶여 있다. 시장은 사고 파는 간단한 거래 방식이 모여 형성된다.

2020년대에 접어들면서 인공 지능은 많은 산업의 영역에서 기존의 일자리를 대체하고 있다. 이 추세가 계속된다면 2030년까지 약 2000만 개의 산업 일자리가 사라질 것이다. 로봇들은 트럭과 기차, 비행기를 운전하고 햄버거를 요리하며 라테를 만들고 창고를 정리한다. 단순 노동에만 해당하는 것도 아니다. 경영 컨설팅 기업인 매킨지의 추산에 따르면 법원의 직원들과 변호사들의 업무도 충분히 자동화될 수 있다. 자동화는 대량 해고의 완벽한 조건을 제공하는 셈이고, 결과적으로 불평등과 사회적 불안을 야기한다. 이런 환경은 정치적으로 선동가들이 활동할 수 있는 공간을 만들어 주는데, 대부분 권위주의적인 정치 행태로 변질될 것이다. 기술 혁신이 사회적 불균형을 강화한다면, 이를 다시 조정해야 할 의무도 우리에게 있다. 이익만 좇아 아무것이나 개발하는 혁신이 아니라, 사회적 가치를 내재하는 혁신이 이루어져야 한다. 이 방법에 대해서는 18장에서 살펴볼 것이다.

또 다른 파괴적인 혁신이 있다면, 블록체인(Blockchain)일 것이다. 블록체인은 거래 명세서의 저장, 즉 거래 장부에 대한 기술인데 한 장부에 모든 거래 기록을 모으지 않고 분산시키는 기술을 의미한다. 거래 장부를 위조할 수 없게 하기 위함이다. 따라서 이 기술은 탄소 배출권 거래의 가장 이상적인 방법으로 여겨진다. 실제로 메르세데스 벤츠는 코발트 공급 과정에서 발생하는 탄소 배출을 추적하기 위해 블록체인 기술을 사용한다고 발표했다. 물론 현재와 같은 블록체인

브레이킹 바운더리스

방식은 지구 환경에 결코 바람직하지 않다. 이 기술의 응용 분야인 비트코인은 전 세계를 휩쓸고 있는데 채굴을 목적으로 엄청난 에너지를 사용하고 있고 결과적으로 탄소 배출을 늘리고 있다.

기술 혁신의 발전 양상에 대한 불확실성은 생각보다 크다. 인공지능이나 블록체인까지 갈 것 없이, 5G 통신 기술만 봐도 앞으로의 상황을 예측하기 쉽지 않다. 현재까지는 온라인 게임을 원활하게 할 수 있는 기술 정도로 소개되고 있는데, 실제로는 더 포괄적인 기능이 내재되어 있다.

2020년 BBC는 5G 통신 기술을 조명하면서 게임보다 훨씬 놀라운 기능이 있다고 소개했다. "드론들이 떼를 지어 날아다니면서 실종자를 찾고 인명을 구조하는 모습을 상상해 보자. 화재 현장에 투입되거나 교통 상황을 점검하는 데 매우 효과적일 것이다. 드론들은 5G 통신 기술을 통해 무선으로 서로 교신하고 지상 통제 시설의 명령을 따라 움직인다." 드론의 세계도 거대한 감시 자본주의 체제의 일부로 작동할 수 있을 것이다. 5G 기술은 통신 장치를 부착한 모든 기기들이 서로 교신하고 조정하는 기능을 가능하게 한다. 좀 더 확대하면 자율 운행 자동차의 주요 기술이 되어 더 효율적인 교통 시스템을 가능하게 할 것이다. 한 발 더 나아가면, 교차로에서 자동차끼리 서로 흥정하는 모습도 상상할 수 있다. 좋은 조건을 제시한 자동차가 먼저 움직이는 것이다. 이런 시스템까지 발전되면 기존의 신호등 시스템도 모두 대체될 것이다. 이렇게 확장된 통신 기술은 민주주의와 개인 정보 보호에 기여할 수도 있지만, 확신하기에는 아직 이르다.

기술 혁신은 이렇게 다양한 면을 내포하고 있는데, 정부가 이를 지속 가능 발전 목표를 위해 효과적으로 조정하고 있다고 볼 수는 없다. 아마존이나 구글과 같은 디지털 기업들은 탄소 배출을 절감하기 위한 정책을 다양하게 마련했다고 강변하지만, 이것은 태평양에 물한 방울 떨어뜨린 것처럼 미미한 효과에 불과하다. 전 세계 사용자들에게 미치는 그들의 영향력을 생각한다면, 지금보다 훨씬 업그레이드된 실천 계획을 준비해야 한다.

지구 공학

앞에서 본 5가지 전환은 모두 어려운 과제들이다. 그럼, 이 모든 전환이 실패한다면 어떻게 될까? 지구를 구할 수 있는 혁신 기술을 따로 발명해야 할지도 모른다. 최악의 시나리오를 가정하면, 수십억 명의 사람들을 보호하는 것은 전례 없는 기술들의 조합이 필요할 것이다. 이렇게 다양한 기술들을 조합해 대규모 실천 계획을 도출하는 것이 지구 공학의 목적이다. 물론 그 결과는 기후 변화를 완화하는 것이다. SF 소설 등에서 보이는 식민지 행성 건설 등이 이와 비슷할 것이다. 실제로 SF 소설에 등장하는 많은 기술이 실제로 시도되고 있기도 하다. 2030년이 되면 아마도 어떤 기술의 조합이 최선인지 판별할 수 있을 것이다.

지구 공학은 크게 두 방향이다. 하나는 지구 대기권 밖에서 태양광의 일부를 차단하는 것이다. 또 다른 하나는 공기로부터 온실 기체를 추출하는 것이다. 성공한다면 지구 온난화의 문제를 효과적으로 해결할 수 있지만, 매우 어려운 과제임이 분명하다.

태양광을 차단하는 방법에는 여러 가지가 있다. 태양과 지구 사이에 커다란 차단막을 설치하면 태양열의 약 2퍼센트까지 막을 수 있다. 다만 이런 효과를 거두기 위해서는 1800만 톤 무게에 수십만 제곱미터 넓이의 차단막이 필요할 것이다. 수조 달러가 들고 수명은 50년 정도이다. 그러나 이 기술이 성공한다고 하더라도 해양 산성화를 막을 방법이 없다. 대기 중의 이산화탄소 농도가 계속 높아지기 때문이다. 그리고 해양 산성화는 생물 종의 대량 멸종의 주요한 원인이다. 결국 최선을 다해 태양광의 일부를 차단하는 것은 시스템 전환의 시간을 벌어 주는 것일 뿐 근본적인 해결책이 될 수는 없다. 또한 이로 인해 발생하는 새로운 형태의 기상 변화가 또 다른 문제를 야기할 수도 있을 것이다.

현재 가장 많이 거론되는 지구 공학의 해결책은 대기권에 작은 입자를 뿌려 태양광을 차단하는 것이다. 에어로졸의 영향을 알고 있기 때문에 이 방법은 확실히 효과가 있을 것이다. 1991년 필리핀의 피나투보 산에서 대규모의 화산 폭발이 일어났다. 이때 엄청난 양의 화산재가 성층권에 뿌려졌는데, 그 결과 몇 년간 지구의 평균 기온이 살짝 떨어졌다.[4] 그러나 이 화산재들은 어느 정도 시간이 흐른 후에는 땅으로 내려앉기 때문에 지속적인 효과를 기대할 수 없다. 이런 효과를 의도적으로 만들어 내기 위해서는 약 300만~500만 톤의 황 입자를 매년 공중에 뿌려야 한다.

인위적으로 구름을 만들거나 지붕을 하얗게 칠하는 것도 한 방법이다. 바다를 대규모로 휘저으면 물속의 수금이 대기 중으로 방출된다. 이 소금은 주변의 수증기를 끌어들여 구름을 형성하는 씨앗이 되는데, 구름이 많아지면 태양광을 차단하는 효과를 기대할 수 있다. 특히 산호초들이 대량으로 폐사하는 지역의 경우 시도해 볼 만한 방법이다. 그러나 규모를 전 지구적으로 확대하기는 어려운데, 상상을 조금 보태면, 무인으로 움직이는 선박들을 바다 곳곳에 보내 이런 시도를 계획해 볼 수는 있다.

흰색은 태양광을 반사하는 역할을 한다. 대기 중에서 태양광을 차단하지 못한다면 지표면에서 시도해 볼 수 있다. 건물의 지붕이나 도로를 하얗게 색칠하는 것이다. 상대적으로 어려운 방법이 아니어서 현재 다양한 지역에서 이런 활동이 일어나고 있다. 또 다른 방법도 있는데, 태양광을 반사하는 데 효과적인 작물을 유전자 조작을 통해 만드는 것이다. 이 작물을 확산시키면 일부 지역의 경우 온도를 낮추는 효과가 있을 수 있다. 그러나 이 모든 방법은 나름의 위험성을 내포하고 있다. 일단 시작하면 멈추기 어렵다는 특성도 있다. 시작했다가 자금이 부족해서 혹은 예상치 못한 난관에 부딪혀 중단되면, 지구의 기온은 순식간에 올라갈 것이 분명하다.

대기 중에 있는 이산화탄소를 직접 포집하는 것도 생각해 볼 수 있는 지구 공학적 방법이다. 이미 몇 가지 아이디어가 제안되었다. 현재 가장 빈번하게 논의되는 것은 탄소를 포집하고 저장하는 것이다. 2가지 방법이 있다. 커다란 기계 장치를 이용해 탄소를 포집하거나 작물을 대량으로 길러서 탄소를 저장하고 이후 탄소 포집이 가능한 장소에서 태워 버리는 것이다. 석유를 뽑아낸 지하 깊숙한 곳에 포집된 탄소를 주입하자는 아이디어가 한동안 주목을 받았는데, 새 나오

브레이킹 바운더리스

지 않게 막을 수 있는 기술이 더 개발되어야 한다. 작물을 길러 태워 버리는 것은 식량 생산 계획과 조율되어야 한다. 자칫 늘어나는 인구의 식량 공급을 가로막을 수 있기 때문이다.

지구 공학적 방법이 다소 허황해 보일 수는 있지만, 우리의 다급한 상황을 고려해 볼 때, 시도할 만한 가치가 없는 것은 아니다. 물론, 이 방법들이 야기하는 또 다른 위험에 대한 분석 작업이 선행되어야 한다. 이 방법 중에서 가장 현실적인 방법으로 평가받는 것은 탄소 포집과 저장에 대한 것이다. 경제적인 효과도 기대해 볼 수 있고, 상대적으로 위험도가 낮기 때문이다. 앞으로 10년 동안 다양한 혁신 기술이 시도될 것이며, 희망적으로 본다면 매년 50억~100억 톤의 이산화탄소가 공기로부터 분리되어 저장될 것이다. 탄소의 법칙에 따라 10년마다 탄소 배출량이 반으로 준다고 해도 탄소 포집과 저장 기술은 계속 발전해야 한다. 그 외 다른 방법들은 아직 과학 소설의 영역에 더 가까워 보인다.

마지막으로 과학자들은 남극의 얼음을 안정화하는 방법을 제안하고 있다. 엄청나게 큰 제설기를 설치해 바닷물로부터 얼음을 만드는 것이다. 이 얼음을 다시 남극 빙상 위에 뿌리면 얼음이 녹기 때문에 발생하는 해수면 상승을 막을 수 있다. 이 제설기를 돌리려면 1만 2000개의 풍력 발전 설비가 필요할 것이다. 역시 지금은 허황한 소설 속의 이야기로 보이겠지만, 10년 뒤에는 진지하게 고민해야 할 수도 있다.

✳✳✳

지금까지 지구 위험 한계선을 사수하기 위한 기술 혁신에 대해 살펴보았다. 모두가 동의하듯이 이것은 시간과의 싸움이다. 여기서 언급한 기술들은 그 자체도 중요하지만, 다른 시스템 전환에 큰 도움을 줄 수 있다. 또한 새로운 기술이 예상치 못한 부작용을 일으켜 탄소 배출을 증가시킨다면 기술 혁신을 도입하지 않는 것만 못할 수도 있다. 기술 혁신의 발전도 중요하지만, 이를 제때에 실행에 옮길 정치적, 경제적 리더십도 중요하다.

다음 두 장에서는 지금까지 살펴본 6가지 전환을 유도하는 정책을 설명할 것이다. 그리고 마지막 장에서는 다시 티핑 포인트로 돌아가 우리의 과제를 정리해 보도록 할 계획이다.

건강한 지구를 위한 대책

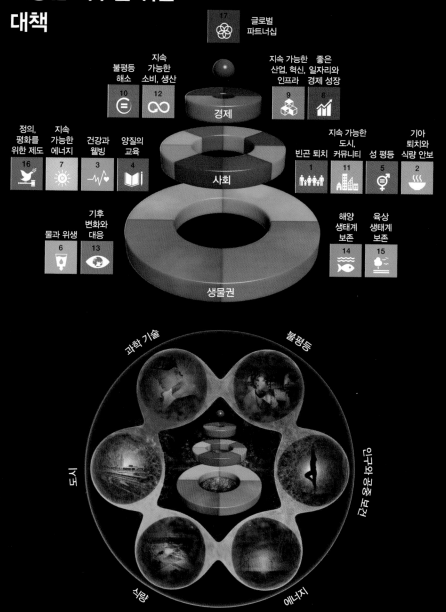

17 글로벌 파트너십		

| 10 불평등 해소 | 12 지속 가능한 소비, 생산 | **경제** | 9 지속 가능한 산업, 혁신, 인프라 | 8 좋은 일자리와 경제 성장 |

| 16 정의, 평화를 위한 제도 | 7 지속 가능한 에너지 | 3 건강과 웰빙 | 4 양질의 교육 | **사회** | 1 빈곤 퇴치 | 11 지속 가능한 도시, 커뮤니티 | 5 성 평등 | 2 기아 퇴치와 식량 안보 |

| 6 물과 위생 | 13 기후 변화와 대응 | **생물권** | 14 해양 생태계 보존 | 15 육상 생태계 보존 |

과학 기술

불평등

도시

우리는 어떻게

식량

에너지

2015년 유엔 회원국늘은 17개의 지속 가능 개발 목표에 합의한 후 2030년까지 계속 추진할 것을 선언했다(위). 그러나 이 목표에 도달하기 위해서는 지구 환경이 다시 건강하고 제 기능을 발휘해야만 한다.

지구 회복 프로젝트는 6가지 시스템 전환과 함께 진행되어야 한다(아래). 전환이 이루어지면 우리 지구를 다시 안정시키고 지속 가능 발전 목표를 성취할 수 있을 것이다. 과학자에 따르면, 6가지 시스템 전환의 성공은 100억 명의 사람들이 지구에서 건강하고 행복하게 살 수 있도록 만들 것이다.

과학과 문명의 성취

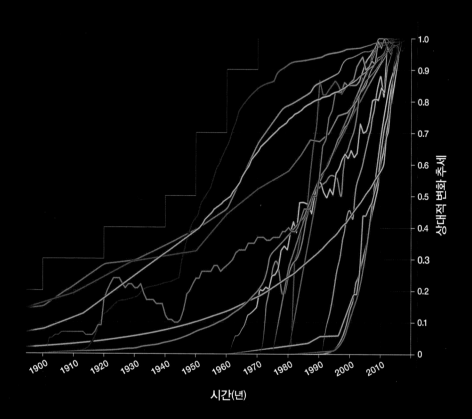

상대적 변화 추세

시간(년)

과학 기술과 민주주의, 그리고 협업은 지난 50년간 인류 문명을 획기적으로 발전시킨 주역들이다. 문맹은 이제 거의 사라져 가고 있으며, 지구에 대한 지식 창고는 놀랄 만큼 빠르게 채워지고 있다. 그 결과, 우리는 이제 더 많은 지역과 바다를 보호 구역으로 선포하고 있다. 또한, 거의 모든 인류가 인터넷과 핸드폰을 사용하면서 정보 교류가 빛의 속도로 이루어지고 있다. 빈곤에 허덕이던 사람들이 줄어들고 평균 수명은 늘어나고 있다. 세계 인구의 평균 수명은 이제 72세에 달한다.

- 문자 해독 능력
- 최빈 상태를 벗어난 사람들
- 기대 수명
- 과학 논문
- 민주적 정치 체제
- 여성 참정권
- 자연 보호 구역
- 농업 생산량
- 멸종 보호종
- 여아 교육률
- 암 질환 청소년의 생존율
- 물 접근성
- 예방 접종률
- 핸드폰 사용률
- 인터넷 접근성
- 전기 보급률

글로벌 생태 안전망

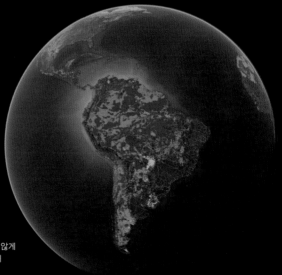

▦	보호 구역으로 지정된 지역(15퍼센트)*
■	희귀 생물을 보호하기 위해 추가적인 보호 구역 선정이 필요한 지역(2.3퍼센트)
■	멸종 위험 생물을 보호하기 위해 추가적인 보호 구역 선정이 필요한 지역(6퍼센트)
■	희귀 자연 현상을 관찰하기 위해 추가적인 보호 구역 선정이 필요한 지역(6.3퍼센트)
■	미개발 상태를 유지하기 위해 보호 구역 선정이 필요한 지역(16퍼센트)
■	기후 위기 대응을 위해 보호가 필요한 지역(4.7퍼센트)
⌒	야생의 생태계와 기후의 관계를 나타내는 선

* 이 지역은 멸종 동물 및 희귀 생물들이 멸종되지 않게
   보호하는 역할을 하고, 무분별한 개발이 진입하지
   못하도록 막고 있다.

토지의 무분별한 개발은 생태계를 위협하는 가장 큰 요소 중의 하나였다. 이에 과학자들은 2020년 글로벌 생태 안전망을 제안했다. 이 제안은 기후 변화와 생태계 파괴를 더 이상 묵인하지 말아야 하며, 전체 대륙의 50퍼센트 정도는 보호 구역으로 지정해야 할 것을 주장한다. 현재 약 15.1 퍼센트 지역이 보호 구역으로 지정되어 있으니 이보다는 훨씬 더 많은 지역이 광범위하게 보호되어야 한다는 것이다. 이렇게 보호가 필요한 지역을 글로벌 생태 안전망으로 규정하고 국제적인 합의를 통해 생태계 멸종 현상과 기후 변화에 대응해 나가야 한다. 또한 야생 지역과 인류의 거주 지역을 분리하여, 코로나 19와 같은 바이러스 확산을 예방할 수도 있을 것이다.

지구 환경의 변화:
이전과는 다른 새로운 환경의 등장

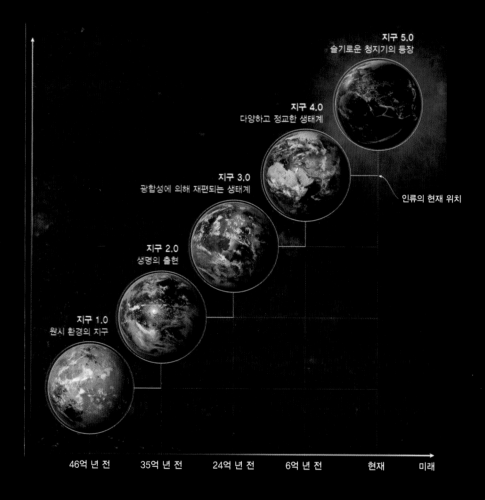

지구의 역사는 세 번의 큰 변화를 겪으면서 새로운 환경으로 전환되었다. 황량하던 원시 상태의 지구(지구 1.0)에서 생명이 출현했고(지구 2.0), 광합성에 의한 생태계가 조성되었다(지구 3.0). 생명 진화를 통해 놀라울 정도로 다양하고 복잡한 생태계가 만들어졌다(지구 4.0). 생명체에게 삶의 터전에 대한 정보를 처리하고 적극적으로 활용하는 것은 삶과 죽음을 가르는 일이었다. 호모 사피엔스라는 종의 등장은 지구 환경을 다시 극적으로 변화시키는 계기였다. 다른 종에 비해 호모 사피엔스는 환경 정보를 처리하는 능력이 특출나게 뛰어났기 때문이었다. 과연 이 종의 출현이 생명체의 등장이나 광합성과 같이 지구를 완전히 새롭게 전환시키는 분기점이 될 것인가? 인류세의 논쟁에서 보듯이 과학자들은 그럴 수 있다고 생각하기 시작했다.

16장

지구 위험 한계선과 글로벌 경제

현재 우리는 우리의 번영과는 별 관계 없이 성장해야만 한다는 경제 논리를 가지고 있다. 그러나 우리에게 필요한 경제는 우리를 잘살게 해 주는 것이다. 성장은 그다음 일이다. — 케이트 레이워스(Kate Raworth), 『도넛 경제학: 21세기 경제학자처럼 사고하는 7가지 방법(*Doughnut Economics: Seven Ways to Think like a 21st-Century Economist*)』(2017년)에서 최근에 오랜 친구인 요첸 자이츠(Jochen Zeitz)를 만난 적이 있다. 스포츠용품 기업인 푸마의 CEO로 있으며 지속 가능 경영 방침을 확고히 세운 경력이 있다. 현재 그는 할리 데이비슨의 CEO이자 회장이다. 할리 데이비슨도 전기 오토바이로 전환한다는 계획을 듣고 나는 너무 놀라서 앉은 채 뒤로 넘어질 뻔했다. 내연 기관 특유의 으르렁거리는 소리와 연비 따위는 무시해 버리는 거침없는 질주로 유명한 이 기업이 전기로 전환한다고? 그러나 그는 제법 심각했다. 이 결정은 사회적 책임의 영향도 있지만, 그에 따르면 근본적으로 기업의 생존과 관계있다는 것이다. 미래 세대는 화석 연료 산업을 받아들이지 않을 것이다.

할리가 할 수 있다면, 모두가 할 수 있다. ― 요한 록스트룀

***

브레이킹 바운더리스

지구 환경의 경계를 경제 논리와 정책과 연결한 학자들 중 레이워스는 비교적 초기에 활동을 시작한 학자이다. 옥스퍼드 대학교의 연구원으로 있는 그의 설명에 따르면 지구 위험 한계선은 경제라는 건물의 천장과 같다. 반대로 사회적 욕구의 충족은 바닥이 될 것이다. 이 건물은 인간의 기본적인 욕구라고 할 수 있는 에너지, 물, 식량, 위생, 교육 등(총 12가지)을 충족하면서 그 이상의 가치를 실현하는 공간이다. 이 새로운 경제 모형이 '도넛'이다.

도넛 경제학이라는 이름으로 유명해진 이 모형은 많은 공감을 이끌어 하나의 사고 체계로 자리 잡고 있다. 2020년 옥스퍼드 대학교 출판부는 경제학 이론의 역사를 기술하면서 1776년의 애덤 스미스에서 시작해 레이워스의 도넛 경제학으로 마무리하기도 했다. 스미스는 "큰 파도는 모든 배를 들어 올린다.", "보이지 않는 손"이라는 유명한 비유를 통해 시장과 경제 성장이 어떻게 사회의 이익에 기여하는지 설명했다. 인류세 시대에 큰 파도는 더는 비유가 아니다. 해수면 상승과 기상 이변으로 인한 파도는 해안가를 잡아먹으면서 가장 가난한 사람들의 생존을 위협한다. 보이지 않는 손은 이런 사람들의 머리를 물속으로 밀어넣는 역할을 하고 있다. 경제학이라는 건물이 인류 문명의 가치를 실현하는 공간이 아니라 기본적인 욕구와 생존을 위협하는 붕괴 직전의 공간으로 변하고 있는 셈이다. 과제는 우리 모두 힘을 모아 이 건물을 다시 수리하는 것이다. 그것도 최대한 빨리 수리해야 한다. 지구 위험 한계선이 이 건물의 붕괴를 막는 지붕이라면, 현재 지붕의 여기저기에서 금이 가고 있는 소리가 들리기 때문이다. 당장 무너질 것 같지는 않지만, 조만간 그렇게 될 위험이 점점 커지고 있다. 각국 정부는 산업 정책을 통해 건물의 보강 작업을 실시하고 있지만 너무 안일하고 굼뜨다. 이런 상황이 역설적으로 도넛 경제학 모형을 더 중요하게 만들고 있고 이 모형은 사회적 중요성의 눈으로 보면 도넛보다는 구멍 튜브에 가까울 것이다.

그런데 이렇게 비관적인 것 말고 좀 긍정적인 면은 없을까? 100억 혹은 그 이상이 될 전 세계 인구가 지구 위험 한계선을 지켜 나가면서 함께 살아갈 희망의 등불은 여러 가지가 있다. 기술적으로 가능한 일들을 경제 전반으로 확대하는 것이 가장 우선적인 일이다. 그런 면에서 경제 체제는 앞에서 본 6가지 전환을 위한 가장 강력한 도구이기도 하다. 전환의 성공을 위해 지금보다 훨씬 더 강력하고 신속한 방법으로 경제 체제라는 도구를 활용해야 할 것이다. 프랑스 작가 앙트완 드 생텍쥐페리(Antoine de Saint-Exupéry)도 말했다. "좋은 배를 만들고 싶다면, 사람들을 다그쳐 나무를 모으고 역할을 분담하지 말아야 한다. 대신 그들이 거대한 바다를 동경할 수 있게 자극해야 한다." 힘든 일만은 아니다. 현대 경제학을 무너뜨린 신자유주의는 2008~2009년과 2020년의 위기를 통해 이미 흔적만 남기고 소멸해 가는 중이기 때문이다.

낙관적일 수 있는 이유

낙관적으로 보는 첫 번째 이유는 경제 전환으로 새로운 산업의 수익성이 이전보다 더 개선될 것으로 보기 때문이다. 자원을 순환시키고

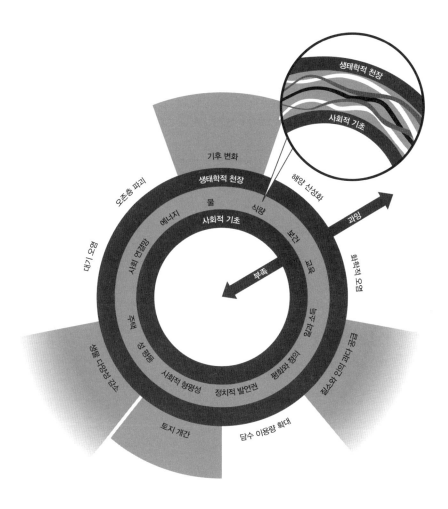

도넛 경제학과 지구 위험 한계선.
레이워스의 도넛 경제학은 지구 위험 한계선을 에너지, 주거, 수자원 불평등뿐만 아니라 교육, 식량, 보건 등 사회적 기초 분야를 하나의 틀 안에 집약했다. 이 모형에서는 자원이 순환되는 상태, 즉 순환 경제가 지속 가능한 경제 발전의 가장 이상적인 전략이다.

재생 가능 에너지를 사용하는 산업은 장기적으로 수익률이 더 높을 것이 분명하다. 기업이 돈을 버는 곳, 즉 시장이 그렇게 움직이고 있다. 시장의 변화에 적응하기 위해 기업들은 친환경 녹색 기술을 개발하고 지속 가능한 사업 모형을 개발하고 있다. 스카니아의 CEO 헨리크 헨릭슨(Henrik Henriksson)은 다음과 같이 정리했다. "지속 가능한 발전과 수익률은 이제 손을 맞잡은 상태가 되었습니다." 대형 트럭 판매 기업에서 말이다.

두 번째 이유는 우리의 경험과 관계있다. 역사적으로 새로운 경제 철학은 놀랄 정도로 빠르게 주류가 되었다. 1930~1940년대 루스벨트 대통령의 뉴딜 정책을 보자. 이 정책은 정부 주도의 경기 부양이 목적이었는데, 이를 통해 장기 투자와 경제 주체들 간의 새로운 사회 계약을 이끌어냈다. 결과적으로 이 정책은 대공황에 시달리던 세계 경제를 일으켜 세웠고 제2차 세계 대전 후에 세계를 새로운 번영으로 이끌었다. 1980년대의 신자유주의 경제 이론도 비슷하다. 영국의 마거릿 대처(Margaret Thatcher) 총리와 미국의 로널드 레이건(Ronald Reagan) 대통령에 의해 정책화되어 순식간에 전 세계로 확산되었다.

세 번째 이유는 우리의 현재 위치와 관계있다. 새로운 경제 정책은 이미 많이 발표되어 있어서 우리는 적당한 것을 취사 선택하면 된다. 새로운 정책을 개발할 필요가 없는 것이다. 에너지 혁명은 지난 30년 동안 시도되어 왔고 이제 본격화되고 있다. 인구 성장은 둔화되었지만 기술 혁신은 가속화되고 있고 도시는 꾸준하게 새로운 혁신을 받아들이고 있다. 우리는 새로운 아이디어와 정책의 신속한 확산에 잘 적응한 셈이다. 190개가 넘는 국가와 도시가 생산하는 새로운 혁신들은 잘 닦인 정보 네트워크를 통해 빠르게 확산되고 새로운 전환의 기본 바탕으로 작용한다.

여기에 더해, 2020년의 전염병 상황은 새로운 경제 질서를 찾아야 한다는 우리 세대의 합의를 더욱 공고히 하고 있다.

인류세 시대의 경제 발전은 2가지를 의미한다. 상품 및 서비스의 유통, 시장의 역할을 새롭게 재편해야 한다는 것, 그리고 미래 세대를 위한 장기 계획을 세워야 한다는 것이다. 단기 이익에 급급해 모든 자원을 쥐어짜는 방식은 이제 역사책의 한 줄로 남아야 한다. 더불어 경제 지표의 성장만이 진리라는 관점도 수정되어야 한다.

성장 논리에 중독된 경제

정치인들은 경제 성장에 과도하게 집착한다. 매년 발표되는 GDP 성장률은 사회 구성원들의 행복과 안전, 새로운 기회를 표시하는 신호등처럼 다루어진다. 몇 퍼센트의 성장률이 발표되면 우리의 행복도 그만큼 증가한 것처럼 보인다. 그러나 생태계의 모든 영역을 둘러봐도 끊임없이 성장하는 곳은 없다. 우리는 정원의 식물들이 잘 자라기를 바라는 동시에 적당한 지점에서 성장이 멈추기를 바란다. 아이들도 계속 성장할 수 없다는 점은 분명하다. 13장에서 이미 살펴봤지만 돈이 많아진다고 계속 행복해지거나 잘살게 되는 것은 아니며 부자들도 마찬가지이다. 무엇보다 끊임없이 성장하는 경제는 안정적인 기후를 제공하는 지구 생태계의 기능을 무너뜨리게 될 것이다. 경제 성장은 적절한 한계가 있다는 점이 기본 규칙이다.

성장 중독은 어디에서 온 것일까? GDP라는 개념은 미국의 경제학자 사이먼 쿠즈넷(Simon Kuznets)이 1934년에 처음 제안했다. 이 개념이 사회의 모든 가치를 대표할 수 없을 뿐만 아니라, 환경에 미치는 영향을 제대로 담을 수 없으리라는 쿠즈넷의 경고에도 불구하고, 1940년대 이후 GDP는 한 국가의 성공을 측정하는 중요한 도구로 자리 잡았다. 국가가 빈곤을 벗어나 사회의 기본적인 욕구를 충족하기 시작하는 단계라면, 이 지표가 매우 강력한 의미를 제공하는 것은 분명하다.

지난 200년간 세계 경제는 역경을 딛고 기하급수적으로 성장했다. 그러나 이런 성장은 저렴한 노동력에 크게 의존한 측면이 있다. 지금도 가난한 계층의 사람들과 저개발국의 어린이들은 낮은 임금을 받으면서 임금보다 훨씬 큰 경제적 가치를 제공하고 있다. 또한 경제 성장은 지구가 무분별한 자원 개발과 산림 파괴, 공기 오염과 온실 기체 등으로 대가를 치렀다. 이러한 관점에서는 실제로 성장했다고 보기 어렵다. 경제 성장에 쓰인 자본은 인류의 창조적인 노력의 결과물이 아니라, 사회적 노동과 천연 자원이 경제적 자본으로 모습만 바꾼 것이기 때문이다. 이것 빼고 저것 빼면 과연 성장한 것인지 의문이 들 수밖에 없다. 이런 방식의 성장은 이제 끝을 내야 한다. 더는 공짜는 없다.

경제 성장은 교육과 기술 혁신, 사회 기반 시설 구축과 도시화, 에너지 등 다양한 분야에 대한 투자의 결과이다. 자원을 개발하고 채취하는 것도 경제 성장의 중요한 요소이고, 국제 무역의 근간이기도 하

브레이킹 바운더리스

다. 여기에 더해 공공 기관에 대한 신뢰와 정치적 안정성 등도 시장에 대한 확신을 뒷받침한다. 경제 성장에는 빚도 중요한 역할을 담당한다. 현재의 가치를 위해 미래의 가치를 끌어오는 방식이 빚이고, 이는 경제가 성장한다는 믿음이 있을 때에만 제역할을 할 수 있다. 코로나19가 본격적으로 확산되기 전, 2020년 초 기준으로 전 세계 부채는 약 258조 달러였다.

정치인들이 과도하게 성장에 집착하는 것과는 관계 없이, 대부분의 선진국들은 1950년대와 1960년대 급성장 이후 성장을 멈추었다. 정체는 30년 이상 계속되었고 경제학자들은 이 국가들이 다시 높은 성장률을 기록할 가능성은 없다고 말한다. 이 현상에는 몇 가지 경제적 원인이 있다. 저개발국은 인구 성장이 계속 늘고 늘어난 인구는 도시로 유입되도 값싼 노동력에 의한 고도의 경제 성장이 가능하다. 반면 부유한 국가들의 인구 성장은 정체되어 있고 교육에 대한 투자로 인해 제조업보다는 지식 중심의 산업이 발달하는 경향이 있다. 따라서 급격한 경제 성장을 기대하기 어렵고 혁신을 통한 발전만이 성장의 동력이다. 기계가 법률가, 간호사, 영화 제작자의 작업 효율성을 10배쯤 높여 준 적이 없듯이 말이다.

녹색 성장과 탈성장

지난 몇 년간 일군의 경제학자들은 지구의 미래를 중심으로 격렬한 논쟁을 벌여 왔다. (이런 학자들은 매우 소수이기는 하다.) 논쟁의 한 편에는 녹색 성장의 옹호론자들이 자리 잡고 있다. 이들은 경제 성장이 환경적으로 지속 가능하다고, 환경 파괴와 경제 성장을 '분리'할 수 있다고 주장한다. 탄소 배출을 제한하고 생물 다양성을 보호하면서 시장의 역할을 재조정하는 제도와 법률이 보완되는 것과 동시에 경제는 계속 성장할 것이다.

그러나 녹색 성장이란 경험적으로 가능해 보이지 않는다. 스웨덴, 프랑스, 영국 등 부유한 국가들은 자국 내 탄소 배출량을 선도적으로 감축하고 있지만 전 지구적으로는 그렇지 못하고 있다. 해당 국민들이 소비하는 제품들은 중국과 같은 탄소 과다 배출국에서 생산되기 때문이다.

반대편에는 탈성장주의자(degrowther, 혹은 저성장주의자)가 있다. 이들은 탈성장(혹은 유지)만이 유일한 선택지라고 주장한다. 이 주장은 일면 위험해 보이기도 한다. 다시 코로나19의 상황을 되새기면 전염병이 확산되면서 많은 국가가 사람들의 이동을 강제로 차단했고, 이로 인해 탄소 배출량은 극적으로 감소했다. 대기 오염에 시달리던 여러 도시는 그동안 맑고 청명한 하늘을 볼 수 있었다. 그러나 그 대가는? 수백만의 사람들이 일자리를 잃었고 사회적인 불만은 급등했다. 새로운 혁신은 찾아보기 어려웠고 정치적, 경제적 붕괴가 이어졌다. 이런 상황은 우리가 주장하는 시스템 전환을 뒷받침해 줄 수 없다. 다시 탄소의 법칙을 생각해 보면, 매년 7~8퍼센트 탄소 배출량이 감소해야만 한다. 탈성장이 매우 어려운 과제라는 점을 확인할 수 있다. 게다가 부유한 국가들이 탈성장을 표방해 소비를 줄인다면 저개발국 사람들에게는 생존을 위협하는 일이 될 수도 있다. 그 누가 극빈국에서 보건과 교육의 혜택을 받지 못하고 사는 8억 명에게 경제 개발을 포기하고 더 나은 삶도 꿈꾸지 말라고 할 수 있겠는가?

지구 위험 한계선이라는 개념틀은 녹색 성장과 탈성장 옹호론자들의 논쟁을 생산적으로 전환하기 위해 고안되었다. 그러나 환경의 한계선을 안다고 해도 사회와 경제에 대한 영향력을 모두 파악한 것은 아니다. 어디까지나 이 한계선은 안전 지대가 어디까지인지 알려줄 뿐이며, 세계 경제가 어떻게 안전 지대에 도달하는지 혹은 어떻게 경계 안에 계속 머물 수 있는지 알려주지 않는다. 따라서 여기서 멈출 수는 없다. 우리의 목적은 현실 분석을 넘어 실용적인 방법을 찾는 것이기 때문이다.

첫째, 생태계를 파괴하면서 무한히 성장한다는 것은 불가능하다. 이것은 하나의 의견이 아니라 과학적인 사실이다. 둘째, 지구 생태계를 파괴하지 않더라도 경제 성장은 가능하다. 경제 성장은 삶의 질을 향상시키고 인구 증가를 억제하는 기능이 있다. 어떤 지역에서는 경제 성장이 빈곤의 종식을 의미한다. 그렇지 않은 지역도 있지만, 세계 모든 지역에서 근시안적인 사고 방식에서 벗어나 더 나은 삶에 대한 지표를 개발하고 받아들여야 한다. 일본은 오랜 기간 저성장 혹은 역성장에 시달려 왔다. 그리하여 일본은 성장률에 얽매이는 방식보다 다른 지표를 찾기 시작했다. 뉴질랜드, 아이슬란드 그리고 스코틀랜드와 같은 국가들도 사람과 지구가 동시에 행복해질 수 있는 경제 구조를 본격적으로 탐색하고 있다.

우리는 경제 성장에 얽매일 필요도 없고 무시할 필요도 없다. 우리의 목적은 사회가 잘살 수 있게 하는 경제 구조를 만들고 이를 뒷받침할 시장을 관리하는 것이다.

경제 성장이 달콤해 보이는 이유는 몇 가지가 더 있다. 앞에서 우리는 부채는 미래의 가치를 현재로 끌어온 것이라고 이야기했는데, 이런 굳건한 믿음이 문명을 발전시키는 역할을 한 것은 분명하다. 미래 세대와 현재 세대의 계약이라고 할 수 있는 부채는 경제가 꼭 성장해야만 하는 이유이기도 하다.

미래의 가치를 끌어다 썼는데 경제가 쪼그라들면 미래 세대는 엄청나게 큰 부담만 지게 될 것이다. 현재 우리가 당면한 상황이 이렇게 변하고 있다. 그동안 경제를 지탱해 왔던 세대 간 계약이 최근에 위기를 맞이하고 있는 것이다. 경제 성장이 달콤해 보이는 이유는 분명하다. 부채는 현대 경제에 일조해 왔다. 미래에 갚아야 할 빚이기도 하다. 성장이 지속되면 미래도 계속된다는 것은 현재 세대와 미래 세대 모두에게 괜찮아 보인다. 학자금 대출, 도로 공사, 공장 건설처럼 오늘의 부채가 미래를 개선하는 것이다.

갖가지 금융 상품이 타임머신처럼 작동해 미래의 우리 자신과, 미래 세대와 사회적 계약을 맺는다. 하지만 그 투자로 인해 미래가 불안정해진다면 어떻게 될까? 그동안 경제를 지탱해 왔던 세대 간 계약이 최근에 위기를 맞고 있다. 세계 곳곳에서 벌어지는 학교 파업은 이런 상황을 잘 보여 주고 있다. 미래 세대가 스스로의 행복 추구권을 지켜내려는 것이다.

새로운 것을 학습하자

1930년대 시카고 경제학파들이 주장한 신자유주의는 1980년대 세계적인 경제 철학이 되었다. 이제 이 논리를 극복해야 한다. '승자 독식'의 극단적 경쟁주의는 지난 40년간 소수에게만 경제적 혜택을 듬뿍 안겨 줬을 뿐, 대다수의 행복과 안전, 지구 환경을 개선하지 못했다. 특히 지구 환경은 개선하지 못한 정도가 아니라 매우 악화시켰다고 해야 한다. 이제 새로운 경제적 균형점을 찾아야만 한다. 수입과 지출, 임금과 이익 등 모든 경제적 변수들을 재조합하고 사회적 안정성과 지구 위험 한계선을 지키는 방향으로 발전시켜야 한다. 다시 학교로 돌아가 새로운 이론을 학습할 시간인 것이다.

새로운 경제 이론은 'R'로 시작하는 3가지 요소가 핵심이다. (3R) 회복, 재생, 순환, 이 세 요소들이 사회적으로 사용하는 물질 부분을 담당한다. 학계에서는 KIDSS라는 표현도 사용한다. 지식 경제, 정보 경제, 디지털 경제, 교육이나 공중 보건과 같은 서비스 경제, 공유 경제의 앞글자를 딴 말이다. 이 개념은 세계 곳곳으로 확산되어 새로운 경제 모형의 한 축이 되기도 하고, 건강한 삶과 행복을 위한 경제의 기본 철학이 되기도 한다.

KIDSS와 3R

새로운 도넛 경제학이 작동할 수 있는 원칙을 세워 보자.

규칙 1. 끈기가 전환과 혼란의 시기에 회복력이 있는 경제를 만들어 간다.

코로나19 상황은 사람들이 없으면 경제는 아무것도 아니라는 것을 보여 주었다. 위기의 시기에 가장 핵심적인 역할을 한 것은 대부분 저임금 노동자들이었다. 배달 노동자, 돌봄 노동자, 창고 노동자, 마트와 병원의 노동자가 그들이다. 반면 일자리를 잃은 수천만 명의 사람들은 한동안 경제적인 어려움을 겪을 것이다. 코로나19로 야기된 경제 침체기에 학교를 졸업한 청년들은 경제 성장기에 일자리를 얻은 선배들에 비해 좋은 경력을 쌓기 어려울 것이다.

향후 10년 동안 많은 일이 일어날 것이다. 전염병 문제도 해결해야 할 일이지만, 자동화(궁극적으로는 AI), 기후 변화로 인한 이상 기후 현상, 전쟁 같은 정치적인 불안 등이 닥칠 것이다. 모두 경제적 충격을 동반하는 문제들이다. 어느 정도의 속도와 규모로 확산되고, 어떤 연결성을 갖는지에 따라 문제의 특성은 달라질 것이다. 이러한 위험이 도래할 때마다 다시 딛고 일어서는 경제 체제를 건설할 수 있을까? 그렇다. 다만 이것은 숫자만 바라보는 것이 아니라 사람들의 생존권과 행복권을 보장하는 경제 체제여야 할 것이다.

첫째, 종합적인 의료 보험 제도와 효과적인 사회 안전망에 투자해야 한다. 이렇게 해야 공중 위생과 사람들의 건강을 보호할 수 있을 것이다. 기후 환경이 불안해지고 있는 인류세 시대에 가장 중요한 요소이기에, '있으면 좋은' 정도로 의미를 축소해서는 안 된다.

전환의 시기에 꼭 챙겨야 하는 일 중 하나는 사람들의 일자리 안정성을 향상시켜야 한다는 것이다. 여러 경제적 충격이 없더라도, 경제 구조는 변화를 맞이하게 될 것이다. 화석 연료 산업이 자연스럽게 축소되는 것이 그 예이다. 실업은 일반적으로 가장 큰 사회 혼란 요소이다. 따라서 자원 개발 분야에서 많은 일자리가 사라지게 되면 적지 않은 사회적 혼란이 야기될 것이다. 그러나 그만큼 많은 새로운 일자리가 만들어질 것이다. 조금만 앞서서 미래를 예측하는 사람들에게는 큰 기회가 될 수 있을 것이다. 교육도 생애 주기에서 일부 시간 동안만 집중적으로 이루어지는 게 아니라 생애 주기 전반에 걸쳐 필요할 때마다 새로운 지식을 습득하는 평생 교육 시스템으로 전환될 필요가 있다. 여기에 더해 정부는 기본 소득과 같은 정책도 진지하게 검토해야 한다. 이런 일들이 사회의 회복력을 키우는 투자이다. 그리고 서로 다른 산업들이 섞이면서 새로운 혁신이 창출되는 융합형 혁신이 산업의 주류가 될 것이다.

마지막으로 사람들의 생존권과 행복권을 보장하기 위해서는 부의 공정한 재분배를 설계해야 한다. 경제적 평등이 확대될수록 범죄와 비만, 마약 등의 사회적 문제가 감소한다는 것은 이제 상식이 되었고, 공유재를 관리할 수 있을 정도로 집단 지성도 발전하고 있다. SF소설의 일부가 아니다. 바로 북유럽 모형이다. 덴마크나 스웨덴, 아니면 노르웨이나 핀란드는 보건, 경제 형평성, 성평등, 복지, 교육, 관용성, 민주주의, 신뢰도 같은 국가별 지표들에서 우위를 점하고 있다. 앞으로의 경제학은 효율성이 아닌 회복력을 목표로 삼아 새롭게 씌어져야 할 것이다.

규칙 2. 자원을 재생하라.

지속 가능한 발전을 위한 경제는 탄소 배출을 멈추고 생물 다양성을 보호하며 땅과 물을 오염에서 벗어나게 하는 역할을 해야 한다.

이런 경제 구조의 바탕은 재생이다. 자연은 그 자체로 매우 경이로운 존재이며, 인류에게 많은 영감을 준다. 진화 과정을 봐도 다양한 생물이 물질을 순환시키고 재생하는 데 참여해 제각각의 역할을 담당한다. 풍성한 생태계는 시간이 지나면서 계속 새로움을 만들어 낸다. 이런 자연의 기능을 보호하고 생물 다양성을 지키는 것이 지구 청지기 활동의 핵심이다. 양어장에서 농장까지, 산림 벌채에서 자원 채굴까지 모든 산업은 이 활동을 중심으로 재편되어야 한다.

이 재생 경제는 이미 가동 중이다. 11장에서 봤듯이, 현재 약 24퍼센트의 전력이 재생 가능 에너지원으로부터 생산되고 있고, 세계 농장의 3분의 1은 지속 가능한 농업을 실천하고 있다. 바다를 살리는 SeaBOS와 같은 기구의 수산업 관련 활동에서 보듯이, 세계에서 가장 큰 수산업 기업도 지속 가능한 경영을 전면에 내세우고 있다. 최근 연구에 따르면 향후 30년 동안 신규 건축물의 90퍼센트는 나무를 주재료로 해서 건설될 것이라고 한다. 이것만으로도 약 200억 톤의 탄소 배출을 줄일 수 있는데, 이 양은 현재 인류가 1년간 배출하는 탄소와 비슷한 규모이다.

규칙 3. 모든 것을 재활용하라.

우리가 소비하는 제품들은 현재 원료부터 상품, 사용 후 폐기물까지 한 방향으로만 흘러간다. 물질의 순환 과정을 생각하면 매우 비합리적인 방식인데, 이에 대한 문제 의식이 순환 경제(circular economy)를 경제의 중요한 부분으로 만들고 있다. 현재 인류는 한 사람이 연간

약 13톤의 물질을 소비하고 있다. 광물에서 화석 연료까지, 채소에서 나무까지 인류는 약 1000억 톤을 매년 집어삼키고 있는 셈이다. 물론, 소비의 대부분은 부유한 국가에서 일어난다. 건물과 도로를 건설하는 데 물질의 대부분이 소모되고 있다. 물론, 운송과 음식물 쓰레기, 소비재 물품 등도 주요 분야이다. 중요한 것은 이 물질들의 3분의 1이 버려진다는 것이다. 경제적으로 이런 현상은 엄청난 낭비이다. 그나마 다행인 것은 순환 경제가 활성화되고 있다는 점이다. 현재 전 세계 경제의 10퍼센트가 순환 경제와 관계가 있을 것으로 추정되지만, 확장 가능성은 무궁무진하다. 유럽만 놓고 보면, 순환 경제로 인해 중공업 산업에서 2050년까지 탄소 배출이 약 56퍼센트 감소할 것으로 보인다.

눈치 빠른 기업들은 이미 순환 경제에 걸맞은 사업 모형을 구축하고 있다. 이케아는 2030년까지 탄소 중립에 도달하겠다는 계획을 이미 발표하기도 했다. 구체적으로 이 기업은 생산을 위한 에너지를 모두 재생 가능 에너지로 충당하고, 제품들도 재활용이 가능한 재료만 사용해 만들 계획이다. 이와 유사하게 패션 기업인 H&M은 2030년까지 모든 제품의 재료를 재활용 가능하도록 전환하겠다고 발표했다. 그리고 2040년까지는 탄소 중립을 지키는 기후 선도 기업이 될 것이라고 천명하기도 했다. 이런 사례는 점점 빠르게 확산하고 있는데, 조만간 산업의 핵심 사업 모형으로 자리 잡게 될 것이다. 이렇게 되면 우리 주변에서 볼 수 있는 철, 플라스틱, 알루미늄, 종이, 유리 등 모든 물질이 재활용될 것이고, 에너지를 과다하게 사용하는 콘크리트 등도 모두 재활용 재료로 바뀔 것이다.

규칙 2와 규칙 3은 우리가 현재 사용하고 있는 자원 약탈 경제에 대한 문제 의식에서 출발했다. 순환 경제는 만들고 쓰고 버리는 현재의 산업 공급망 구조를 대체하겠지만, 총생산이 감소하는 결과를 가져올 수 있다. 그렇다면 기존의 경제 외에 새로운 경제 성장이 필요한데, 이 성장은 어디에서 오게 될까?

규칙 4. 공유 경제를 키워라.

지식과 정보, 디지털 환경과 서비스, 공유 경제, 즉 KIDSS는 저절로 성장한다. 이 요소들은 서로 강하게 연결되어 있고 21세기 혁신과 창의성의 원천이다. 정보과 지식 혁명은 특히 미래 세대에게 중요한데, 이들을 위한 새로운 경제 성장의 기초가 되기 때문이다. 단지 미래에 대한 예상이 아니고 현재 활발하게 진행되고 있는 일이다. 선진국들의 경제는 서비스와 지식, 정보에 기반해 작동하고 있다. 제조업을 통한 상품 생산 경제는 옛날 일이 되고 있다.

KIDSS 경제의 핵심은 공유 시스템이다. 우리는 우리 주변의 자동차나 공구가 활용되지 않는 시간이 더 많다는 것을 알고 있다. 이런 현실을 디지털 기술과 접목한 것이 공유 경제이다. 스마트폰을 몇 번 조작하는 것으로 내 주위에 있는 자동차, 공구, 심지어 사무실도 내가 필요한 시간만 빌려 쓰는 것이 훨씬 경제적이다. 이렇게 서비스 중심의 비즈니스 모델로 이동하는 것은 불필요한 낭비를 없앨 수 있고, 결과적으로 탄소 배출량도 감축할 수 있다. 그러나 더 놀라운 비즈니스 모델은 다른 곳에 있다. 일반적으로 농부들은 비료를 구매해 자신의 농장에 뿌린다. 그러나 일률적으로 비료를 뿌리는 것은 효율적이지 못한 경우가 많은데, 이를 개선하기 위해 비료에 대한 전문적인 지식과 최적의 시기, 용량 등의 정보를 제공하는 비즈니스 모델이 발전하고 있다. 이 서비스의 도움을 받은 농부들은 비료를 쓸 최적의 조건을 알 수 있으므로 굳이 많은 양을 구매해 낭비할 필요가 없다. 낭비가 줄어드니 물과 땅에 미치는 악영향이 줄어들 수밖에 없다. 자신의 취향에 맞는 영상만 취사 선택하는 넷플릭스의 비즈니스 모델이 농부들에게 적용되는 것이다. 당연히 이 비즈니스 모델은 여러 지역으로 빠르게 확산하고 있다.

다만 KIDSS 경제는 우리가 15장에서 봤던 '감시 자본주의'로 흘러갈 위험이 있다. 사회 공동체의 이익에 부합하는 비즈니스 모델이라고 해서, 개인 정보가 무분별하게 유통되는 일은 없어야 할 것이다. 적절한 통제 장치가 반드시 마련되어야 한다.

지구 회복 경제

그렇다면 위태로운 지구 환경을 회복시키는 경제 정책의 구체적인 실천 계획은 무엇일까? 좀 더 시야를 좁히면, 지속 가능한 발전 목표에 부합하는 사회적 활동을 지원하고 강화하는 경제 계획이 수립되어야 한다. 간단하게 정리하면 2가지 해결책이 있다. 시장을 재편하는 것과 장기적인 경제 운용에 초점을 맞추는 것이다.

첫째, 우리는 지구 생태계를 위협하는 산업이 더는 돈을 벌지 못하게 해야 한다. 세금을 통해 수익을 환수할 수도 있고, 폐기물에 대한 규제를 강화해 비용을 높일 수도 있을 것이다. 또한 지구 위험 한 계선을 철저히 지키는 산업의 경우 더 많은 이익을 거둘 수 있게 보장해야 한다. 시장의 기능을 조정해 이런 일들을 가능하게 해야 한다. 현재 탄소 배출에 세금을 부과하는 정부는 거의 없다. 그러나 모든 국가에서 노동에 대한 세금은 부과한다. 노동을 통한 소득에 세금을 부과하는 것은 자연히 기계에 의한 자동화를 촉진하고 일자리를 빼앗아간다. 잘못된 방향이다. 우리는 우리가 원하지 않은 결과물에 세금을 부과하고 사회적으로 꼭 필요한 일에는 세금 부과를 최소화해야 한다. 따라서 탄소 배출과 같은 지극히 반사회적인 결과에는 높은 세금을, 노동과 같은 필수 요소에는 낮은 세금을 매기는 정책으로 전환해야 한다. 이렇게 되면 소비자와 공급자 모두 지구 회복에 도움이 되는 생활 태도를 선호하게 될 것이고 자연스럽게 일자리도 증가할 것이다.

두 번째로 장기적인 발전에 초점을 맞추는 경제 계획의 수립이다. 장기 계획은 시대마다 다른 의미로 인식되었다. 농경 시대라면 자식을 많이 낳아 이들이 다음 세대를 풍요롭게 만들게 하는 것이 장기 계획이었다. 피라미드와 같은 거대한 건축물을 세운 이집트나 마야 문명에서는 이런 건축물을 짓는 것이 보통 2~3세대가 흘러야 하므로 몇 세대에 걸친 장기 계획을 세웠을 것이다. 지구 생태계를 회복시키는 것도 이런 장기 계획이 필요하다. 그리고 이런 계획은 개인이나 기업이 아닌 정부의 주도로 수립되어야 한다.

지구 회복 운동에 재생 에너지 확대는 핵심적인 부분이다. 그러나 이것이 전부는 아닌데, 발전의 안정성과 효율을 위해서는 전력 공급망도 더 발전해야 한다. 그리고 이렇게 발전된 공급망 혹은 송전 시설을 통해 초고속 기차, 터널, 다리, 고속 도로와 같은 사회 기반 시설들이 연결되어야 한다. 그러기 위해서는 전기를 저장하는 기술이 더 발전해야 하고, 건물의 효율성이 높아져야 하며, 운송 산업에서 나오는 탄소도 사라져야 한다. 이런 목표를 실현하는 것은 생각의 전환이 있어야만 가능하다. 잦아지고 있는 홍수에 대비해 제방을 1미터 높이는 정도의 작은 공학적 시도만으로 해결이 되지는 않을 것이다. 오히려 물(또는 그외의 것들)을 흡수하는 재질의 빌딩을 만드는 식의 근본적인 해결책을 찾는 것이 중요하다. 이런 기술에 더 많은 투자가 이루어지는 경제 구조를 만들어 미래 세대에게 새로운 기회를 제공해야 하고, 필요하면 세대 간 계약을 새로 수립해 세대별로 달성해야 할 의무를 부과할 필요도 있을 것이다. 이런 장기 계획이 수립되고 실행되어야만 자식 세대가 부모 세대보다 잘살게 되리라는 오랜 희망이 존속할 것이다.

밝고 긍정적인 측면만 있는 것은 아니다. 이제 어둡고 무서운 부분도 좀 살펴보려 한다.

최악의 상황은 무엇일까?

정부의 역할이 매우 한정적이거나 정부가 새로운 경제 계획을 수립하는 데 매우 소극적인 상황도 있을 수 있다. 금융 부분이 지금처럼 고리 대금업과 같은 행태를 계속 이어 갈 수도 있다. 대형 산불과 작은 태풍, 이상 고온과 같은 이상 기후가 더 극심해질 가능성도 크다.

"도시의 사회 기반 시설은 30년 정도의 재정 계획에 기반한다. 그런데 30년이라는 시간이 합당한가? 그 사이에 급격한 기후 변화가 발생해 극심한 경제적 손실이 일어나면 어떻게 처리해야 할까? 홍수와 가뭄으로 인해 식품 가격이 상승하면 무슨 일이 벌어질까? 기후 변화로 인한 불확실성은 사업 계획을 수립하는 것을 주저하게 만든다." 언뜻 기후 활동가가 한 말 같지만, 전 세계에서 가장 큰 자산 관리 회사의 대표가 한 말이다. 블랙록(BlackRock)의 CEO 래리 핑크(Larry Fink)는 투자 기업들의 모임에서 기후 변화 시대에 투자 환경이 점점 더 어려워지고 있음을 고백했다.

혁명적인 전환이 일어나지 않으면 금융 산업도 매우 어려운 상황을 맞이할 것이다. 2020년대에 발생 가능한 시나리오를 3가지로 분류할 수 있는데, 탄소 충격(Carbon Shock), 극심한 탄소 충격(Carbon Shock Plus), 꾸준한 전환(Stable Transformation)이다.

탄소 충격

첫 번째 시나리오는 정책의 우선 순위를 결정하는 정치인들이 별다른 의지가 없는 경우이다. 이런 상황이라면 화석 연료에 대한 수요도 계속 유지될 것이고 가격도 큰 변화가 없을 것이다. 그러나 정치적인 의지와 관계 없이 세계 경제는 이미 새로운 시대에 진입한 상황이다. 친환경 기술 혁명이 이미 시작되어 경제의 각 부문들이 이에 적응하고 있기 때문이다. 화석 연료에 기반한 기술과 경제는 퇴장하는 일만 남았다. 2020년대 말 화석 연료의 수요는 침체의 늪을 벗어나지 못하고 있는데, 이 때문에 투자자들은 원유를 탐사하고 개발하는 프로젝트들에서 손을 떼고 있다. 한때 1조 달러에 달하던 투자 거품이 탄소의 충격으로 터져 버린 셈이다.

극심한 탄소 충격

두 번째 시나리오에서는 탄소의 충격으로 인한 투자자들의 자산 조정과 비슷하지만 정도가 더 심한 상황도 그려 볼 수 있다. 정치인들이 시민들을 대상으로 지구 회복을 위한 정책 실행의 정당성을 제대로 설명하지 못해, 경제 주체들이 별로 관심을 기울이지 않는 상황을 생각해 보자. 기후 위기에 대한 비상 행동과 대비되는 기후 무관심은 2020년대 중반 논란의 중심에 서게 되었다. 지구 온난화 속도가 예상보다 훨씬 빠르게 진행되고 있다는 논문이 잇따라 발표되어서 비상 행동에 대한 사회적 요구가 커졌기 때문이다. 느긋하게 설득하고 완벽한 정책을 수립할 시간이 없는 것이다. 몇 년 전에 예상했던 탄소 배출 시나리오는 이미 무용지물이 되었다. 극심한 탄소 충격은 과학자들의 논문에만 있는 것은 아니다. 2020년대는 이상 기후가 지구 곳곳에서 동시 다발로 일어났는데, 그중 하나는 유라시아 대륙의 곡창 지대에 불어닥친 한파였다. 이로 인해 대규모 밀 농업 지대의 수확량이 급격히 줄어져 식량 가격이 폭등하는 결과를 낳았다. 한파 이후

바싹 마른 지역을 중심으로 커다란 산불이 일어나 2차 피해를 안겨 주기도 했다. 기후학자들이 불안한 눈으로 관찰하고 있는 남극의 빙상도 심각한 균열을 보인다.

기후 무관심은 정치적으로 올바른 입장이 아니다. 각국의 입법 기관들은 기후 비상 행동을 위한 관련법을 제정하고 정비하고 있다. 자연히 경제 주체들은 앞으로 시장이 어떤 방향으로 움직일지 예측할 수 있게 되었다. 화석 연료를 비롯한 탄소 중심의 투자액을 모두 합치면 4조 달러가 될 것으로 추산된다. 이 거대한 투자 금액을 통해 누군가는 큰돈을 벌고 누군가는 돈을 날려 버릴 것이다. 지금까지 본 것처럼 탄소 중심의 투자는 큰 실패를 맛보게 될 것이다. 미국과 캐나다, 중동의 여러 투자 프로젝트들이 벌써 이런 조짐을 보이고 있다. 재생 가능 에너지 개발에 집중하고 있는 중국과 유럽의 투자 프로젝트는 앞으로 점점 더 많은 돈을 벌게 될 것이다.

꾸준한 전환

세 번째 시나리오에서 정치인들이 크게 각성해 지구 시스템 안정화를 위해 시민들에게 매우 적극적인 메시지를 전달할 수도 있다. 그리고 시민들이 이를 적극적으로 수용해 새로운 정책에 대해 강한 지지를 표시할 수도 있다. 경제 주체들은 이런 상황 변화를 면밀히 관찰해 탈탄소 경제를 적극적으로 개척해 나갈 수도 있다. 실제로 일부 국가들은 내연 기관 자동차를 배제하려고 한다. 이 정책은 전 세계로 확대되고 있는데, 탄소 배출 감소를 위한 중요한 정책적 계기가 될 것으로 보인다. 그리고 이런 정책들을 더 개발하기 위해 여러 논의가 진행 중이다. (17장 참조) 이렇게 미래의 경제 방향에 대한 그림이 구체화하면서 장기적인 투자, 경제 정책들이 하나둘 떠오르고 있다. 이런 사회적인 분위기 속에 정치권과 경제 주체들은 새로운 전환을 자연스럽게 받아들이게 될 것이다. 희망적인 시나리오이기는 하지만, 우리가 추구해야 할 사회의 전환이다.

*＊＊

앞에서 다룬 3가지 시나리오는 탈탄소 경제 구조를 친환경 경제로 전환하는 과정을 보여 준다. 결론적으로 미래 세대의 행복을 위해서는 친환경 경제 구조로의 전환이 필수적이다. 문제는 이 목표 지점에 도달하기 위한 사회적 합의와 시민들의 각성이다. 코로나19와 2008년의 금융 위기를 통해 이런 전환의 한 단면을 경험하기도 했다. 우리는 질서 있는 전환을 원한다. 유엔의 기후 대사를 지낸 피게레스는 이런 말을 했다. "우리는 저탄소 사회로 이동할 것이다. 자연이 우리를 그렇게 내몰 것이기 때문이다. 정책이 우리를 안내해 인류가 스스로 움직일 수도 있을 것이다. 만약 스스로 움직이지 않고, 자연이 우리를 내몬다면, 우리는 엄청난 희생을 치르게 될 것이다."

17장

지구 회복을 위한 정치와 정책

시장의 기능을 조정하는 것만으로는 부족하다. 우리가 원하는 성장과 발전을 실현하기 위해서는 지구를 살리는 방향으로 새로운 시장을 건설해야 한다. — 마리아나 마추카토 (Mariana Mazzucato), 경제학자, 2016년 코로나19 팬데믹은 모든 것을 바꾸었다. 우리는 우리가 생각했던 것만큼 안전한 상황에 놓여 있지도 않을 뿐만 아니라 혼자서는 살아갈 수 없다는 점을 여실히 깨닫는 계기가 되었다. 이전에는 생각해 보지 않았던 일들이다. 정부 당국과 정치 지도자들은 경제에 대한 우려보다는 시민들의 안전을 더 먼저 생각했다. 그러고 나서 수조 달러를 뿌려 침체된 경제를 살리려 애쓰고 있다.

의심의 여지없이 코로나19 상황은 제2차 세계 대전 이후 가장 충격적인 사건이다. 전쟁은 모든 것을 파괴하기 때문에 이후 복구 과정에서 상대적으로 쉽게 새로운 시스템을 도입할 수 있다. 이 과정에서 국제적인 연대와 창의적인 발상 등이 활발하게 시험되기도 한다. 제2차 세계 대전 이후 수십 년 동안 비교적 안정적인 발전과 평화가 가능했던 원인이기도 하다. 코로나19 사태도 언젠가는 종결될 것이다. 그리고 모든 사람이 경제 발전에 대한 의견을 제안하고 논의할 것이다. 현재 지구 생태계의 위기와 시급함을 감안한다면 새로운 발전은 어떤 모습이어야 할 것인가? 의외로 복잡하지 않을 수도 있다.

전염병 사태 중에 뜻밖의 발견도 있었다. 시장의 권능이 막강하기는 하지만, 비상 상황에서는 정부의 권능 역시 매우 강력하다는 점이다. 실제로 각국 정부는 여러 구제 금융 정책을 발표했는데, 그냥 뿌리는 것이 아니라 특별한 조건을 같이 묶어 두었다. 왜 그랬을까? 코로나19 구제 금융은 일종의 빚인데, 현재 세대가 아닌 미래 세대가 갚아야 하기 때문이다. 기후 변화로 인해 가장 큰 피해를 입는 세대인 우리 아이들에게는 엎친 데 덮친 격이다. 우리 아이들이 이 사실을 깨닫게 되면, 과연 우리를 용서할까? 이런 사실을 감안하면, 정책을 선택하는 일에 매우 신중할 수밖에 없다. 잘못된 정책은 두고두고 용서받기 힘들기 때문이다. 지구 환경뿐만 아니라 정책 결정도 티핑 포인트에 도달한 셈이다.

＊＊＊

1960년대 달 탐사 계획은 정치적인 이유에서 시작된 면이 있다. 과학적인 임무는 전문가들만의 영역이었는데, 당시에는 온 국민의 관심사가 되었고, 광범위한 협력을 이끌어 내는 데 성공했다. 국가 간의 협력도 두드러졌는데, 특히 연구 분야의 협력이 돋보였다. 경제적인 관점으로 보면 당시 미국 GDP의 2.5퍼센트가 투자된 거대 경제 정책이기도 했다. 이런 열정과 협력이 지금 지구 회복 운동에 정확히 필요한 것들이다. 전 세계 GDP의 2.5퍼센트를 지구 회복 계획에 투자한다면 어떤 일이 벌어질까? 매년 2조 달러가 지구 회복 활동에 투자된다는 의미이기도 한데, 정말 그렇게 된다면 사회적 불평등과 보건, 복지 등의 분야에서 눈부신 발전이 가능할 것이다.

국가의 모든 역량이 하나의 프로젝트에 집중되었던 사례는 그전에도 있었다. 제2차 세계 대전 시기에 전쟁의 당사국들은 자신들의 역량을 모두 쏟아부어 새로운 무기와 비행기 등을 개발했다. 의도와 관계 없이 이 기술들은 전쟁 이후에 민간 분야로 퍼져 나가 발전의 기틀이 되기도 했다. 2020년 팬데믹 기간 동안 전 세계 주요 대학과 연구소는 바이러스의 원인과 치료법을 개발하기 위해 총력을 기울였는데, 그 결과 몇 년 이상 걸릴 것으로 보였던 백신 개발이 성과를 보여 전염병 사태를 극복할 수 있는 계기를 마련했다.

지구 회복 계획도 충분히 이런 과정을 거칠 수 있다. 지구 생태계를 복원해 미래 세대에게 살기 좋은 환경을 물려주는 것은 달 탐사나 전염병 극복만큼 중요한 우리의 사명이다. 2018년 이탈리아계 미국 경제학자 마추카토는 지구 회복을 위해 필요한 혁신 프로젝트를 제안했다. 달 착륙 계획처럼 이 프로젝트는 대담하고 시민들에게 큰 자부심을 줄 수 있어야 한다. 또한 분명한 목표와 계획이 설정되어야 하며, 다양한 아이디어를 받아들여 많은 사람의 참여를 이끌어야 한다. 그리고 다양한 경력의 연구자들을 초빙해 연구의 확장성을 꾀해야 한다. 마추카토의 제안과 직접적인 연관성은 없지만, 현재 그린 딜 정책이 이런 내용을 담고 힘차게 추진되고 있다.

지구 회복 계획도 간단하면서도 매력적이어야 훨씬 성공 확률이 높을 것이다. 그 매력은 상당 부분 경제적으로도 이익이 있다는 것을 보여 줄 수 있어야 한다. 다만 지구 회복 계획은 에너지와 탄소 배출량에 국한되는 것은 아니다. 산림을 복구하고 남아 있는 자원을 보호해 농업 혁신을 유도하는 등의 일들이 포함되어야 한다. 과학적으로 이런 일들은 그렇게 단순하지 않다. 나무를 많이 심는 것을 넘어 생태계 전체의 작동 방식을 깊이 이해하고, 이에 맞는 대책을 세워야 한다. 긴 시간 동안 꾸준하게 실행되어야 할 프로젝트는 목표가 분명해야 한다. 온실 기체 배출을 반으로 줄이고, 멸종되는 생명체를 보호하고, 2020년 대비 2030년까지 더는 지구 환경의 경계를 악화시키지 않는 것들이 이런 목표이다. 사회 체제를 전환하면서 부의 재분배를 실행하는 것도 목표에 포함될 것이다. EU, 뉴질랜드, 코스타리카, 영국 등의 정부는 이 목표를 천명하고 구체적인 계획을 실행 중이다. 프로젝트를 실행하려면 구체적인 의지와 함께 돈도 필요하다. 금융 산업을 통해 펀드를 조성하고, 미래를 건설해야 하는 과제도 포함되어야 한다. 시장에 돈이 마르는 일은 없다. 단지 투자에 대한 명확한 비전이 없을 뿐이다.

온화한 지구를 위해 필요한 정책들

지구와 인류 중심의 경제 개발을 끌어내도록 시장을 재편하려면 4가지 정책의 실천이 필요하다. 다음 제안들은 지속 가능한 발전을 위한 최신 과학과 경제학에 기반을 두고 있다.

1. '탄소 중립 2050'과 '자연 회복 2030'을 법으로 제정하라.

이미 수리남과 부탄은 탄소 중립에 도달했다. 또한 5개국(덴마크, 프랑스, 뉴질랜드, 영국, 스웨덴)이 탄소 중립 2050을 법으로 제정했으며, 12개 이상의 국가들이 이를 준비하고 있다. EU의 그린 딜은 2050년 탄소 중립을 목표로 하고 있다. 그러나 부유한 선진 공업국들은 더 적극적인 목표를 세우고 달성할 역사적 의무가 있다. 현재의 지구 온난화는 이 국가들이 발전하는 과정에서 빚어진 일이기 때문이다. 예를 들어, 이 국가들은 2050년이 아닌 2040년까지 탄소 중립에 도달해야 한다.

생명 다양성을 파괴하는 모든 행위를 즉각 멈추어야 한다. 그리고 2030년까지 파괴된 자연을 회복시키는 지구 회복 계획이 전 세계에서 출범해야 한다. 목표는 2050년까지 완전한 회복을 이루는 것이다. 성공한다면 미래 세대는 우리가 자연으로부터 받은 혜택을 그대로 누리면서 그들의 행복을 설계할 수 있을 것이다.

2. 화석 연료 개발에 대한 투자를 중단하라.

화석 연료 개발은 새로운 정유 공장 건설, 석탄 탄광 개발, 석탄 화력 발전소 건설 등을 모두 포괄한다. 새로운 프로젝트를 일단 멈추는 것이 화석 연료 시대를 끝내는 시작이 될 것이다. 지구 곳곳에서 기후 비상 사태가 선포되고 있는 지금 이 순간에도 1200개 이상의 석탄 화력 발전소가 건설 중이거나 계획 중이다. 현재 가동 중인 발전소들이 이들의 설계 수명까지 가동된다고 하면, 약 6600억 톤의 이산화탄소를 배출할 것으로 추산된다. 이 양은 지구 온난화 1.5도를 위한 탄소 예산의 2배에 이르는 양이다. 길게 설명할 필요 없이, 석탄 화력 발전소를 저대로 놔둔다면, 탄소 배출량 한계선을 가뿐하게 넘어갈 것이다. 이미 계획이 완료된 석탄 화력 발전소만을 계산해 봐도 1900억 톤의 이산화탄소가 배출될 것이다. 새로운 발전소 건설 계획들이 얼마나 위험한 일인지 알 수 있을 것이다. 그렇다고 모든 발전소의 건설을 중지시킬 수는 없다. 꼭 필요한 발전소도 분명히 포함되어 있기 때문이다. 따라서 실용적인 관점에서 꼭 필요한 석탄 화력 발전소만 건설하고 동시에 탄소를 포집해 저장하는 기술과 시설에 대한 투자가 진행되어야 할 것이다. 이산화탄소를 땅속에 보관할 수 있다면 발전소를 짓는다고 해도 공기 중에 배출되는 양을 줄일 수 있기 때문이다.

3. 산림 파괴, 멸종, 화석 연료 사용을 촉진하는 보조금 지급을 중단하라.

현재도 각국 정부들은 화석 연료 산업을 장려하기 위한 보조금을 지급하고 있다. 이 금액만 따져도 연간 5000억 달러가 넘을 것으로 보이는데, 이로 인해 파괴되는 지구 생태계와 사람들의 건강을 생각하면 실제 피해 금액은 보조금의 10배도 넘을 것이다. 각국 정부와 EU 등은 화석 연료 산업에서 벗어날 것이라고 여러 차례 선언했지만, 변화의 기미는 보이지 않는다. 농업을 위해 지급되는 보조금들도 생명 다양성과 탄소 흡수원 보존과는 거리가 먼 경우가 많다. 이런 보조금 정책을 농장 확장 대신 탄소 흡수원을 설계하고 야생 생태계를 회복하는 방향으로 써야 한다.

4. 탄소에 가격을 매겨라.

전 세계 탄소 배출량의 80퍼센트는 아무런 제재를 받지 않는다. 쉽게 말하면 공짜로 폐기물을 배출하고 있는 것이다. 이것은 신자유주의 경제학들조차도 심각한 '외부 효과'라고 생각한다. 의도치 않은 현상으로 인해 발생하는 비용이라고 하기에 탄소 배출은 대기 오염과 기후 위기에 너무 큰 영향을 미치고 있다. 절대 공짜가 되어서는 안 되는 일이다. 문제는 지난 100년간 선진 공업국들이 공짜로 엄청난 양의 탄소를 배출했다는 점이다. 이 탄소들이 배출국에만 머무르는 것이 아니기 때문에 문제는 소수가 일으키고 고통은 모두가 받는 현상이 벌어지고 있다. 지금 당장 탄소 배출에 대한 비용을 매기고 전 세계 국가들이 이를 실천하는 것도 중요하지만, 과거의 잘못에 대해 어떤 조치가 합당한지 논의하고 합의해야 한다.

경제학자들의 분석에 따르면, 이산화탄소 1톤당 최소 50달러의 가격이 매겨져야 한다. 어떤 산업도, 어떤 경제 주체도 예외일 수는 없다. 스웨덴은 현재 1톤당 120달러 가격을 매기고 있고, 캐나다는 탄소세를 제정해 탄소에 대한 비용을 세금으로 거둬 지구 회복 계획의 발전 자금으로 사용하고 있다. 탄소에 대한 비용은 경제학자들이 계산했다고 해도 이를 어떤 방법으로 회수할지는 시민들과 정치인들이 결정해야 한다. 탄소세를 포함해 다양한 방법이 논의될 수 있는데, 이런 정책을 통해 탄소 배출을 줄이고 동시에 새로운 프로젝트를 수행할 수 있는 자금을 마련할 수 있을 것이다.

전 세계 국가와 도시 들이 탄소 정책에 합의하고 실천한다면, 자연스럽게 화석 연료 중심의 산업 구조에서 탈피할 수 있을 것이다. 탄소세가 이 산업들에는 일종의 죽음의 키스인 셈인데, 공공의 이익을 위해 쓰인다면 이들에게는 행운의 키스가 될 수도 있다. 탈탄소 사회를 위해 현재 다양한 기술 혁신들이 시도되고 있다. 탄소세를 거둬 이런 기술 혁신을 장려하고 적극적으로 시험하는 일들이 더 빠르게 확산되어야 한다.

안정된 지구를 위한 정치학

지구 환경을 위한 정치가 바르게 작동한다면, 사회 전체적으로는 큰 혜택을 보게 될 것이다. 우리의 삶의 방식에 정치가 관여하지 않는 부분이 없기 때문인데, 그렇다면 이런 당연한 일을 왜 주저하는가? 아마도 에너지가 원인일 것이다. 에너지는 현재의 경제 구조와 밀접하게 연결되어 있어서, 과학자들이 요구하는 에너지 전환의 문제는 쉽게 풀 수가 없다. 오랜 기간, 화석 연료 산업은 커다란 카르텔을 만들어 왔고, 산업의 이익을 깎아먹는 정책을 막강한 힘으로 저지해 왔다. 게다가 지구 생태계의 위기는 미래 세대에게 더 위협적이어서 당장 몇 년 이내에 선거를 치러야 하는 정치인들의 관심사가 아니다. 따라서 입에 발린 소리만 넘쳐날 뿐, 진지한 논의와 대책은 항상 뒷전일 뿐이다.

그나마 다행인 것은 에너지 전환은 어쨌든 시작될 것이라는 사실이다. 이제는 이 흐름을 멈추기 어렵기 때문이다. 또한 앞에서 봤던 4가지 정책 제안들은 이런 전환을 더 촉진할 만한 것이다. 과거의 사례를 봐도 새로운 에너지는 더 많은 일자리를 창출했다. 재생 가능 에너지로의 전환은 아마도 4000만 개의 일자리를 만들 것으로 보인다. 하지만 없어지는 일자리도 있기 때문에 반대하는 사람도 있을 것이다. 그러나 사회 안전망을 통해 반대를 극복해 나간다면, 에너지 전환은 모든 산업과 경제 구조를 뒤엎고 다시 태어나게 할 만한 파급력을 가지고 있다. 이제 우리는 다음 단계로 가야 한다. 재훈련과 교육에 투자해 고용을 보장해야 한다.

지난 30년 동안 세계화, 디지털화, 자동화라는 새로운 혁신이 등장했고, 우리는 이런 혁신들이 산업과 경제를 어떻게 변화시키는지 목격했다. 전통적인 산업은 새로운 산업으로 대체되거나 인건비가 싼 중국 등으로 이전했다. 선진국의 일자리는 감소했지만, 평생 교육 시스템을 통해 시민들의 적응력을 높여 주었다. 일례로, 스웨덴 정부는 성인들의 직업 교육과 사회 안전망 강화에 대한 투자를 지속적으로 늘리는 중이다. 스페인 정부는 석탄 탄광을 폐쇄하고 일자리를 잃은 노동자들에게 여러 혜택과 기회를 부여하고 있다. 여기에 투자되는 금액만 2억 5000만 달러가 넘는다. 독일은 규모가 훨씬 큰데, 2019년 기후 위기에 대한 정책을 내놓으면서 석탄 관련 산업의 피해를 보상하기 위해 320억 달러를 투자하기로 했다. 그러나 미국에서는 이런 사회적 합의가 진행되지 않았는데, 그로 인해 탄광이나 기업이 문을 닫으면 지역 전체가 유령 도시처럼 변하곤 했다. 긴 안목으로 정책을 만들지 않는다면 언제든지 발생할 수 있는 일들이다.

지금이 정치적으로 매우 어려운 결정의 시기임은 분명하다. 각국 정부들도 기후 위기의 상황에 따라 왔다 갔다 하는 경향을 보이면서 좀처럼 중심을 못 잡고 있다. 2015년 미국이 중심이 되어 전 세계가 지속 가능한 발전 목표에 서명함으로써 고무되기도 했다. 그러나 그 흐름은 2016년 영국의 브렉시트와 미국의 대선, 2018년 브라질의 선거로 이어지며 흐트러지기 시작했다.

이때 당선된 데마고그들은 과학적 사실에는 눈을 감은 채, 감정적이고 단순한 표현으로 사람들을 부추겼다. 자신들이 정권을 잡으면 신속하고 간단하게 기후 위기를 해결할 것처럼 이야기했지만, 그들이 해결한 것은 아무것도 없었다. 지구 청지기 활동과 지구 회복 운동을 위해서라도 민주적 방법으로 신뢰를 먼저 회복시켜야 할 상황이다. 무의미한 정쟁을 멈추고 공동체의 가치를 복원해야 한다.

과학이 이들의 활동을 도울 수 있다. 검증된 과학적 사실을 공유하고, 이에 기반한 새로운 정책을 준비해야 한다. 지구 회복 운동은 이런 정치적 기반이 없다면 결코 성공할 수 없을 것이다. 사회적 양극화를 줄이는 일도 집중해야 할 부분이다. 사회 각 계층의 대표자가 골고루 선출되지 못해 의회의 대표성이나 비례성이 떨어지는 나라들에서는 새로운 전환의 과정에서 소외당하는 사람들이 있게 마련이고, 이로 인해 사회적 연대가 무너지게 될 것이다.

무엇보다 사회적 신뢰도를 높이는 가장 중요한 과제는 불평등을 완화하는 것이다. 평등한 국가일수록 정부에 대한 신뢰도가 높기 마련이며, 장기적인 정책 수립에 힘을 보탤 수 있다. 예를 들어 탄소에 가격을 부과하는 정책과 함께 부유세를 신설하는 것도 장기적으로 매우 긍정적인 아이디어이다. 세계 곳곳에서 갈수록 심해지는 양극화는 결국 인류 사회를 둘로 쪼갤 수 있기 때문이다. 어떤 식으로든

부의 재분배를 조정하는 것은 사회의 신뢰도를 높이고 사회적 연대와 문명의 발전을 이끌 수 있다. 부유세를 전 세계로 확대하면, 현재의 기부 중심의 원조 방식보다 훨씬 큰 효과를 볼 수 있을 것이다. 그러나 이런 정책에서 의도적으로 빠지는 지역이나 국가가 있다면 효과는 크지 않을 것이다. 부자들이 그들의 자금을 이 지역으로 옮겨 놓을 것이 뻔하기 때문이다.[1] 최근에 이름을 떨치는 피케티와 스티글리츠 등은 모두 부유세 같은 자산 재분배 정책을 응원하는 메시지를 발표하기도 했다.

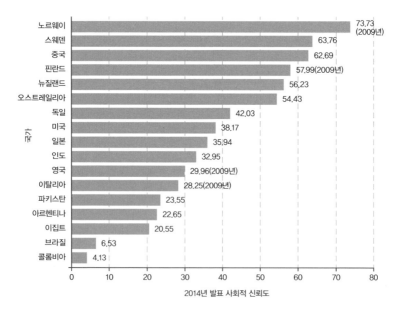

사회적 신뢰도에 대한 국가 간 비교.
공평한 소득 분배는 사회와 정부에 대한 신뢰의 핵심 요인이며, 이렇게 형성된 신뢰는 시민 사회의 자발적 정책 결정의 바탕이 된다.

부유세와 함께 전 세계적으로 적용되는 글로벌 법인세도 고려해 볼 필요가 있다. 수십억 달러를 벌어들이는 다국적 기업들은 가장 낮은 세율을 제시하는 국가로 본사를 이전함으로써 쥐꼬리만 한 세금만 지불하고 있다. 제도의 허점을 교묘하게 이용하는 이런 방식은 모두에게 경제적 피해를 입히고 있지만, 눈에 잘 드러나지는 않는다. 이를 방지하기 위해 다국적 기업을 대상으로 한 최소 세율 제도(minimum global corporation tax rate, 조세 회피에 대응하기 위해 다국적 기업의 최저 법인세율을 적어도 15퍼센트로 조정하고 매출 발생 지역에 세금을 매기는 내용이 2021년 G7과 G20에서 승인되었다. 전 세계 130개국의 합의를 거쳐 2022년 우리나라에서도 세법 개정안으로 발표되었으며 2024년부터 시행 예정이다. — 옮긴이)를 채택해야 한다. 모두에게 좋은 일일 것이다. 실제로 보수적인 경제 개발 협력 기구(OECD)조차도 이와 같은 세금 정책에 찬성하고 있다.

* * *

70년 전 전쟁의 화마 속에서 유엔이 탄생했다. 국제 정치의 역사에서 가장 의미 있는 순간으로 기록될 것이다. 이후에 세계 은행, WTO, IMF 등이 설립되었다. 물론 이런 국제 기구들은 인류세 시대의 환경 파괴를 막기 위해 설계된 것은 아니다. 따라서 지구 환경의 회복을 위한 국제 기구를 공정한 투표를 통해 설립해야 할 수도 있다. 아득히 먼 일처럼 보이겠지만, 전쟁의 포화 속에서 창설된 유엔의 사례를 기억할 필요가 있다. 어쩌면 전염병의 확산으로 전 세계가 어려움을 겪고 있는 현재의 사태는 가장 극적인 기회를 제공하고 있는지도 모른다.

18장
혼돈의 10년

주위를 한 번 둘러보십시오. 움직이지 않고 무표정한 것들만 보일 것입니다. 그러나 그렇지 않습니다. 적당한 방향으로 살짝만 건드려도 와르르 쏟아질지 모릅니다. ― 말콤 글래드웰(Malcolm Gladwell), 『티핑 포인트: 작은 아이디어는 어떻게 빅트렌드가 되는가』(2000년)에서

2019년이 끝을 보이던 시점, 한 야생 동물에게서 건너온 정체불명의 바이러스로 인해 한 생명이 목숨을 잃었다. 그리고 얼마 되지 않아 인류는 바이러스에 의한 '나비 효과'를 경험하게 되었다. 처음에는 대단하지 않아 보이던 일들이 시간이 흐르면서 역사를 바꾸는 일이 된 것이다. 효과는 기하급수적으로 늘어났고 정신 차릴 새도 없이 환자는 불어났다. 인류세 시대는 이렇게 작은 나비의 몸짓을 태풍으로 만들어 낼 수 있을 만큼 서로 연결되어 있다는 사실이 분명해졌다. 과거와는 비교할 수 없도록 촘촘하게 연결되어 있는 세계, 그 세계를 우리가 살고 있는 셈이다.

＊＊＊

우리는 미래를 조심스레 낙관하고 있다. 우리의 낙관주의에는 근거가 있는데, 4가지 거대한 힘이 지구 위험 한계선을 지키기 위해 안간힘을 쓰고 있기 때문이다. 사회, 정치, 경제, 기술의 영역에서 관찰되는 새로운 티핑 포인트는 생태계의 미래를 지속 가능하게 만들 수 있다. 각각의 티핑 포인트는 지금도 시시각각 돌아가면서 큰 폭의 변화를 만들어 내는 중이다. 앞에서 설명했듯이 기하급수적인 큰 변화는 처음에는 매우 느려 보이지만 어느 시점을 지나면 위로 확 솟구치는 경향이 있다. 따라서 아직은 큰 변화를 못 느낄 수 있으나 가시적인 변화의 시점에 가까워지고 있다. 이런 관점에서 향후 10년은 사회 체제와 경제 구조 측면에서 역사상 가장 큰 전환을 예고하고 있다. 혼돈의 2020년대를 적극적으로 환영할 필요가 있다.

전환을 추동하는 힘은 시민 운동, 정부 정책, 믿을 만한 시장, 기술 혁신, 과학에 있으며, 때로는 이런 힘들이 서로 합쳐져 더 큰 변화를 만들어 낼 것이다.

인종 차별, 여성 인권 차별, 아동 노동 등은 거대한 시민 운동에 의해 문제시되었고, 어느 시점에 다다르면 봇물 터지듯이 폭발해 일소되었다. 공공 장소에서 흡연이 금지된 것도 이와 비슷하다. 시민들의 공감은 있으나 미처 현실화되지 못한 활동들이 시민 사회의 압력과 정부에 의해 실현되었다. 흡연자들은 자신들의 선택에 대한 권리를 주장하지만, 다른 사람들의 건강과 화재의 위험까지 감안해 흡연 구역을 제한하는 것이 공공의 이익에 부합한다는 것이 현재의 상식이 되었다. 이전과는 다른 종류의 티핑 포인트가 경제에서 곧 나타날 수도 있다. 새로운 혁신 기술이 기존 기술의 가격과 비슷해지거나 더 저렴해지면서 꾸준하게 개선된다면, 기술 전환이 급격하게 진행될 수 있다. 전기차의 예를 보자. 기존의 내연 기관이 단지 기후 회복 운동과 맞지 않아서 소멸하는 것도 있지만, 성능과 가격 면에서 전기차보다 부족한 점도 소비자로부터 외면받는 이유가 되고 있다. 대중 교통에서도 학문적, 기술적 혁신이 이루어지거나, 그 어디서든 새로운 아이디어가 나와 상상도 못 한 혁신이 이루어진다면 새로운 시장, 새로운 사고 방식, 새로운 생활 양식이 나타날 것이다.

이 장에서는 사회 전환을 위한 4가지 티핑 포인트를 살펴본다. 첫 번째 살펴볼 것은 시민 사회의 각성과 연대이다. 현재 전 세계에서 큰 반향을 일으키는 활동들, 예를 들면 미래를 위한 금요일 활동, 학교 파업, 멸종 저항 운동(Extinction Rebellion, XR) 등이 여기에 포함될 수 있다. 모두 다 기후 환경의 급격한 변화를 저지하고, 다시 안정된 지구 환경을 회복하려는 시민들의 자발적 연대이다. 두 번째 티핑 포인트는 정치 분야에서 볼 수 있다. 언제부터인가 그린 딜이라는 정책이 갑작스럽게 부각되었는데, 이는 정치 환경도 기후를 중심으로 전환되고 있음을 보여 준다. 코로나19의 확산 사태가 어떤 방식으로 종결될지 확신하기는 어렵지만, 이 기간 시민들은 정부가 한 가지 문제에 집중적으로 대응하면 큰 변화를 이끌어 낼 수도 있음을 체험했다. 이를 통해 이상적으로만 보이는 그린 딜 정책도 충분히 성공할 수 있다는 희망이 보이기 시작했다. 세 번째 티핑 포인트는 경제 분야에서 살펴볼 수 있다. 이미 여러 차례 살펴본 것처럼, 탄소 배출과 같은 위해 요인들에 대한 징벌적 세금과 에너지 전환 정책 등이 화석 연료 중심의 산업 구조를 친환경 에너지 중심의 구조로 전환할 것이다.

마지막은 기술 혁명에 대한 것이다. 2030년까지 인류가 성취해야 할 목표가 큰 만큼, 이를 실현할 수단도 빠르게 개선되어야 한다. 그리고 인류는 기술 혁신을 통해 이런 수단을 확보해 나갈 것이다. 우리가 일하고 움직이고 먹고 마시면서 소비하는 모든 방식이 새로운 기술에 의해 전환될 것이고 이는 더 건강하고 발전된 형태일 것이다.

1. 사회 변화의 티핑 포인트

2019년 9월, 이전과 비교하기 힘든 엄청난 규모의 시위가 전 세계 곳곳에서 벌어졌다. 스웨덴의 한 소녀가 시작한 '기후를 위한 학교 파업'이 엄청난 규모로 성장한 것이다. 세계 150개국의 4500곳에서 600만~800만 명의 10대가 참여한 것으로 추산되었다. 역사상 가장 많은 시민이 참여한 시위였다. 현대사에 큰 분기점으로 기록되어 있는 1968년 프랑스의 68 운동, 1960~1970년대 미국에서 벌어진 반전 운동, 2003년 미국의 이라크 침공에 항의하는 평화 운동 등과 견줄 만한 규모였다.

2018년 8월 스웨덴의 10대 소녀 그레타 툰베리(Greta Thunberg)가 "기후를 위한 학교 파업"이라는 팻말을 들고 의사당 앞에서 시위를 시작한 이후, 툰베리의 문제 의식은 13개월 동안 세계 곳곳으로 확산했고, 급기야 기록적인 규모의 시위로 발전했다. 초기에 툰베리는 같은 반 친구들도 설득하기 힘들었는데, 불과 13개월 만에 수백만의 친구들을 설득한 것이다. 그야말로 기하급수적인 성장이라고 할 수 있다. 스웨덴 언론의 관심은 SNS를 통해 확산되었고, 툰베리의 팻말은 미래 세대의 상징이 되었다.

2011년 《네이처》에 기고한 글에서 과학 저술가 필립 볼(Philip Ball)은 SNS가 '아랍의 봄'의 전개 과정에서 큰 역할을 했다고 주장했

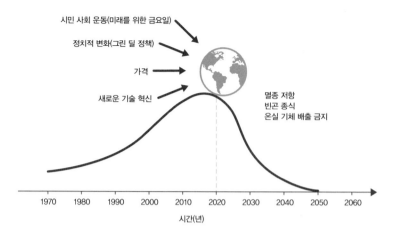

사회의 티핑 포인트.
4개의 강력한 힘이 합쳐져 거대한 변화를 이끌고 있다.

다. 그의 주장에 따르면, "별것 아닌 것처럼 보이던 사건이 큰 변화를 촉발했다." 튀니지의 시디 부지드에서 노점상을 하는 모하메드 부지지(Monamed Bouazizi)는 경찰과 공무원의 과도한 단속에 항의해 스스로 목숨을 끊었다. 이 사건은 SNS를 통해 급속하게 퍼져 지배 계급에 대한 격렬한 저항을 불러일으켰다. "이 사건이 일어나기 3개월 전에 모나스티르에서도 비슷한 일이 일어났다. 그러나 당시에는 페이스북이 널리 퍼지지 않아 소수의 사람들만 분노하고 곧 사그라들었다." 볼의 말처럼 새로운 미디어로 인해 개인들의 연결은 매우 과거보다는 훨씬 더 역동적으로 변했다.

미래의 역사학자들은 '미래를 위한 금요일'처럼 학업을 중단하고 미래를 위해 나선 학생들의 시위를 사회 변혁의 순간으로 해석할 것이다. 미래 세대가 기성 세대의 행동 변화를 촉구하는 양상이다. 놀라운 사실은 이렇게 영향력이 확대되는 과정에서 주류 언론의 역할이 거의 없었다는 점이다. 10대 학생들은 그들의 주장과 행동을 SNS를 통해 계속 전달했는데, 이게 거대한 확산의 직접적인 원인이었다. 시위의 내용은 비교적 간단했다. 과학적 사실을 모아 보면, 화석 연료 중심의 산업은 생태계를 매우 취약하게 만들고 있다. 그리고 이런 우울한 전망은 미래 세대에게서 희망을 빼앗아 가고 있다. 따라서 이를 방지할 대책을 즉각 수립하고 실행해야 한다. 과학자들의 주장을 적극적으로 수용한 이들의 시위는 또래 친구들의 공감과 호응을 받았다. 결과적으로 이들의 시위는 지구 회복 운동이 사회의 중심 과제로 떠오르고 있다는 신호가 되었다.

최근의 연구는 학생들의 단체 행동이 기후 위기에 대한 어른들의 관심을 높이는 계기가 되었음을 보여 준다. 어른들은 학생들의 행동이 정치적 논란의 대상이 아니라 사회에 대한 순수한 자각이라는 점을 알기 때문에 더 긍정적으로 받아들이고 있다. 흥미로운 점은 엄마들보다 아빠들이 더 큰 관심을 표현한다는 점이다. 특히 딸을 가진 아빠들은 자녀들의 이야기에 더 관심을 가지는 경향이 있다.

스위스의 다보스에서 개최되는 세계 경제 포럼에 2019년 두 번째로 참가한 툰베리는 지난 12개월 동안 세계는 전혀 나아지지 않았다고 강조했다. 그러나 전혀 의미가 없었던 것은 아니다. 스웨덴의 경우 이산화탄소를 대량으로 배출하는 항공 산업에 대한 불매 운동이 자발적으로 일어났다. 비행기 탑승은 '부끄러운 일'이라는 시민들의 인식에 기인한 것인데, 실제로 스웨덴 공항의 비행 편수가 줄어드는 결과를 낳았고, 이 불매 운동은 유럽 곳곳으로 확산되었다. (플뤼그스캄

(flygskam)이라는 신조어도 낳았다.) 반면, 탄소 배출이 적은 기차 운행은 늘었는데, 침대칸을 포함한 열차가 유럽 주요 도시들 사이에서 더 많이 운행되고 있다.

미래를 위한 금요일 운동은 기후 위기에 대한 논의를 새롭게 만들고 있다. 그러면서 미국 트럼프 대통령이나 브라질 보우소나루 대통령 같은 정치인들과 설전을 벌이는 일도 종종 있다. 굳이 표현하자면 이 모든 것을 '그레타 효과'라고 할 수 있을 것이다. 신문사들도 이와 관련해 내부 방침을 변경하기도 한다. 일례로 《파이낸셜 타임스》는 직원들에게 비행기 탑승을 자제하는 대신 기차 활용을 높이라는 지침을 내리기도 했다. 아침 일찍 비행기를 타야 하는 문제도 해소하고, 숙박 비용을 줄이면서 안전에 대한 우려도 씻을 수 있기 때문에 신문사 내외에서 긍정적으로 평가하고 있다. 전체 탄소 배출의 2퍼센트 정도를 차지하는 항공 산업에 적당한 탄소 가격을 매긴다면 전환에 큰 도움이 될 것이다.

2019년 세계 석유 산업을 쥐고 흔드는 OPEC의 의장이 이런 말을 했다. "학생들의 기후 파업은 장기적으로 석유 산업의 가장 큰 위협이 될 것이다." 이 소식을 들은 툰베리는 이렇게 되받아쳤다. "고마운 말이다! 지금껏 들은 말 중 가장 큰 찬사라고 생각한다!"

학생들의 파업은 이후에 확산된 시민 운동의 상징이 되었다. XR도 2018년 영국에서 시작되었다. 이 운동은 2019년 4월에 평화적이지만 의미 있는 시위를 런던에서 벌였는데, 덕분에 한동안 교통이 마비되기도 했다. 이름처럼 이 운동의 목적은 생태계가 붕괴하고 있는 상황을 막는 것이었다. 많은 사람이 이에 호응했고 뉴욕과 베를린,

파리 등 여러 지역으로 확산되었다. XR의 요구 사항 3가지는 다음과 같다. 첫째, 영국 정부는 기후 비상 사태를 선포해야 한다. 둘째, 영국 정부는 2025년 탄소 중립을 법으로 제정해야 한다. 마지막으로 당면한 위기를 극복하기 위해 시민 회의를 구성해야 한다. 요구 사항 중 2가지는 어느 정도 진전이 있었다. 영국 정부는 기후 비상 사태를 선언했고, 시민 회의도 설립되었다. 그러나 탄소 중립은 2025년이 아닌 훨씬 먼 시점에 달성될 것으로 보인다.

지난 역사를 돌아보면, 비폭력 평화 시위는 폭동을 동반한 폭력 시위보다 2배 이상 효율적이었다. 시민 불복종이나 보이콧 등의 시민 운동은 문제를 미처 인식하지 못했던 다른 사람들을 더 쉽게 설득할 수 있기 때문이다. XR도 이와 비슷한데, 직관적이고 참신하지만 폭력을 동반하지 않는 이들의 방식은 청년 세대의 공감을 끌어냈다. 런던의 시위로 인해 교통 정체가 발생했어도, 18~24세의 청년 3000명을 대상으로 한 조사에서 47퍼센트나 이 시위를 지지한다고 응답했다.

학생들과 시민들의 연대와 활동이 지구 생태계의 급박한 상황을 더 효과적으로 전파하고 있다. 아주 보수적인 지역에서도 종종 새로운 세계관과 가치관이 등장하고 있다. 기후 위기에 회의적인 사람들에게도 이들의 영향력이 전파되고 있다. BBC 방송 프로그램인 「탑 기어(Top Gear)」의 진행자 제러미 클락슨(Jeremy Clarkson)도 마찬가지이다. 그는 오랫동안 방송에서 기후 변화에 대한 과학자들의 주장을 무시하곤 했는데, 2019년 캄보디아와 베트남에서 촬영하는 도중 기후 변화의 심각성을 깨닫게 되었다. 그의 고백처럼 기후 변화는 "근본적인 위험 신호"로 받아들여지고 있다.

이런 상황은 기업 임원이나 대표에도 적용된다. 2019년 9월 스웨덴 화물차 회사인 스카니아의 CEO 헨릭슨과 부사장 아사 페테르손(Åsa Pettersson)을 만날 기회가 있었다. 우리는 툰베리의 학교 파업이 확산되는 문제에 대한 이야기로 시작해 이런 시위가 확산되는 배경에 대해 토론했다. 이 만남 이후 헨릭슨은 전 세계 직원들에게 기후 변화에 대한 캠페인에 관심을 가질 것을 요청했고 참여할 수 있는 기회를 제공했다. 학교 파업이 10대가 아닌 기성 세대로 확산되는 첫 사례일 것이다. 그만큼 지구 온난화에 대한 우려가 시민들 사이에서 확산되고 공감을 얻고 있는 것이다. 오스트레일리아 인의 68퍼센트가 기후 변화가 심각한 위험이라는 인식을 드러냈고, 미국인 60퍼센트는 지구 온난화에 대해 큰 우려를 가지고 있다. 5년 전에 비하면 3배 이상 상승한 수치이다. 2020년 세계 경제 포럼에 참석한 CEO들에게 설문 조사를 한 결과, 25퍼센트가 기후 변화에 대한 비상한 관심이 있다고 응답했다.

아직 사회적 관심이 부족하다고 생각할 수 있지만 실질적으로는 매우 의미 있는 비율이다. 최근의 조사에 따르면 새로운 의견을 가진 시민들이 처음에는 소수로 있다가 차츰 힘을 얻는 과정에서 질적인 변화를 일으키는 지점이 21~25퍼센트 구역이다. 사회적 티핑 포인트인 것이다. 이런 상황을 생각해 보면 이해가 더 쉬울 것이다. 4명으로 구성된 가족이 저녁 식사를 한다고 하자. 어느 날 자녀 중 하나가 앞으로 채식만 하겠다고 선언한다. 그러면 가족 사이에서 여러 논의가 있을 수 있고, 채식 요리와 일반 요리를 같이 준비하는 것으로 의견이 모인다. 추가적인 요리가 더 필요하기는 하지만, 가족 구성원 모두를 만족시키는 일이고, 또한 채식 준비가 결과적으로 생활비를 줄인다는 것을 알게 될 것이다. 새로운 생활 양식이 이 가족에게 스며들었다. 처음에는 소수의 의견이라도 점차 확장돼 25퍼센트라는 숫자를 확보하면 새로운 변화를 꾀할 수 있다.

환경 파괴에 대한 경각심은 지난 50년간 일부 시민들에 의해 꾸준하게 제기되어 온 문제이다. 그러나 자연을 보호하자고 하는 목소리는 곳곳에서 반대에 부딪혀 15퍼센트 이상의 찬성을 획득하는 데 실패했다. 자연 보호 자체를 반대하는 사람은 없지만, 이를 실행하기 위해서는 누군가의 희생이 필요했기 때문이다. 찬성하는 시민 15퍼센트는 대부분 높은 교육 수준과 중산층 이상의 생활 수준을 누리는 도시민들이다. 이들은 기꺼이 자연을 보호하기 위한 성금을 내고 화석 연료의 사용을 줄이는 일에 동참하곤 한다. 그러나 대다수의 사람은 자신들의 삶을 지키는 것이 우선이다. 자연 보호와 지속 가능한 발전은 듣기 좋은 말들이지만, 이를 위해 자신들이 뭔가를 희생해야 한다면 지속해서 실천하지 않게 된다. 우리의 제안이 성공하기 위해 지구 회복 운동이 현세대와 다음 세대, 그다음 세대에 이르기까지 모두 이익이 될 것이라는 점을 명확하게 제시해야 한다. 경제적인 일도 그렇지만, 우리의 건강과 안전에 대한 부분도 같이 제시되어야 할 것이다.

그렇다고 환경주의자들의 역할이 없다는 것은 아니다. 오히려 이들의 역할은 더 커질 수 있다. 산을 오를 때 현지 길잡이의 도움을 받듯이 환경주의자들은 지구 회복 운동의 길 안내를 해 줄 수 있을 것이다. 사람들의 관심을 유지하고, 정치적인 논의가 흐지부지되지 않도록, 이전과는 다른 세상에 사람들이 당황하지 않도록 인도해야 한다. XR, 그린피스, 툰베리의 목소리가 계속 필요하다.

기후 위기 시민 행동, 언론의 관심, 기후 비상 선언, 해마다 반복되는 이상 기후 현상들은 시민들이 받아들일 수 있는 정책의 범위, 즉 '오버톤 윈도(Overton Window)'를 넓히고 있다. 일례로 이제는 세계 어디를 가도 화석 연료 중심의 경제 시스템을 바꿔야 한다는 주장에 반대하는 사람들은 거의 없다. 방향이 아니라 얼마나 빨리 갈 수 있느냐가 문제이다.

2. 정치의 티핑 포인트

2019년 6월 영국 의회는 정신없는 날을 보내고 있었다. 몇 해 전 유럽 연방에서 탈퇴하는 브렉시트가 국민 투표로 결정되었는데, 구체적인 실무 협상이 지지부진했기 때문이다. 몇 차례 협상 실패로 당시 테레사 메이(Theresa May) 총리가 사임했고, 정치적인 상황은 그야말로 앞날이 보이지 않았다. 그러나 이런 불신과 혼란, 정치적 논쟁이 이어지는 와중에도 의미 있는 진전이 있었다. 2019년 6월 27일 영국 의회는 2008년에 수립된 기후 변화 대응법을 수정하기로 한 것이다. 수정법의 목적은 당연히 '2050년 탄소 중립'이었다. 강대국 모임인 G7 국가 중 하나에서 처음으로 탄소 중립 법안이 통과된 역사적인 날이었다.

이렇게 빠른 진행은 많은 사람을 놀라게 했다. 브렉시트도 제대로 정리하지 못한 상황에서 장기적인 국가 정책을 수립하기 어렵다고 예상했기 때문이다. 그러나 기후 위기로 인해 발생하는 생명체들의 죽음을 경고하는 XR 같은 시민 운동과 언론의 관심 등이 정치인들을 움직였다. 2018년 10월에 IPCC가 발표한 특별 보고서는 여러 의미에서 기념비적인데, 무엇보다 중요한 것은 2050년까지 탄소 중립에 도달해야 한다는 점과 이를 위한 정책 제안을 내놓았다는 것이다. (2018년 IPCC 회의는 한국 송도에서 7일간 개최되었다. — 옮긴이) 이어서 2019년 3월에 영국의 기후 변화 위원회는 「탄소 중립, 지구 온난화를 제한하는 영국의 행동(Net zero. The UK's contribution to stopping global warming)」 보고서를 제출했다. 이런 일련의 상황이 영국 의회를 움직인 바탕이었던 것이다. 이 보고서는 탄소 배출을 현재 대비 80퍼센트까지 감축하는 데 드는 비용이 영국 GDP의 1~2퍼센트 정도일 것으로 추산하면서, 이 정도 비용은 기존의 법으로도 충분히 조정 가능하다고 밝혔다. 이 정책 보고서로 인해 2050년 탄소 제로 달성에 대한 인식이 '불가능'한 것에서 '불가결'한 것으로 빠르게 전환되었다. 2020년 2월 선출된 존슨 총리는 전 세계 주요 국가들이 모두 2050년 탄소 중립 목표에 동참할 것을 제안했다. 200년 전 증기 기관을 발명해 본격적인 화석 연료 시대를 개척한 영국이 역설적으로 가장 먼저 화석 연료 시대의 종료를 재촉한 것이다. 1등이 가장 큰 이익을 취할 수 있다는 역사의 교훈을 되새긴 것일 수도 있다.

현재는 120개국 이상이 2050년 탄소 중립을 논의 중이다. 덴마크, 프랑스, 뉴질랜드, 스웨덴과 같은 국가들은 이미 관련법을 제정했고, 스웨덴은 2045년까지 탄소 중립에 도달하는 것이 목표라는 점을 명시하기도 했다. 노르웨이나 우루과이와 같은 국가들은 2030년이 실질적인 목표라고 발표했다. 핀란드는 2035년, 아이슬란드는 2040년까지 탄소 중립에 도달하는 것이 목표이다. (우리나라도 2020년 12월 2050년 탄소 중립을 선언했다. — 옮긴이)

EU도 본격적으로 움직이기 시작했다. 주요 의제는 유럽형 그린 딜의 채택이었는데, 2050년 탄소 중립을 위해 장기적인 정책 설계와 기반 시설에 대한 집중적인 투자가 필요하다는 것이 핵심이다. EU 국가 중 유일하게 폴란드만 참여를 거절했을 뿐 모든 국가의 공감을 이끌어 낸 정책이었다. 실제로 2019년 유럽 의회 선거에서 녹색당이 괄목할 만한 성과를 얻으면서 새로운 정책은 더 힘을 받을 수 있게 되었다.

그러나 더 놀라운 소식은 유럽의 반대편, 중국으로부터 전해졌다. 그동안 중국 정부는 이런 저런 핑계로 미적거리다 느닷없이 2020년 9월 시진핑 주석이 2060년까지 탄소 중립에 도달하겠다고 천명했다. 2개월 후 미국에서는 바이든 정부가 들어섰다. 바이든 정부는 파리 기후 협약에 매우 협조적인 자세를 유지했는데, 등장과 함께 총 2조 달러의 기후 변화 기금 조성 계획을 발표했다. 천문학적인 비용이 들어가는 만큼 이 계획은 미국의 경제 체제를 근본적으로 바꿀 것이다. 국제 정치 분야에서 모처럼 시원한 소식이 들린 것이다. 미국과 중국, 유럽은 세계 경제의 중요 축으로 G3라고 불리기도 하는데, 그만큼 이들의 자세 변화는 2050년 탄소 중립이라는 목표 달성에 중요한 요인일 수밖에 없다. 인류는 분명한 전진을 이룬 셈이다.

몇몇 국가는 이보다 더 진취적인 계획을 발표했다. 이 국가들의 메시지는 분명한데, 과거의 경제 정책은 지속 가능하지 않기 때문에, 새로운 변화를 적극적으로 모색해야 한다는 것이다. 2019년 자신다 아르던(Jacinda Ardern) 뉴질랜드 총리는 GDP 성장에만 집중된 현재의 예산 구조를 바꾸어 국민의 '행복 예산(well-being budget)'에 집중하겠다는 계획을 발표했다. 아르던 총리는 아이슬란드 카트린 야콥스도티르(Katrín Jakobsdóttir) 총리와 스코틀랜드의 니콜라 스터전(Nicola Sturgeon) 총리와 공동으로 사회적으로 의미 있고 국민들의 행복에 초점을 맞추는 경제 정책에 집중하겠다는 발표를 하기도 했다. 이후에 웨일스까지 이 모임에 참여해 '행복 경제 국가들(Well-being Economy Governments, WEGo)'이라는 기구를 결성하는 데까지 발전했다. 지금까지 살펴본 상황은 우리의 아이디어가 충분히 국가의 핵심 정책으로 탈바꿈할 수 있다는 가능성을 보여 주었다. 조만간 WEGo가 G20과 같은 기구를 대체하는 상황도 상상해 볼 수 있다.

WEGo의 사례는 상대적으로 작은 규모의 국가들이 미래를 향한 담대한 도전을 시작했음을 보여 주었지만, 더 큰 의미를 내포하고 있다. 정치적 티핑 포인트가 가까워지고 있는 것이다. 분명한 것은 EU가 화석 연료 시대를 마감하고 있다는 점이다. 그리고 이런 정책의 변화는 3가지 신호를 보내기 시작했다. 투자가들에게는 탄소 중심의 산업 구조가 붕괴하기 전에 투자 방향을 탈탄소 산업으로 전환하라는 신호가 될 수 있다. 기업들에게는 새로운 에너지를 찾아 나서라고 촉구하는 신호이기도 하다. 그리고 혁신 기술을 개발하는 사람들에게는 앞으로 더 큰 기회가 있다는 점도 충분히 예측하게 할 것이다.

최선의 정치적 전략은 여러 정파들로부터 공감을 끌어내고 점증적으로 확장하는 방안을 설계하는 것이다. 주요 국가의 정치인들은 미래의 변화에 대한 신호를 시장에 보내기 시작했다. 이에 따라 산업의 구조도 변화하고 있다. 세상을 쥐고 흔드는 것으로 악명 높은 금융계도 새로운 정책을 서서히 받아들이고 있다.

3. 경제의 티핑 포인트

경제의 티핑 포인트는 다른 분야와 달리 한 가지 사항으로만 설명하기 어렵다. 정확히 설명하자면 티핑 포인트 꾸러미로 보는 게 맞을 것이다. 우선, 태양광과 풍력 발전 분야의 성장 곡선이 가장 눈에 띄는 요소이다. 이 분야는 4~5년마다 발전 설비가 2배씩 증가하고 있다. 이 추세가 계속된다면 2030년까지 전 세계 발전 수요의 50퍼센트를 충당할 수 있다. 관심이 없던 사람들에게는 눈이 번쩍 뜨일 만한 일일 것이다. 예전에는 태양 전지가 태양광 발전의 전부였다. 발전 원리는 그때나 지금이나 크게 달라지지 않았지만, 설비의 가격을 보면 우리가 얼마나 발전했는지 알 수 있다. 1975년과 2016년의 태양 전지 가격을 비교해 보면 무려 99.5퍼센트나 감소했다. 모든 제품이 그렇지만 더 많이 만들게 되면 가격을 떨어질 수밖에 없다. 태양 전지의 경우 생산량이 2배 늘어나면 가격은 20퍼센트 하락하는 추세이다. 지난 10년 동안 태양광 발전 시설은 매년 38퍼센트 성장했다. 어떻게 화석 연료가 경쟁할 수 있겠는가?

친환경 에너지가 화석 연료보다 더 많은 이익을 준다는 것이 알려지면 이 분야는 손쉽게 티핑 포인트를 넘어설 것이다. 그리고 실제로 많은 지역에서 이미 넘은 것으로 보인다. 2019년 가을 전 세계 대부분 지역에서 친환경 에너지의 발전 가격은 석탄보다 저렴해졌다. 인도의 경우는 반값에 불과하고, 중국에서는 천연 가스의 가격과도 경쟁이 가능해졌다. 중국의 경우 2026년이면 석탄보다 더 저렴해질 것이다. 상황이 이런데 환경 오염에 시달리는 중국과 인도 정부가 가만히 있을 리 없다. 실제로 전 세계에서 가장 많은 태양광 및 풍력 발전 시설이 이 두 나라에 건설되고 있다. 깨끗한 공기 말고 또 다른 측면의 이점도 있다. 석탄 사용량이 워낙 많아서 일부를 수입해야 하는 중국은 이 비용을 줄일 수 있다. 더구나 친환경 에너지 분야의 기술력을 수출할 수도 있다. 이 2가지 일이 동시에 일어나면 중국의 경제적 역량이 커지고 에너지 자급 자족도 가능해질 것이다.

경제 전문가들과 증권사의 분석가들은 이런 경제적 변화를 깊게 탐구하고 있다. 현재까지도 대부분의 시나리오는 친환경 에너지의 증가가 선형적으로 이어질 것으로 예상하지만, 항상 그렇듯, 티핑 포인트를 넘어서면 급격하게 증가하는 구간이 나타날 수 있다. 이 시점을 집어내기 위해 골머리를 앓고 있을 것이다. 현재의 경제적 역동성은 산업 혁명 후에 질적으로 변화된 상황이 반영되어 있다. 기차가 다니기 시작하면 운하는 쓸모없어지고, 운하를 중심으로 형성된 경제 구조는 새로운 구조로 전환되게 마련이다. 화석 연료가 현대의 운하인 셈이다. 주식 시장을 보면 이런 현상을 확실하게 알 수 있다. 미국 증시의 대표적인 지수인 S&P 500을 보면, 2011년에 화석 연료 기업들의 전체 주가가 12퍼센트를 차지했다. 지금은 4퍼센트에 불과하다. 《월 스트리트 저널》에 따르면, 에너지 산업 분야는 2014, 2015, 2018, 2019년에 실적이 좋지 않았다. 친환경 에너지는 여기에 포함되지 않았다. 2020년 4월 팬데믹으로 미국의 원유 가격은 큰 충격을 받았다. 이에 따라 원유 기업들은 1배럴당 30달러라는 적자를 감수하면서 원유를 실어날라야 했다.

이미 수많은 연구 기관이 화석 연료에 관한 프로젝트를 중단하고 있다. 돈으로 환산하면 14조 달러가 넘을 것이다. 물론 이 돈은 연구비가 아니라 연구에 의해 발생할 가치를 추산한 것이다. 이 정도면 또 다른 티핑 포인트도 생각해 볼 수 있다. 실제로 최근의 연구 논문을 보면, 10~20퍼센트의 투자자들이 화석 연료에 대한 투자를 멈춘다면 탄소 거품을 터뜨리는 뇌관이 될 수도 있을 것이다.[1,2] 포츠담 기후 영향 연구소의 일로나 오토(Ilona Otto) 연구진이 최근에 발표한 논문을 보면 화석 연료 산업으로부터 투자를 철회하는 투자자들의 수는 아직 거품을 붕괴시킬 만한 수준은 아니다. "이 거품이 곧 붕괴할 것이라는 점은 모든 투자자와 분석가의 공통된 의견이다. 분석 결과를 보면 9퍼센트의 투자자만 참여해도, 다른 투자자들이 적극적으로 동참할 것이다."

4. 혁신 기술의 티핑 포인트

혁신 기술이 우리가 살펴볼 네 번째이자 마지막 티핑 포인트이다. 혁신 기술은 부르는 이름은 다양하지만 디지털 혁명 혹은 4차 산업 혁명이라는 표현이 가장 일반적으로 보인다. 이런 흐름은 최근에 시작된 것이 아니다. 이미 수십 년간 끊임없이 새로운 기술들이 등장하면서 사람들을 어리둥절하게 만들었는데, 기술의 발전 추세를 보면 우리가 경험했던 기술의 발전은 별 게 아닐지도 모른다. 앞으로는 정말 엄청난 기술들이 등장할 것이기 때문이다.

기술 혁신을 이끄는 사람들은 기업가들이다. 게이츠나 저커버그 같은 스타 기업가들은 경쟁적으로 지구 회복을 위한 기술들에 대한 투자를 늘리고 있다. 그러나 이들의 투자는 에너지 기술 혁신에 집중되는 경향이 있는데, 꼭 필요한 일이기는 하지만 시간이 오래 걸린다는 단점도 있다. 단기간에 성과를 낼 수 있는 기술도 필요하다. 기술적으로 혹은 산업적으로 충분히 성숙한 기술은 주로 재생 에너지 분야에 집중되어 있다. 그리고 전기차의 시대가 성큼 다가오고 있다. 실제로 전기차의 생산 시설과 판매량 추이를 보면, 기하급수적 성장이라는 말이 잘 어울린다. 1년에 거의 50퍼센트씩 증가하고 있기 때문이다.

한 산업이 이렇게 맹렬하게 성장할 때 관련 정책은 산업의 발전 방향을 사회적 가치가 높은 쪽으로 조정할 수 있어야 한다. 노르웨이의 사례가 대표적이다. 새로운 정책의 영향으로 이 나라에서 소비되는 차의 50퍼센트는 전기차이거나 하이브리드 차량이다. 노르웨이만큼은 아니어도 다른 나라들이 전기차의 소비를 33퍼센트 정도로 끌어 올린다면 2028년에 판매되는 차의 50퍼센트는 전기차가 될 것이다. 그리고 2030년대 초반에는 100퍼센트에 도달할 수 있다. 실제로 세계 대부분의 주요 도시들은 몇 년 이내에 내연 기관 차량의 시내 진입을 금지하겠다는 계획을 발표하고 있다. 아마존이나 미국의 운송 전문 기업인 UPS도 100퍼센트 전기차 운행을 선언했다. UPS는 2020년 영국의 선구적인 전기 차량 회사 어라이벌(Arrival)에 1만 대의 차량을 신규 주문하기도 했다. 좋은 분위기이기는 하지만, 지구 환경의 시급성을 생각한다면 고삐를 더 조일 수밖에 없다. 정책 입안자들이 법안으로 강력하게 뒷받침해야 한다.

앞으로 10년을 예상해 보면, 디지털 기술의 발달은 공유 경제를 활발하게 할 것이다. 차량 공유를 예로 들어보자. 대부분의 차들은 주차장에 세워두는 시간이 전체 95퍼센트이다. 자동차를 소유하면서 일주일에 한 번 운행하는 것보다 필요할 때마다 빌려 쓰는 것이 더 효율적일 수 있다. 디지털 기술은 이런 소비 심리를 강화하고 있다. 휴대폰을 사용해 클릭 한 번으로 차를 빌려 쓸 수 있는 시대가 열려 있고, 디지털 기술을 활용한 서비스 개발이 상당히 쉽게 구현될 수 있다.

이커머스(e-commerce)라는 온라인 중심의 거래 방식은 이제 시민들의 일상과 떼어놓을 수 없을 정도로 발전했다. 쇼핑 분야에서 먼저 확산된 이커머스는 이제 온라인 교육, 건강 진단(외과의가 환자와 다른 장소에서 진행하는 원격 정밀 수술도 이미 가능하다.), 세금 납부까지 확산되고 있다. 이어서 더 큰 디지털 혁명이 대기하고 있다. 산업과 농업, 금융 부분의 디지털 혁신이 급속하게 이루어지고 있기 때문이다. 2020년대에는 디지털에 기반한 새로운 순환 경제가 산업의 중심으로 자리 잡을 것이다.

식료품 구매는 사람들 일상의 근간이어서 집 가까운 곳에 관련 공급망이 형성되어 있다. 디지털 기술은 식료품 공급망을 개편하고 있다. 아마존은 미국의 대표적인 식료품 체인인 홀 푸드(Whole Food)를 인수했고, 중국의 디지털 거인인 알리바바는 슈퍼마켓 체인을 확장하고 있다. 디지털 기술에 강점이 있는 이 기업들은 소비자들에게 건강하고 저렴한 식료품을 공급하는 방식으로 시장을 재편할 것이다. 식당이나 카페 등은 영업을 위해 준비하고 남은 음식들이 골칫거리이다. 먹을 수는 있지만 판매는 힘든 이런 음식들을 가난한 소비자들에게 싸게 제공하는 비즈니스 모델들도 속속 등장하고 있다. 번득이는 아이디어와 사회적 책임감을 지닌 신생 기업들이 디지털 기술을 활용해 이 비즈니스 모델을 실현하는 중이다. 실제로 중국과 미국의 사례를 보면, 음식물 쓰레기는 온실 기체 배출의 세 번째 주요 요인이기 때문에, 이 비즈니스 모델의 효과는 엄청나다고 평가할 수 있다. 날씨의 영향을 많이 받는 농업 분야에서도 디지털 기술이 확산되고 있다. 위성과 드론에서 공급하는 실시간 날씨 정보는 농부들의 휴대폰으로 모이고, 농부들은 이를 활용해 비료를 뿌린다거나 갑작스러운 날씨 변동에 대응할 수 있다. 드론만으로도 작물 심는 속도가 100배 빨라진다는 사례도 있으니, 그 효과는 상상 이상일 것이다.

온라인 결제도 눈여겨볼 분야이다. 알리바바의 자회사 앤트 파이낸스(Ant Finance)는 8억 명의 고객을 확보했는데, 이들의 거래 금액을 합하면 중국 전체의 온라인 거래 금액인 13조 달러의 반에 이를 정도이다. 3억 명 이상이 사용 중인 온라인 뱅킹 시스템인 앤트 포레스트(Ant Forest)와 같은 온라인 결제를 잘 활용하면 저탄소 생활 방식으로 사람들을 유도할 수 있다. 편리한 결제는 대중 교통 사용을 늘릴 수 있고, 대중 교통을 사용하는 사람들에게는 약간의 보상이 주어지기도 한다. 흥미로운 아이디어는 계속 나오고 있다. 아프리카는 거대한 잠재력에도 불구하고 공무원들의 부패와 불투명한 거래 방식으로 인해 사업가들의 외면을 받아 왔다. 온라인 결제는 이에 대한 해답이 될 수 있다. 스웨덴의 스타트업인 트라인(Trine)은 위성을 이용한 온라인 결제 플랫폼을 제공해 거래 투명성을 완벽에 가깝게 구현했고, 이를 통해 더 많은 투자와 거래가 일어날 수 있는 기반을 제공했다. 효과적이면서도 저렴한 디지털 기술은 획기적인 아이디어를 보유한 청년들을 번듯한 사업가로 만들고 있다.

이런 상황이 멈출 것 같지는 않다. 너무 빨리 진행되고 있기 때문이다. 오히려 사람들은 급속한 변화에 불안감을 가지고 있는 것 같다. 기술은 가치 중립적이기 때문이다. 바람직한 정책에 힘입어 지구 회복을 위해 사용된다면 더할 나위 없이 좋겠지만, 돈벌이에만 활용된다면 지구를 더 괴롭힐 수도 있기 때문이다. 벌써 구글이나 아마존, 애플과 같은 기업들의 행태에 우려를 표하는 사람들도 나오고 있다. 혁신 기술과 디지털 기술이 우리의 사회적 목표를 도울 수 있게 만드는 것이 어느 때보다 중요한 사회적 관심사가 되고 있다.

2020년대 이런 사회적 관심사가 본격적으로 표출되기 시작했다. 전 세계에서 기업 가치가 가장 큰 애플이 전체 공급망을 순환 경제에 맞게 재편하겠다고 발표한 것이 시작이다. 정말 100퍼센트가 될지는 의심스럽지만 어쨌든 상당한 진전이 있을 것이다. 애플의 발표는 다른 디지털 기업들을 자극했다. 경쟁 기업인 아마존의 직원들은 우리도 이와 같은 조치를 취해야 한다고 제안했고, 미심쩍게 행동하던 아마존의 CEO 베이조스는 이를 수락한 후 추가로 100억 달러 기금을 만들어 기후 위기에 대응하겠다고 발표했다. 구글, 페이스북, 애플이 동참하고 있지만 우리가 보기에는 더 빨리 그리고 더 많은 기업이 참여해야 한다고 생각한다. 친환경 제품을 생산하고 공급망을 순환 경제로 재편하면서 필요한 에너지는 재생 에너지를 통해 확보하는 일들이 당면 과제이다. 여기에 더해 영향력이 큰 기업들은 소비자들이 친환경 소비를 할 수 있게 장치를 마련하고 설득할 수 있어야 한다.

브레이킹 바운더리스

여기까지 일이 확대된다면 기술 기업들과 소비자들 사이의 일종의 사회 계약이 형성될 수도 있을 것이다. 모두 지구 회복을 위해 꼭 필요한 일들이다.

$$* * *$$

지금까지 살펴본 4가지 티핑 포인트, 즉 사회와 정치, 경제와 기술에 대한 티핑 포인트는 우리의 초능력이나 마찬가지이다. 하나만 제대로 성공해도 지구 온난화를 조금 완화시킬 수 있을 것이다. 그러나 최적의 시나리오는 이 요소들이 서로 결합해 더 큰 효과를 발휘하는 것이다. 실제로 우리는 충분한 가능성을 확인하고 있다. 디지털 기술을 통해 세계 한구석의 작은 목소리였던 기후 파업이나 멸종 저항의 목소리가 순식간에 전 세계로 확산해 거대한 사회 운동이 되었다. 이제는 누구나 기후 위기를 이야기하고 있고 참고할 만한 사례도 풍부해지고 있다. 미래를 위해 지금 바로 행동해야 한다는 10대들의 목소리는 그 어떤 사회 운동보다도 강력한 역할을 하고 있다. 그래서인지 시민 운동가, 사업가, 정치인 들이 2050년 탄소 중립이라는 과제를 진지하게 받아들이고 법적 의무로 규정하기 위해 애쓰고 있다. 예상치 못했던 코로나 사태는 옳은 일을 해야 한다는 정부의 움직임에 힘을 실어 주는 듯하다. 산업과 경제 분야는 조금 늦게 움직이겠지만, 이들 모두 지구를 회복시키기 위한 과제에 동참시켜야 할 것이다.

19장
슬기로운 지구 생활

인류에게 마음이 있다는 것은 신기하면서도 근사한 일이다. 또 생태계의 일부가 항상 깨어 있어 주변의 일들에 대해 관심을 가지고 관찰하는 것도 경이로운 점이다. 아마도 도랑에 빠져 허우적댈 때에도 밤하늘의 별을 바라보는 호기심이 우리 마음에 있기 때문일 것이다.─데이비드 그린스펀(David Grinspoon), 『손 위의 지구(Earth in Human Hands)』(2016년)에서 이 책의 첫머리로 가자. 우리는 어두운 밤길을 불빛도 없이 달려가는 자동차에 대해 묘사했다. 옆은 온통 낭떠러지인데, 안전 장치는 보이지 않는다. 모두 예상하듯 이 자동차가 우리 지구의 현재 모습이다. 지구에 대한 과학 지식이 쌓이면서 미약하게나마 가드레일 역할을 하기 시작했다. 안전한 지구를 위해 지난 몇 년 동안 우리는 3가지 연구 과제(2050년을 위한 세계, 미래 지구, 글로벌 커먼스 얼라이언스)를 수행했다. 이 과제에 참여한 그룹들과 우리 연구소가 알고 싶었던 것은 이것이었다. 현재 우리 지구는 어떤 상태에 있으며, 향후 지구 기후를 다시 온화한 상태로 만들 방법이 있을까? 연구의 결과를 종합해 보면, 지구는 우리의 예상보다 훨씬 위험한 상태이지만, 되돌릴 방법이 없는 것은 아니다. 그러나 시간이 문제이다. 되돌리려면 2030년까지, 즉 앞으로 10년 안에 획기적인 전환이 이루어져야 한다. 그때까지 현재의 탄소 배출량을 반으로 줄여야 한다. 또 지구 환경을 악화시키는 행동을 즉각 중지해야 한다. 의구심이 들 수밖에 없다. 우리가 할 수 있을까? 결론은 2050년이 되어야 밝혀지겠지만, 이것은 거래의 대상이 될 수 없다. 세상에는 반드시 해야만 하는 일들도 있는 법이다. 성공한다면, 남극 위에 뚫려 있던 오존층의 구멍이 복원된 것처럼 대기중 온실 기체 농도도 충분히 조정될 것이다. 산성화로 인해 황폐해지고 있던 바다도 다시 활력을 찾고, 해수면 상승이 멈춰 해안가의 도시들도 다시 살 만한 곳이 될 수 있다. 숲이 더 울창해지고, 생태계에 대한 위협적인 일들은 더는 용납되지 않을 것이다. 그리고 2100년이 된다면? 아마도 긴 시간 동안 우리가 힘을 합쳐 지구를 회복시켰다는 점을 자랑스러워할 것이다. 미래 세대가 우리의 노력을 인정한다면 그 가치는 더욱 커질 것이다.

***

독자들은 이 책을 통해 긴 여행을 한 셈이다.

「행동 규범 I」에서 우리는 지구를 현재의 상태로 만든 역사적인 사건들을 돌아봤다. 황량한 지구에 생명체가 출현(지구 1.0)한 후, 생태계가 형성(지구 2.0)되었고, 광합성을 중심으로 하는 생태계의 질서(지구 3.0)가 만들어졌다. 그리고 약 5억 4000만 년 전에 다세포 생물들이 출현해 생태계의 진화(지구 4.0)가 활발해졌다. 이후 수억 년 동안 지구의 기후는 엄청나게 더운 상태였다. 당시의 평균 기온은 산업혁명 이전 지구의 평균 기온인 약 섭씨 14도보다 5~10도 높은 상태였다. 이렇게 높은 기온 때문에 얼음은 정말 보기 힘들었고, 해수면은 지금보다 70미터 정도 높았을 것이다. 뭉쳐 있던 대륙은 서서히 멀어졌고, 때때로 충돌을 일으키기도 했다. 공기 중에 있던 이산화탄소의 농도는 350피피엠보다 훨씬 높았을 것이다. 이런 상태는 서서히 변해 갔는데, 마침내 이산화탄소의 농도가 350피피엠 밑으로 떨어지자 평균 기온이 급속히 내려가기 시작했고, 지구 곳곳에는 얼음 덩어리, 빙상이 만들어졌다. 우리에게 익숙한 빙하기의 시대로 접어든 것이다. 추위와 혹독한 기후에 견디기 위해 포유류들은 똑똑해져야만 했다. 이때부터 뇌의 진화가 본격적으로 시작되었다. 빙하기와 간빙기가 번갈아 일어나던 중 아주 온화한 기후 시대가 선물처럼 다가왔다. 1만 2000년 전에 홀로세가 시작된 것이다. 홀로세 시대에 인류 문명은 농업, 과학, 산업 혁명을 통해 눈부시게 발전했다.

「행동 규범 II」는 최근의 역사에 초점을 맞추었다. 지난 30년간 축적된 가장 중요한 과학적 사실들을 3가지로 분류했다. 첫째는 지구가 온화한 홀로세를 뒤로하고, 완전히 새로운 지질학적 시대로 접어들었다는 것이다. 인류세라는 명칭도 붙었다. 둘째는 지난 홀로세에 대한 아쉬움이다. 우리 문명을 가능하게 만든 가장 중요한 요소는 홀로세 시대의 살기 좋은 기후였다. 세 번째는 티핑 포인트에 대한 것이다. 홀로세를 지나 우리는 어디에 있고 어디로 가는가? 아마존의 열대 우림과 남극, 그린란드와 시베리아 동토 지대, 해류의 변화를 통해 잠자는 거인이 깨어나고 있다는 징후가 많아지고 있다. 돌아올 수 없는 위험 지대, 즉 티핑 포인트에 우리가 매우 가깝게 다가서고 있다는 점이 밝혀지고 있다. 이 지점 너머는 엄청나게 따뜻한 지구가 있다. 따뜻한 지구도 지구 기후의 일부이지만, 현재 생태계와 인류 문명은 이 상태에 적응하지 못할 것으로 보인다. 인류가 멸종할 수 있는 것이다.

이 3가지 학문적 깨달음은 어느 것 하나 간단하게 볼 수 있는 것이 없다. 먼 미래에서 본다면 지동설을 주장한 코페르니쿠스나 진화론을 내놓은 다윈 정도의 평가를 받을 수도 있을 것이다. 역사 속에서 코페르니쿠스와 다윈은 당대의 과학 체계를 완전히 무너뜨린 인물로 묘사되는데, 최근의 기후 과학은 그만큼 뿌리 깊은 사고를 송두리째 바꿀 것을 요구하고 있다. 기후 과학은 우리가 매우 제한적인 공간에 살고 있음을 알려주고, 한계선을 넘어갔을 때 얼마나 큰 위험이 있는지 경고하고 있다. 매일 2배씩 증가하는 수련이 있는 연못을 기억하는가? 현재 우리 연못은 수련으로 가득 차 있다.

기후 과학에 대한 체계적인 이해를 위해 우리는 9개의 한계선을 설정했다. 불행하게도, 우리가 한계선을 인식했을 때 이미 4개의 한계선은 무너져 있는 상태였다. 산림 파괴, 생명 다양성 붕괴, 기후 변화, 과다한 비료 사용 등이 여기에 해당한다. 이 분야는 이미 위험 지대를 넘어선 상태이다. 정신 차리고 보니, 지구는 기후 비상 사태에 처해 있는 것이다.

마지막으로 「행동 규범 III」은 보다 실천적인 면에 중점을 두고 살펴보았다. 지구 회복 운동이라고 부르는 일련의 사회 운동은 미래 세대에게 우리와 같은 행복 추구권을 보장해야 한다고 천명한다. 10대 학생들이 기후 과학을 더 접해야 하고 학교 밖으로 나와 자신들의 권리를 주장해야 하는 이유가 여기에 있다. 나아가 우리 모두가 지구 회복 운동의 인원이 되어야 하고, 지구 전체의 공유 재산을 지켜야 할 것이다. 인류의 정체성과 우리가 창조할 새로운 세상에 대한 상상력을 장려해야 한다. 과학적 발견으로 인해 우리가 엄청나게 위험한 상황이라는 것은 확실해졌지만 다행스러운 점은 해결 방법이 있다는 것이다. 질적으로 다르겠지만 새로운 행복과 안전, 평등을 제공해 줄 수 있는 해결 방법이 있다.

이 책을 통해 우리는 종종 '우리(we)'라는 표현을 많이 사용했다. 그것은 이 책의 필자를 의미할 때도 있었지만, 대부분은 우리 종, 즉 인류 전체를 지칭하기 위해 사용되었다. 일부 학자들은 이 표현에 매우 큰 거부감을 표현하기도 한다. 현재의 기후 위기는 서구 몇몇 국가의 책임인데, '우리'라는 표현은 이익은 소수가 독점한 채 책임만 공평하게 분배하는 상황을 의미한다는 것이다. 서아프리카의 가난한 아이가 기후 위기에 무슨 책임이 있다는 말인가? 이들의 분노와 문제 의식은 충분히 존중받아야 한다. 그러나 문제 해결에만 온전히 집중할 필요가 있다. 우리가 서로 연대해 해결해야 할 사항은 공유재를 지키고 지구를 회복시키는 것이어야 한다. 지구는 지금도 점점 더 불안정해지고 있고, 우리는 모두 이 지구라는 우주선에 탑승한 선원들이다. 학생들의 시위, 다국적 기업을 운영하는 CEO들, 금융 시스템을 운영하는 사람들의 마음속에 지구 회복 운동에 참여하려는 의지가 자라나고 있다. 아직 동참하지 않은 사람들이 있지만, 조만간 모두 참여해 말 그대로 '우리'라고 표현할 수 있는 날이 올 것이다.

지구를 치유하기 위해서 세계는 지금 당장 방향키를 틀어야만 한다. 남아 있는 시간이 거의 없기 때문이다. 과학이 제시하는 해결책을 따른다면, 충분히 성공할 수 있을 것이다. 욕조에 물이 넘치는데,

누가 물을 틀었는지 따져야 하겠는가? 아니면 물을 빼낼 하수관을 건설해야 하나? 물을 잠그고 욕조의 배수 플러그를 뽑아 버리는 것은 어떤가? 간단한 해결책은 언제나 있는 법이다. 화석 연료 의존의 시대를 마감하고 지속 가능한 지구 5.0 시대를 준비해야 한다.

첫 번째로 일단 몇 가지 사항을 신속하게 교정해야 한다. 우리의 경제는 모든 것이 무한하다는 허무한 가정 위에 건설되었다. 대기와 바다, 천연 자원은 무한하기 때문에 필요하면 아무때나 가져다 쓰고 필요 없으면 적당히 버리면 그만이다. 그러면 경제가 계속 성장할 것이라는 저급한 사고 방식이 이를 뒷받침하고 있다. 잘난 척하기 좋아하는 인간들이 어떻게 이런 어리석은 관념에 200년이나 사로잡혀 있었는지 의아할 정도이다. 애덤 스미스, 존 케인스, 밀턴 프리드먼 등의 이름이 이 목록에 있다. 시장 경제와 자유 무역, 세계화 등의 경제 체제가 이들에 의해 건설되었다. 무한한 혜택을 주는 자연에 비해 인류의 경제 체제는 소규모이기 때문에 문제가 없을 것이라는 가정이 있었다. 그러나 이들의 신념처럼 공짜 점심은 없는 법이다. 그리고 지구가 제공하는 혜택은 결코 공짜가 아니라 86조 달러라는 세계 경제의 기반인 것이다.

86조 달러 규모의 세계 경제는 더는 성장하기 어려운 지점에 도달했다. 지난 30년 동안 이런 경고가 계속 제기되었지만, 누구도 관심을 기울이지 않았다. 남극 빙상이 갈라지고 아마존이 탄소를 흡수하지 못하며 북극 지방 영구 동토층이 녹고 있다. 산불, 가뭄, 메뚜기 떼, 홍수가 빈번해졌다. 우리 아이들은 산호초를 더 이상 못 볼 수도 있고 과밀한 도시에서는 전염병이 퍼진다. 우리가 겪고 있는 모든 이상 기후들이 지구 위험 한계선에 다다랐음을 경고하고 있는 지금에서야 비로소 우리는 깨달음을 약간 얻기 시작했을 뿐이다.

생각을 바꿔야 한다. 지구를 희생해 경제를 성장시키는 것은 더는 가능하지 않은 과거의 패러다임이다. 우리와 지구의 관계를 재설정하고, 과거와는 질적으로 다른 번영과 안전, 평등을 추구해야 한다. 각 지역의 작은 습지부터 남극의 빙상까지 우리가 설명한 모든 문제점에는 해결 방법이 있다. 외면하거나 포기하는 것은 문제를 악화시킬 뿐이다. 고개를 들고 우리의 문제를 직시해야 한다.

경제는 인류의 복지와 건강, 다른 사람들과의 협업, 안전 등을 총괄하는 개념이다. 따라서 경제 발전은 지구 환경의 한계, 9가지 티핑 포인트에 의해 견제받고 조절되어야 한다. 생태계의 작동 방식처럼 경제 발전을 위한 재화는 모두 순환되어야 한다. 쓰고 버리는, 버린 후에는 다시 사용할 수 없는 경제는 발전을 저해하는 장애물일 뿐이다.

말이야 쉽지만 실제 적용하기 어렵다고 생각할 수도 있다. 실제로 거의 모든 장소에서 이렇게 말하는 사람들을 만날 수 있다. 그럴 때마다 열역학 제2법칙을 설명하곤 한다. 자연 법칙은 정돈된 방향이 아닌 흐트러진 방향으로 에너지를 흐르게 한다. 잘 정돈된 것을 선호하는 우리 문명은 자연 법칙을 거스르고 있는 셈이다. 그 증거가 현재의 생태계 위기이다. 짧은 인류세 시대에 인류가 입힌 상처가 지구 생태계에 가득 차 있다. 우리가 이를 자각하고 지구를 회복시킬 수 있다면 새로운 발전을 가능케 해 줄 지구 5.0에 도달할 수 있을 것이다. 자연은 놀랄 만한 자정 능력이 있어서 인류의 악영향을 줄이면 안정된 상태로 돌아가려는 경향을 보여 줄 것이다. 뜨거운 지구로 가는 관문인 대기 중 이산화탄소 농도를 350피피엠 이하로 조절하고, 생태계를 건강하게 회복시킬 수도 있을 것이다. 새로운 것을 상상하고 창조하고 전파하는 우리의 능력은 무궁무진할 수도 있다. 한계가 있더라도 어느 순간 모두 소멸하지는 않으리라. 따라서 우리는 노력을 모조리 친환경 에너지 중심의 경제 구조를 설계하고 발전시키는 쪽으로 집중시켜야 한다.

이제 우리의 이야기를 마무리할 때가 되었다. 다만 우리의 이야기는 할리우드 영화처럼 해피 엔딩이 아닐 수도 있다.

우리에게는 10년이 주어졌다.

그러나 이 책에서 여러 번 언급했듯이 우리에게 주어진 시간이 10년만 있는 것은 아니다. 2030년까지 극적인 전환을 이뤄내지 못한다면 그다음은 매우 취약한 생존 조건 속에서 살아야만 한다는 의미이다. 2031년 1월에 지구가 멸망할 일은 없을 것이다. 한편 점진적인 전환을 주장하는 사람도 있다. 그러나 환경 변화는 기하급수적 측면이 있고 급격히 변하는 지점이면서 다시 돌아갈 수 없는 지점, 즉 티핑 포인트를 가지고 있다. 과학적 진실은 우리가 기후 변화의 티핑 포인트에 매우 근접해 있음을 보여 준다. 그 너머의 지구는 지금과는 비교할 수 없을 정도의 뜨거운 상태의 지구이다. 점진적 변화는 우리의 시나리오에 존재하지 않는다.

티핑 포인트는 여러 곳에서 모습을 드러내고 있다. 20년 내 언제라도 서남극의 빙상이 소멸하거나 아마존의 우림이 더는 탄소를 흡수하지 않을 수 있다. 해수면 상승에 대비해 해안 도시들은 방파제를 더 높이 쌓고 있고, 탄소 저장 기술에 대한 투자도 매년 7퍼센트씩 급격하게 늘어나고 있다. 매해 눈앞에서 현실화하고 있는 기후 변화로 인해 경제에 대한 불확실성이 높아지고 있는 것도 사실이다. 이렇게 막연한 두려움을 가지고 살 수는 없다. 가장 좋은 방법은 두려움에 맞서는 것이다. 새로운 기술을 개발하고 생활 양식을 조절하며 다른 이들과 단단하게 연대하면 충분히 미래는 지금보다 더 발전된 사회로 발전할 것이다. 코로나 사태는 이런 현상의 전조에 불과할 수 있다.

지구 회복 운동은 천국으로 가는 계단이 아니다. 지구 생태계와 우리 문명 사이에 새로운 질서를 만드는 일일 뿐이다. 다만, 지구 생태계와 우리의 활동은 모두 역동적인 특성이 있어서 정해진 길을 따라 가는 여행이 불가능하다. 자연을 보호할 뿐만 아니라 우리의 번영을 가능케 해 줄 새로운 길을 개척해 나가야 하고, 이것은 민주적 의사 소통에 의해서만 가능할 것이다. 권위적인 방식은 일면 효율적으로 보일 수도 있지만, 그것은 창의성이 필요 없는 잘 짜여진 세계에서나 가능한 일이다. 새로운 세계는 기존 질서의 혁신을 통해서만 가능하며, 민주적 절차에 의해 결정된 정책과 시민들의 자발적 참여가 가장 중요한 추진력이다.

다행스러운 점은 우리에게는 이미 성공한 경험이 있다는 것이다. 이런 경험이 중요한 것은 힘들고 좌절할 때 다시 기운을 북돋아 주는 역할을 하기 때문이다. 일례로, 우리는 갑작스럽게 알게 된 남극의 오존층 파괴를 효과적으로 막아낸 경험이 있다. 산성비에 대한 뉴스도 큰 걱정거리였는데, 지금은 효과적으로 통제하고 있다. 인류 생존에 가장 큰 위협인 핵무기도 비교적 잘 통제하고 있다. 무엇보다 우리는 전염병이 전 세계적으로 유행하는 상황도 과거와는 다르게 상당히 성공적으로 대처하고 있다.

정치는 가장 중요한 임무를 부여받고 있다. 민주주의는 서로 다른 견해를 가진 사람들이 서로 충돌하면서 합의를 이루어내는 과정이다. 리더십과 협력이 가장 중요한 미덕이고, 호모 사피엔스라는 종이 지구에서 가장 큰 영향력을 가지게 된 배경이다. 지구를 지키려면 보다 장기적인 결정으로 이어지는 리더십과 협력이 필요하다.

이 책을 통해 우리와 긴 여행을 함께한 독자들은 이제 우리의 임무가 무엇인지 선명하게 이해했을 것이다. 변화는 새로운 천재를 요구하지만, 지구 회복 계획은 시민들의 단합된 힘을 요구한다. 그것이 우리의 눈앞에 다가온 이 절체절명의 위기를 구할 우리의 초능력일 것이다.

여러분이 가진 소비자로서의 힘, 유권자로서의 힘, 시민으로서의 힘을 주저하지 말고 현명하게 사용하기 바란다.

그 힘을 발휘하라.

✳✳✳

위험한 세상을 구하는 영웅들의 이야기가 우리에게도 허용될지는 확실하지 않다. 성공한다면 우리가 이룩한 문명의 거대한 발자국으로 남을 것은 분명하다. '슬기로운 사람'이라는 우리 종의 명칭이 적절한 것인지 곧 판명될 것이다.

우리의 성공은 지구에만 국한되는 것이 아닐지도 모른다. NASA에서도 근무한 적이 있었던 우주 생물학자 그린스펀은 천문학적인 관점으로 인류세를 연구하고 있다. 그의 눈에 비친 것은 무엇일까?

지난 30년 동안 기후 과학자들이 새로운 사실을 밝혀내기 위해 고심했고 뚜렷한 성과를 거두었다. 이 시기에 천문학자들은 4000개 이상의 외계 행성을 찾아냈다. 천문학의 역사에서도 놀랄 만한 성취가 있었던 셈이다. 지금은 이 행성들을 분석하고 분류할 수 있는데, 궁금한 것은 이 행성들이 지구 생태계와 어느 정도 비슷한지 밝히는 것이다. 2030년까지 우리가 지구 회복 운동에 몰두한다면, 어느새 천문학자들은 외계 행성들에 대한 분석을 마치고, 그 결과를 시민들에게 공개할 것이다. 지구 회복 운동과 직접적인 관계는 없지만, 우연히도 시기가 딱 들어맞는다. 그렇다면 그 분석 보고서에는 산소와 질소, 이산화탄소와 물이 포함된 행성에 대한 내용이 있을까?

이 정보를 모으면 우리는 행성의 진화에 대한 지식을 축적할 수 있을 것이다. 이 외계 행성 가운데 과학자들이 명왕누대(Hadean Aeon)라고 부르는 40억 년 전의 지구, 생명체가 없던 지구와 같은 행성이 있을까? 생명체가 있을 만한 환경의 행성 혹은 생태계의 존재 신호가 있는 행성이 있을까? 아마도 지구 2.0이라고 분류했던 원시 생명 시대와 비슷한 행성이 있을 수도 있다. 광합성이 생태계의 중심이 아니어서 우리에게 익숙한 모습은 아니겠지만, 행성의 물리적인 작동 방식과 조화를 이루고 있을 것이다. 물론, 지구 3.0과 지구 4.0의 환경과 비슷한 행성도 있을 수 있다. 조금만 기다리면 관련 연구의 결과를 알 수 있을 것이다.

그러면 이런 상상도 해 볼 수 있다. 지구 생태계의 진화 단계가 과연 지구 4.0에서 멈출 것인가? 생태계의 전체 구성 요소가 충분히 살

브레이킹 바운더리스

아갈 수 있는 환경이 되도록 지구를 관리하는 상태도 가능하지 않을까? 이런 상상은 기후 과학이 발달한 최근에서야 가능해진 일이다. 과학 기술과 세계 경제가 지구라는 전체 삶의 터전에 큰 영향력이 있다는 깨달음도 비교적 최근에 생겨났다. 그렇다고 인류가 어느 날 지구의 모든 생태 조건을 관리하고 최적의 상태가 되도록 통제할 것이라고 믿지는 않는다. 그러나 지구 환경에 대한 충분한 정보를 획득하고 이 환경의 작동 방식과 조화를 이루는 문명을 발전시킨다면 어느새 새로운 단계로 진입하게 될 것이다. 그린스펀은 이 단계를 지구 5.0이라고 표현하기도 했다. 슬기로운 지구, 테라 사피엔스(*Terra sapiens*)의 시대가 열리는 것이다.

너무 먼 미래만 생각할 수는 없다. 다시 현실로 돌아오면, 지구 생태계의 변화는 급속하게 빨라지고 있다. 지난 70년간 지구의 변화는 '거대한 가속'이라고 표현되기도 한다. 먼 별에서 우리를 관찰하는 외계인이 있다면 시시각각 변하는 지구의 상태를 보고 전체 환경을 파괴하는 악당이 있다고 추측할지도 모른다. 대규모 화산 폭발, 행성과의 충돌, 강한 태양 에너지나 중성자별과 블랙홀의 충돌에서 생간 감마선이 지구를 스쳤을까? 이런 요인 중 하나가 지구를 파괴한 것일까? 아니면 생태계가 급격하게 진화했거나 과학 기술이 급격하게 발전해 뭔가 문제를 일으켰나?

모니터를 통해 환자의 상태를 확인하면서 진단과 처방을 내리는 의사처럼 외계인들도 지구에서 날아오는 신호를 보면서 같은 생각을 할 것이다. 다음에는 무슨 일이 벌어질까? 생태계의 변화가 계속 가속되어 파국적인 결말이 일어날까? 아니면, 변화의 속도가 현저하게 줄어들어 결국에는 다시 안정된 상태로 돌아갈까? 깜박이는 모니터의 신호 속에서 우리 지구가 어떻게 해석될지 궁금하지만, 궁금증을 풀어 줄 열쇠는 우리에게 있다.

＊＊＊

이제 여정을 정리할 시간이다. 우리의 연구는 앞으로 30년 이내에 지구를 다시 회복시킬 수 있다고 말한다. 희망 사항이 아니다. 지구 생태계는 이전보다 더 건강하고 활기찬 상태가 될 수 있다.

우리의 경제도 마찬가지이다. 더 활기차고 역동적인, 그래서 내부 혹은 외부에서 어떤 충격이 있더라도 충분히 극복하고 새롭게 전진하는 경제가 될 수 있다.

이제는 지구를 회복시켜야 한다. 지구 위험 한계선 내에서 새로운 문명의 해법을 찾아야 한다. 이것이 지구 회복 운동의 사명이다. 앞으로 10년이 가장 중요한 시기일 것이고, 이것은 우리 모두의 사명이다.

외계인을 놀래킬 만한 파괴의 흔적을 우리 아이들에게 넘겨줄 수는 없다. 다음 세대는 온실 기체 배출과 생명체의 멸종, 빈곤으로 고통받지 않아야 한다. 우리가 조상으로부터 물려받은 환경을 그대로 후손에게 물려줘야 한다. 지구를 살리자는 의미가 아니라, 우리 자신과 미래 세대를 살리자는 의미이다.

후주

행동 규범 I

1장 현재의 지구를 만든 3가지 혁명

1 태양계 내에 생명이 살 수 있는 곳이 있을 수도 있다. 우선은 토성의 위성인 엔셀라두스(Enceladus)와 목성의 위성인 유로파(Europa)가 관심의 대상이다. 이 위성들의 얼음층 아래에는 거대한 바다가 있을 가능성이 크다.

2 인간의 미소와 관련된 162개의 논문을 종합해 보면, 이것은 성별의 문제라기보다는 문화적인 차이에 기인한 것으로 보인다.

3 최초의 학술지 《주르날 데 스카방(Journal des Sçavans)》은 1665년 1월 파리에서, 《왕립학회 철학 회보(Philosophical Transactions of the Royal Society)》는 3월 런던에서 창간되었다.

4 과학계는 전통적으로 위대한 과학 논문일수록 매우 건조한 제목을 다는 사례가 많다. $E=MC^2$라는 공식이 등장한 아인슈타인의 유명한 1905년 논문은 「움직이는 물체의 전기 역학에 대해」이다.

5 누대(aeon)는 지질 시대를 구분하는 4가지 단위 중 가장 큰 단위이다. 그보다 작은 시간 단위는 대(era), 기(period), 세(epoch)가 있다.

6 특이하게도 이 시기 이전의 광합성은 산소를 배출하지는 않았다.

7 이 사건으로 원시 지구의 생물 75퍼센트가 멸종했다.

8 대멸종까지는 아니지만, 생태계의 크고 작은 멸종은 총 24번이 더 일어났다. 특히 5500만 년 전에 일어났던 팔레오세-에오세 극열기 기간에 빈번했다.

9 열실 상태와는 다르게 빙실 상태의 지구는 양 극지방에 녹지 않는 빙하가 자리 잡고 있다. 그러나 지구 전체가 얼어붙는 눈덩어리 상태와는 달리 이 상태의 지구는 온화한 지역이 있는 간빙기가 있어서 지구 생태계가 활력을 가지게 된다.

10 태양은 10억 년마다 약 8퍼센트씩 밝기가 증가하고 있다.

11 긴 시간 지구 그 결 방식을 통해 복구가 이루어지는데, 이런 점을 보아도 탄산염의

이동은 지구의 평형 유지력을 지탱하는 가장 중요한 요인이라고 할 수 있다.

12 주요 순환 시스템은 탄소, 산소, 질소, 인과 관련 있다. 지구 생명체는 이 물질들의 순환 과정에 참여하면서, 생명 활동에 위협이 되는 상황을 회피하도록 진화했다.

13 극열기 시기는 약 17만 년 계속되었을 것으로 보인다.

3장 '슬기로운 사람'이 나타났다

1 세대의 기준은 여성이 평균적으로 20세 시점에 첫 아이를 출산한다는 것을 가정한다. 홀로세의 끝이라고 생각되는 1950년대부터는 약 3세대가 지났다.

2 생물학 분류는 여러 단계로 구성되어 있는데, 속은 과와 종 사이의 분류 체계이다.

3 유럽이나 동아시아 사람들은 약 1.8~2.6퍼센트의 DNA가 네안데르탈인들과 동일한 것으로 알려졌다.

4 호모 사피엔스는 최초의 인류보다 약 3배 큰 뇌 용량을 가지고 있다. 이렇게 뇌가 커지는 것은 대부분 호모 에렉투스의 시대에 일어난 일이다.

5 단순히 큰 무리 속에 산다는 것을 넘어 다른 무리들과의 치열한 경쟁을 의미한다.

6 이런 이유로 현생 인류의 유전자 다양성은 다른 유인원과 비교하면 매우 협소하다.

4장 골디락스 시대

1 지질 시대는 지구가 생긴 이후부터 지구의 역사를 다룬다. 지질용어는 가장 큰 시간 범위인 누대를 시작으로 대, 기, 세, 절(age), 크론(cron) 순으로 나뉜다.

2 '복잡성(complex)'은 '까다로움(complicated)'과는 의미의 차이가 있다. 까다로운 일(complicated task)이 로켓을 만들어 인류를 달에 보내는 것이라면 복잡한 일(complex task)은 아이를 키우는 것과 같은데, 들어간 노력과 결과의 인과 관계가 확실하지 않기 때문이다. 따라서 복잡한 시스템 내에서 벌어지는 상황은 쉽게 설명하기 어려운 면이 있다. 우리의 의식 체계도 한 예가 될 수 있다. 뉴런과 시냅스가 복잡하게 얽혀 있는 뇌의 시스템에서 하나의 인식이 갑작스럽게 형성되기 때문이다.

3 이 순서는 인간의 손길에 의해 동식물들의 형태와 구조가 변경된 시점이 기준이다. 과학자들에 의해 다른 증거가 발굴되면 기준은 달라질 수 있다. 일부 초기 농사가 이 순서보다 먼저 시작되었다는 증거도 있는데, 야생 동물과 식물을 단순하게 이용한 것이고 목적에 맞게 형태와 구조를 바꾼 것은 아니었다. 고양이에 대한 것은 여전히 논란이 있는데, 고양이들이 정말로 길들었는지 의문이 있기 때문이다.

4 놀랍게도 현재까지 약 200만 개의 쐐기문자 판이 발굴되었다. 점토에 기록되어 있어서 현재까지 손상되지 않고 남았는데, 아직 해석해야 할 내용이 많이 남아 있다.

5 최초의 소설은 수메르 남부 도시 국가 우루크의 전설적인 왕 길가메시를 노래한 「길가메시 서사시」이다. '대홍수(Great Flood)' 언급이 있는데, 노르드 신화, 켈트족 신화, 중국, 기독교 신화에서도 볼 수 있다. 보통 세대를 거쳐 구전되면 각색되는 상황을 감안하더라도 인류 발전 초기에 실제로 있었던 사건으로 보인다. 홀로세로 접어들면서 따뜻해진 날씨가 빙하를 녹여 엄청난 홍수가 있었을 것으로 추측된다.

6 민중은 상대적으로 평균 수명이 더 짧아 기록을 남기기 어려웠던 면도 있었다.

7 애덤 스미스는 젊은 과학자 제임스 와트를 대학에 초대한 적이 있고, 곧 그들은 좋은 친구가 되었다. 이 영민한 과학자는 증기 기관을 혁신적으로 개선했고, 산업 혁명의 가장 큰 원동력이 되었다. 이 사항은 다음 장에서 더 자세하게 살펴볼 것이다. 독자들의 일부는 박물관 수위 제임스 크롤도 스코틀랜드 글래스고에서 기념비적인 발견을 이루어냈다는 점을 기억할 것이다. 대체 당시의 스코틀랜드에 무슨 일이 있어 이런 혁신의 바탕이 되었을까? 정답은 교육이다.

8 만약 전 인류가 에너지를 사용한다면 지구에는 코끼리 900억 마리가 사는 셈이다.

행동 규범 II

5장 3개의 과학적 통찰

1 기후 과학의 분야에서 가장 대표적인 도표는 '하키 스틱' 곡선이다. 지난 수십 년간 지구의 평균 기온이 얼마나 빠르게 상승했는지 잘 보여 주는 이 도표는 온실 기체 농도와 생명체의 멸종 현상 등에 모두 적용이 가능하다. 지구는 여러 분야에서 기하급수적인 상승을 견뎌내는 중이다.

6장 지구 위험 한계선

1 어떤 획기적인 발견이 이루어진다면, 예를 들어 화성에서 생명체를 발견했다든가 암흑 물질의 기원을 파악했다면 《네이처》나 《사이언스》에 발표될 것이다.

2 록스트룀이 이끄는 연구팀을 의미한다. 가프니는 2009년 스웨덴으로 이주했다.

3 수치화했다는 것은 지구 조절 시스템의 변수들을 파악한 후, 이를 종합한 수식을 만들었다는 것을 의미한다.

4 몇몇 티핑 포인트는 해수면을 상승시키거나 생태계를 붕괴시키긴 하지만, 그 자체로 이산화탄소를 배출하지는 않는다. 그러나 다른 것들은 이산화탄소를 저장하는 기능에서 배출하는 역할로 전화되면서 지구 온난화를 가속할 것이다.

5 유엔 산하 기관이면서 전 세계 기후과학자들의 모임인 IPCC는 2018년 회의에서 기존의 지구 온난화 2도보다 1.5도가 현격하게 안전한 기준이라는 결론을 발표했다.

6 염소 화합물의 사용이 최근에 다시 증가한다는 관측도 있다. 중국의 여러 산업 지대에서 불법적으로 사용하기 때문인데, 이에 대한 강력한 경고와 제재가 필요하다.

7 이 사실은 우리 행성에만 해당하는 것은 아니어서, 과학자들은 태양계에 있는 행성에 물이 있는지 계속 관찰하고 있다. 현재까지 확인된 사실은 화성에 물의 흔적이 있다는 점과 엔켈라두스와 유로파에 얼음층이 있을 수 있다는 것이다. 우주 탐사선이 꼭 확인해야 할 일이다.

8 우연치 않게도 냉매용 CFCs와 납을 첨가한 연료는 한 사람이 개발했다. 1920~1930년대 다양한 제품을 개발한 미국의 화학자 토마스 미드글리(Thomas Midgley)인데, 환경역사학자인 맥닐(J.R. McNeill)은 미드글리에 대해, "지구 역사상 어떤 생명체보다 대기 환경에 큰 영향을 끼친 사람"이라는 표현을 쓰기도 했다.

9 해양 산성화는 현재 진행 중인 심각한 멸종 상태에 가장 큰 원인으로 분석된다.

7장 찜통 지구

1 최근 과학자들은 이상 기후 현상을 예견해 그 시기에 맞추어 논문을 발표하기도 한다. 과학은 그 정도로 발전했다.

2 사실 이 논문은 좀 더 일반적인 제목, "인류세 시기에 지구 시스템의 미래"였다. 그러나 사람들의 관심은 "열실"이라는 표현에 집중되었다.

3 1980년대부터 기후 관련 연구를 이끈 독일 학자이며 일종의 상징과도 같다.

4 엉뚱하게도, 기후 회의론자들은 기후 변화를 변명하기 위해 이상한 논법을 사용한다. 그들은 이산화탄소 농도가 본격적으로 증가하기 전에 지구 평균 기온이 상승하므로 이산화탄소의 농도는 중요한 요소가 아니라고 한다. 지구 시스템에 대한 무지에서 비롯된 주장인데, 과학에 대한 지식을 먼저 쌓아야 할 것이다.

5 대기 중 이산화탄소의 농도를 분석해 보면, 빙하기와 홀로세 시기의 차이는 약 100피피엠이다. 지난 200년 동안 이 수치는 135피피엠이나 상승했다.

6 이 책에서 인류 모두의 자원, 즉 글로벌 커먼스(global commons)는 지구의 회복력과

안정성을 조절하는 시스템을 총칭한다.

7 홀로세 같은 온화한 기후는 상태를 오가는 중간 단계이지 안정된 상태는 아니다.

행동 규범 III

9장 지구 청지기 활동

1 비료와 물 순환 기술 등을 통해 "물 한 방울당 작물 생산량(crop per drop)"의 개념이 확산하고 있다.

2 일반적으로 질소와 인의 30퍼센트 정도가 이런 순환 과정에서 외부로 누출된다.

3 하버드 대학교 영양학 및 역학 교수. 영국의 의학 저널《랜싯》공동 의장이기도 하다.

4 초원 지대는 지표면의 20퍼센트를 차지하며 많은 사람의 생활 터전이다.

5 매주 한 끼는 돼지고기나 소고기, 두 끼는 어류, 나머지 두 끼는 닭고기로 구성한다.

6 매년 우리는 우리가 생산하는 먹거리의 30퍼센트를 쓰레기로 배출한다.

7 수자원 확보와 활용이 농업의 핵심이지만, 그 양은 농작물과 지역에 따라 다르다.

12장 지구를 뒤흔드는 불평등

1 놀라운 점은 세계 최강국 미국이 역행하고 있다는 것이다. 미국에서는 2010~2016년에 100만 명의 사람들이 최빈층으로 전락했기 때문이다.

2 2가지 문제의 연결점을 탐구한 경제학자들도 없는 것은 아니지만, 대다수는 환경의 파괴는 경제 발전의 대가라는 관점을 가지고 있다.

3 상위 10퍼센트에 속하려면 매년 9만~9만 5000달러의 수입이 있어야 한다.

4 루이스 캐롤의 『거울 나라의 앨리스』(1871년)에서 붉은 여왕은 앨리스에게 이렇게 말한다. "할 수 있는 만큼 최대한 빨리 달려야 해. 그래야 제자리라도 유지할 거야."

5 기껏 만난 사람도 최고 부유층의 전용 비행기를 모는 파일럿이었다.

6 미국판 부제는 '더 위대한 평등이 사회를 강하게 만드는 이유(Why Greater Equality Makes Societies Stronger)'이다.(영국판 부제는 '더 평등한 사회가 더 효율적인 이유'—옮긴이)

13장 미래 도시 건설

1 이 문장은 호머 심슨의 대사 중에 술을 도시로 바꾼 것이다.

2 시루 미성 행동에서 추구하는 모습과 유사한 방식이기는 하다

3 비교해 보면 기업이 소멸하는 것은 매우 흔하다. 1950년 이후 미국 증시에 상장된 500대 기업의 평균 수명은 20년에 불과했다.

4 정확하게는 55퍼센트이다.

5 통계 상 대기 오염에 의한 사망률은 감소하는 추세이다. 그러나 실내 대기 질의 개선이 원인이지, 실외 대기 오염에 의한 사망률은 계속 증가하고 있다.

14장 완화되는 인구 성장률

1 스티븐 핑커(Steven Pinker)의 『지금 다시 계몽(*Enlightenment Now*)』(2018년)을 보면, 현재의 분쟁 수준은 인류 역사에서 가장 낮은 상황이다.

15장 기술의 세계를 길들여라

1 우리는 지금도 전 세계 전기 수요의 1.5배에 이르는 발전 시설을 가지고 있다.

2 일본식 체스와 바둑.

3 중국에서 유래한 복잡한 보드 게임.

4 2년 동안 0.5도 정도 낮아졌다.

17장 지구 회복을 위한 정치와 정책

1 달이나 화성에 회사를 세워 세금을 회피할지도 모른다.

18장 혼돈의 10년

1 사람들의 소비 성향을 보면 80/20의 파레토 법칙이 적용되는 것을 알 수 있다. 20퍼센트의 사람들이 행동에 변화를 일으키면 나머지 80퍼센트도 이를 따라 하는 경향이 있다는 것이다. 이 법칙은 사회의 여러 분야에 들어맞는 경우가 많다.

2 거품이라는 이름은 역사적인 사건으로부터 유래했다. 노예 무역이 활발하던 1700년대 악명 높은 영국의 남해 기업(South See Company)이 아프리카와 남아메리카에서 잔인한 노예 무역으로 거둔 엄청난 수익으로 모든 가격이 높아졌지만 이런 사업은 계속될 수 없었다. 돈이 돈을 낳는 것처럼 보이는 거품은 상황이 조금만 변해도 금방 꺼지기 마련이다.

참고 문헌

행동 규범 I

1장 현재의 지구를 만든 3가지 혁명

J. D. Archibald, *Dinosaur Extinction and the End of an Era: What the Fossils Say*, Columbia University Press, 1996.

A. D. Barnosky et al, "Has the Earth's sixth mass extinction already arrived?", *Nature*, 471 (7336), 2011.

Y. M. Bar-On, R. Phillips, and R. Milo, "The biomass distribution on Earth", *Proceedings of the National Academy of Sciences*, 115 (25), 2018.

S. Boon, "21st century science overload", *Canadian Science Publishing*. Available at: blog. cdnsciencepub.com/21st-century-science-overload/

T. W. Crowther et al, "Mapping tree density at a global scale", *Nature*, 525 (7568), 2015.

M. S. Dodd et al, "Evidence for early life in Earth's oldest hydrothermal vent precipitates", Nature, 543 (7643), 2017.

J. G. Dyke and I. S. Weaver, "The emergence of environmental homeostasis in complex ecosystems", *PLoS Computational Biology*, 9 (5), 2013.

G. Feulner, "The faint young Sun problem", *Reviews of Geophysics*, 50 (2), 2012.

P. F. Hoffman et al, "A Neoproterozoic Snowball Earth", *Science*, 281 (5381), 1998.

A. E. Jinha, "Article 50 million: an estimate of the number of scholarly articles in existence", *Learned Publishing*, 23 (3), 2010.

R. Johnson, A. Watkinson, and M. Mabe, "The STM report: an overview of science and scholarly publishing", 2018.

J. L. Kirschvink, "Late Proterozoic low-latitude global glaciation: the Snowball Earth", *The Proterozoic Biosphere: A Multidisciplinary Study*, J. W. Schopf and C. Klein (Eds), Cambridge University Press, 1992.

M. LaFrance, M. A. Hecht, and E. L. Paluck, "The contingent smile: A meta-analysis of sex differences in smiling", *Psychological Bulletin*, 129 (2), 2003.

T. Lenton, *Earth System Science: A Very Short Introduction*, Oxford University Press, 2016.

J. E. Lovelock and L. Margulis, "Atmospheric homeostasis by and for the biosphere: the Gaia hypothesis", *Tellus*, 26 (1–2), 1974.

T. W. Lyons, C. T. Reinhard, and N. J. Planavsky, "The rise of oxygen in Earth's early ocean and atmosphere", *Nature*, 506 (7488), 2014.

C. R. Marshall, "Explaining the Cambrian 'explosion' of animals", *Annual Review of Earth and Planetary Sciences*, 34 (1), 2006.

M. Maslin, *The Cradle of Humanity: How the Changing Landscape of Africa Made us so Smart*, Oxford University Press, 2017.

C. Patterson, "Age of meteorites and the Earth", *Geochimicaet Cosmochimica Acta*, 10 (4), 1956.

M. R. Rampino and S. Self, "Volcanic winter and accelerated glaciation following the Toba super-eruption", *Nature*, 359 (6390), 1992.

R. M. Soo et al, "On the origins of oxygenic photosynthesis and aerobic respiration in Cyanobacteria", *Science*, 355 (6332), 2017.

J. Tyndall, *Contributions to Molecular Physics in the Domain of Radiant Heat: A Series of Memoirs Published* ... Longmans, Green, and Company, 1872.

2장 지구의 변화를 일으킨 사건들

S. Barker et al, "800,000 years of abrupt climate variability", *Science*, 334 (6054), 2011.

J. Croll, "XIII. On the physical cause of the change of climate during geological epochs", *The London, Edinburgh, and Dublin Philosophical Magazine and Journal of Science*, 28 (187), 1864.

W. Köppen and A. Wegener, *The Climates of the Geological Past*, Borntraeger, 1924.

M. Milankovic, *Canon of Insolation and the Ice-Age Problem*, Agency for Textbooks, 1998.

J. R. Petit et al, "Climate and atmospheric history of the past 420,000 years from the Vostok ice core, Antarctica", *Nature*, 399 (6735), 1999.

M. Willeit et al, "Mid-Pleistocene transition in glacial cycles explained by declining CO_2 and regolith removal", *Science Advances*, 5 (4), 2019.

3장 '슬기로운 사람'이 나타났다

A. Bardon, "Humans are hardwired to dismiss facts that don't fit their worldview", *The Conversation*. Available at: theconversation.com/humans-are-hardwired-to-dismiss-facts-that-dont-fit-their-worldview-127168

B. de Boer, "Evolution of speech and evolution of language", *Psychonomic Bulletin & Review*, 24 (1), 2017.

P. B. deMenocal, "Climate and human evolution", *Science*, 331 (6017), 2011.

M. González-Forero and A. Gardner, "Inference of ecological and social drivers of human brain-size evolution", *Nature*, 557 (7706), 2018.

B. Hare, "Survival of the friendliest: Homo sapiens evolved via selection for prosociality", *Annual Review of Psychology*, 68 (1), 2017.

B. Hare, V. Wobber, and R. Wrangham, "The self-domestication hypothesis: evolution of bonobo psychology is due to selection against aggression", *Animal Behaviour*, 83 (3), 2012.

F. Jabr, "Does thinking really hard burn more calories?", *Scientific American*. Available at: www.scientificamerican.com/article/thinking-hard-calories/

I. Martínez et al, "Communicative capacities in Middle Pleistocene humans from the Sierra de Atapuerca in Spain", *Quaternary International*, 295, 2013.

I. McDougall, F. H. Brown, and J. G. Fleagle, "Stratigraphic placement and age of modern humans from Kibish, Ethiopia", *Nature*, 433 (7027), 2005.

H. Mercier and D. Sperber, "Why do humans reason? Arguments for an argumentative theory", *Behavioral and Brain Sciences*, 34 (2), 2011.

A. Navarrete, C. P. van Schaik, and K. Isler, "Energetics and the evolution of human brain size", *Nature*, 480 (7375), 2011.

S. Neubauer, J.-J. Hublin, and P. Gunz, "The evolution of modern human brain shape", *Science Advances*, 4 (1), 2018.

I. S. Penton-Voak and J. Y. Chen, "High salivary testosterone is linked to masculine male facial appearance in humans", *Evolution and Human Behavior*, 25 (4), 2004.

T. Rito et al, "A dispersal of Homo sapiens from southern to eastern Africa immediately preceded the out-of-Africa migration", *Scientific Reports*, 9 (1), 2019.

M. R. Sánchez-Villagra and C. P. van Schaik, "Evaluating the self-domestication hypothesis of human evolution", *Evolutionary Anthropology: Issues, News, and Reviews*, 28 (3), 2019.

E. M. L. Scerri et al, "Did our species evolve in subdivided populations across Africa, and why does it matter?", *Trends in Ecology and Evolution*, 33 (8), 2018.

S. Shultz, E. Nelson, and R. I. M. Dunbar, "Hominin cognitive evolution: identifying patterns and processes in the fossil and archaeological record", *Philosophical Transactions of the Royal Society B: Biological Sciences*, 367 (1599), 2012.

S. W. Simpson et al, "A female Homo erectus pelvis from Gona, Ethiopia", *Science*, 322 (5904), 2008.

E. A. Smith, "Communication and collective action: language and the evolution of human cooperation", *Evolution and Human Behavior*, 31 (4), 2010.

E. I. Smith et al, "Humans thrived in South Africa through the Toba eruption about 74,000 years ago", *Nature*, 555 (7697), 2018.

C. Stringer, "The origin and evolution of Homo sapiens", *Philosophical Transactions of the Royal Society B: Biological Sciences*, 371 (1698), 2016.

G. West, *Scale: The Universal Laws of Growth, Innovation, Sustainability, and the Pace of Life in*

Organisms, Cities, Economies, and Companies, Penguin Press, 2017.

M. Williams, "The ~73 ka Toba super-eruption and its impact: history of a debate",
    Quaternary International, 258, 2012.

B. Wood and E. K. Boyle, "Hominin taxic diversity: fact or fantasy?", *American Journal of*
    Physical Anthropology, 159 (S61), 2016.

R. W. Wrangham et al, "The raw and the stolen: Cooking and the ecology of human origins",
    Current Anthropology, 40 (5), 1999.

4장 골디락스 시대

J. Diamond, *The Third Chimpanzee: The Evolution and Future of the Human Animal*, Harper
    Perennial, 2006.

J. Diamond, "The worst mistake in the history of the human race", *Discover Magazine*, 1987.

J. W. Erisman et al, "How a century of ammonia synthesis changed the world", *Nature*
    Geoscience, 1 (10), 2008.

N. Ferguson, *The Square and the Tower: Networks and Power, from the Freemasons to Facebook*,
    Penguin Press, 2018.

J. Feynman and A. Ruzmaikin, "Climate stability and the development of agricultural
    societies", *Climate Change*, 84 (3), 2007.

A. Ganopolski, R. Winkelmann, and H. J. Schellnhuber, "Critical insolation – CO2 relation
    for diagnosing past and future glacial inception", *Nature*, 529 (7585), 2016.

Intergovernmental Panel on Climate Change, "Summary for policymakers", *Special Report*
    on the Impacts of Global Warming of 1.5°C, Intergovernmental Panel on Climate Change,
    2018.

P. H. Kavanagh et al, "Hindcasting global population densities reveals forces enabling the
    origin of agriculture", *Nature Human Behaviour*, 2 (7), 2018.

S. A. Marcott et al, "A reconstruction of regional and global temperature for the past 11,300
    years", *Science*, 339 (6124), 2013.

D. J. Markwell, *John Maynard Keynes and International Relations: Economic Paths to War and*
    Peace, Oxford University Press, 2006.

L. Phillips and M. Rozworski, *People's Republic of Walmart: How the World's Biggest*
    Corporations Are Laying the Foundation for Socialism, Verso Books, 2019.

V. Smil, *Growth*, The MIT Press, 2019.

W. Steffen et al, "Planetary boundaries: guiding human development on a changing planet",
    Science, 347 (6223), 2015.

W. Steffen et al, "The trajectory of the Anthropocene: The Great Acceleration", *Anthropocene*
    Review, 2 (1), 2015.

United Nations Department of Economic and Social Affairs, "Post-war reconstruction and development in the Golden Age of Capitalism", *World Economic and Social Survey* 2017, United Nations Department of Economic and Social Affairs, 2017.

C. N. Waters et al, "The Anthropocene is functionally and stratigraphically distinct from the Holocene", *Science*, 351 (6269), 2016.

R. Wilkinson and K. Pickett, *The Spirit Level: Why Equality Is Better for Everyone*, Penguin, 2010.

행동 규범 II

5장 3개의 과학적 통찰

T. Lenton et al, "Climate tipping points − too risky to bet against", *Nature*, 575 (7784), 2019.

T. Lenton, "Early warning of climate tipping points", *Nature Climate Change*, 1 (4), 2011.

W. Steffen et al, "The trajectory of the Anthropocene: The Great Acceleration", *Anthropocene Review*, 2 (1), 2015.

6장 지구 위험 한계선

C. Folke et al, "Resilience thinking: integrating resilience, adaptability and transformability", *Ecology and Society*, 15 (4), 2010.

T. Fuller (Ed), *Gnomologia, Adagies and Proverbs, Wise Sentences and Witty Sayings, Ancient and Modern, Foreign and British*, Kessinger Publishing, 2003.

M. Gladwell, *The Tipping Point: How Little Things Can Make a Big Difference*, Back Bay Books, 2002.

T. Lenton et al, "Tipping elements in the Earth's climate system", *Proceedings of the National Academy of Sciences*, 105 (6), 2008.

J. E. Lovelock and L. Margulis, "Atmospheric homeostasis by and for the biosphere: the Gaia hypothesis", *Tellus*, 26 (1–2), 1974.

M. E. Mann, R. S. Bradley, and M. K. Hughes, "Northern hemisphere temperatures during the past millennium: inferences, uncertainties, and limitations", *Geophysical Research Letters*, 26 (6), 1999.

J. C. Rocha et al, "Cascading regime shifts within and across scales", *Science*, 362 (6421), 2018.

7장 찜통 지구

R. J. W. Brienen et al, "Long-term decline of the Amazon carbon sink", *Nature*, 519 (7543), 2015.

D. W. Fahey et al, "The 2018 UNEP/WMO assessment of ozone depletion: an update", abstract #A31A-01 presented at the AGU Fall Meeting, 2018.

M. Grooten and R. Almond, *Living Planet Report 2018: Aiming Higher*, WWF, Gland, Switzerland, 2018.

B. Hönisch et al, "The geological record of ocean acidification", *Science*, 335 (6072), 2012.

Intergovernmental Panel on Climate Change, "Summary for Policymakers", *Climate Change 2013: The Physical Science Basis. Contribution of Working Group I to the Fifth Assessment Report of the Intergovernmental Panel on Climate Change*, Intergovernmental Panel on Climate Change, 2013.

Intergovernmental Science-Policy Platform on Biodiversity and Ecosystem Services, "Global assessment report on biodiversity and ecosystem services", IPBES, 2019.

T. E. Lovejoy and C. Nobre, "Amazon tipping point", *Science Advances*, 4 (2), 2018.

V. Masson-Delmotte et al, "Information from paleoclimate archives", in *Climate Change 2013: The Physical Science Basis. Contribution of Working Group I to the Fifth Assessment Report of the Intergovernmental Panel on Climate Change*, Cambridge University Press, 2013.

G. Readfearn, "Climate crisis may have pushed world's tropical coral reefs to tipping point of 'near-annual' bleaching", *The Guardian*, 2020.

J. Rockström et al, "A safe operating space for humanity", *Nature*, 461 (7263), 2009.

J. Rockström et al, "Planetary boundaries: exploring the safe operating space for humanity", *Ecology and Society*, 14 (2), 2009.

S. Solomon, "The mystery of the Antarctic ozone 'hole'", *Reviews of Geophysics*, 26 (1), 1988.

W. Steffen et al, "Planetary boundaries: guiding human development on a changing planet", *Science*, 347 (6223), 2015.

W. Steffen et al, "Trajectories of the Earth system in the Anthropocene", *Proceedings of the National Academy of Sciences*, 115 (33), 2018.

E. O. Wilson, *Half-Earth: Our Planet's Fight for Life*, W. W. Norton & Company, 2016.

World Meteorological Organization (WMO), "WMO provisional statement on the state of the global climate in 2019", *WMO Statement on the State of the Global Climate*, WMO, 2019.

8장 기후 비상 사태 선언

Club of Rome and the Potsdam Institute for Climate Impact Research, "The planetary emergency plan", 2019. Available at: clubofrome.org/publication/the-planetary-emergency-plan/

D. Coady et al, "Global fossil fuel subsidies remain large: an update based on country-level estimates", Working Paper no. 19/89, IMF, 2019.

W. Hubau et al, "Asynchronous carbon sink saturation in African and Amazonian tropical forests", *Nature*, 579 (7797), 2020.

Intergovernmental Panel on Climate Change, "Summary for policymakers", *Special Report on the Ocean and Cryosphere in a Changing Climate*, IPCC, 2019.

P. Milillo et al, "Heterogeneous retreat and ice melt of Thwaites Glacier, West Antarctica", *Science Advances*, 5 (1), 2019.

T. A. Scambos et al, "How much, how fast?: A science review and outlook for research on the instability of Antarctica's Thwaites Glacier in the 21st century", *Global and Planetary Change*, 153, 2017.

T. Schoolmeester et al, Global Linkages: A Graphic Look at the Changing Arctic (rev. 1), UN Environment and GRID-Arendal, 2019.

A. Shepherd et al, "Mass balance of the Greenland Ice Sheet from 1992 to 2018", *Nature*, 579, (7798), 2020.

행동 규범 III

9장 지구 청지기 활동

M. Carney, F. V. de Galhau, and F. Elderson, "The financial sector must be at the heart of tackling climate change", *The Guardian*, 2019.

E. Daly, "The Ecuadorian exemplar: the first ever vindications of constitutional rights of nature", *Review of European Community & International Environmental Law*, 21 (1), 2012.

L. Fink, "CEO letter", BlackRock. Available at: www.blackrock.com/uk/individual/larry-fink-ceo-letter

B. Gates, N. Myhrvold, and P. Rinearson, *The Road Ahead: Completely Revised and Up-to-Date*, Penguin Books, 1996.

G. R. Harmsworth and S. Awatere, "Indigenous Māori knowledge and perspectives of ecosystems", *Ecosystem Services in New Zealand—Conditions and Trends*, 2013.

D. Meadows, "Leverage points: places to intervene in a system", Academy for Systems Change. Available at: donellameadows.org/archives/leverage-points-places-to-intervene-in-a-system/

D. H. Meadows et al, *The Limits to Growth*, A report to the Club of Rome, 1972.

E. Ostrom et al, "Revisiting the commons: local lessons, global challenges", *Science*, 284 (5412), 1999.

E. Röös, M. Patel, and J. Spångberg, "Producing oat drink or cow's milk on a Swedish farm: environmental impacts considering the service of grazing, the opportunity cost of land and the demand for beef and protein", *Agricultural Systems*, 142, 2016.

S. Rotarangi and D. Russell, "Social-ecological resilience thinking: can indigenous culture guide environmental management?, *Journal of the Royal Society of New Zealand*, 39 (4),

2009.

G. Turner, "Is global collapse imminent? An updated comparison of The Limits to Growth with historical data", *MSSI Research Paper*, 4, 2014.

D. Wallace-Wells, The Uninhabitable Earth: Life After Warming, Tim Duggan Books, 2019.

E. O. Wilson, *Half-Earth: Our Planet's Fight for Life*, W. W. Norton & Company, 2016.

10장 에너지 전환

K. Anderson, "Talks in the city of light generate more heat", *Nature News*, 528 (7583), 2015.

P. Hawken, *Drawdown: The Most Comprehensive Plan Ever Proposed to Reverse Global Warming*, Penguin, 2018.

C. Le Quéré et al, "Drivers of declining CO_2 emissions in 18 developed economies", *Nature Climate Change*, 9 (3), 2019.

E. Morena, *The Price of Climate Action: Philanthropic Foundations in the International Climate Debate*, Palgrave Macmillan, 2016.

J. Rockström et al, "A roadmap for rapid decarbonization", *Science*, 355 (6331), 2017.

11장 100억 인류를 위한 식량 생산

B. M. Campbell et al, "Agriculture production as a major driver of the Earth system exceeding planetary boundaries", *Ecology and Society*, 22 (4), 2017.

T. Lucas and R. Horton, "The 21st-century great food transformation", *The Lancet*, 393 (10170), 2019.

W. J. McCarthy and Z. Li, "Healthy diets and sustainable food systems", *The Lancet*, 394 (10194), 2019.

L. Olsson et al, "Land degradation", *Climate Change and Land*, Intergovernmental Panel on Climate Change, 2019.

J. Rockström and M. Falkenmark, "Agriculture: increase water harvesting in Africa", *Nature*, 519 (7543), 2015.

R. Scholes et al (eds), "Summary for policymakers of the assessment report on land degradation and restoration of the Intergovernmental Science-Policy Platform on Biodiversity and Ecosystem Services", IPBES, 2018.

M. Shekar and B. Popkin, *Obesity: Health and Economic Consequences of an Impending Global Challenge*, World Bank Publications, 2020.

W. Willett et al, "Food in the Anthropocene: the EAT-Lancet Commission on healthy diets from sustainable food systems", *The Lancet*, 393 (10170), 2019.

12장 지구를 뒤흔드는 불평등

M. Burke, S. M. Hsiang, and E. Miguel, "Global non-linear effect of temperature on economic production", *Nature*, 527 (7577), 2015.

A. Chrisafis, "Macron responds to gilets jaunes protests with €5bn tax cuts", *The Guardian*, 2019.

N. S. Diffenbaugh and M. Burke, "Global warming has increased global economic inequality", *Proceedings of the National Academy of Sciences*, 116 (20), 2019.

D. Hardoon, R. Fuentes-Nieva, and S. Ayele, "An economy for the 1%: how privilege and power in the economy drive extreme inequality and how this can be stopped", Oxfam International, 2016.

Intergovernmental Panel on Climate Change, "Summary for policymakers", *Climate Change and Land*, IPCC, 2019.

P. R. La Monica, "Warren Buffett has $130 billion in cash. He's looking for a deal", CNN Business, 2020.

I. M. Otto et al, "Shift the focus from the super-poor to the super-rich", *Nature Climate Change*, 9 (2), 2019.

Oxfam International, "Just 8 men own same wealth as half the world", 2018. Available at: www. oxfam.org/en/press-releases/just-8-men-own-same-wealth-half-world

T. Piketty, *Capital in the Twenty-First Century*, Harvard University Press, 2017.

A. Shorrocks et al, "Global wealth report 2019", Credit Suisse Research Institute, 2019. Available at: www.credit-suisse.com/media/assets/corporate/docs/about-us/research/ publications/global-wealth-report-2019-en.pdf

World Food Programme, "Southern Africa in throes of climate emergency with 45 million people facing hunger across the region". Available at: www.wfp.org/news/southern- africa-throes-climate-emergency-45-million-people-facing-hunger-across-region

13장 미래 도시 건설

F. Akthar and E. Dixon, "At least 36 people dead in one of India's longest heatwaves", *CNN*, 2019.

M. Artmann, L. Inostroza, and P. Fan, "Urban sprawl, compact urban development and green cities. How much do we know, how much do we agree?", *Ecological Indicators*, 96, 2019.

J. Drevikovsky and S. Rawsthorne, "'Hottest place on the planet': Penrith in Sydney's west approaches 50 degrees", *The Sydney Morning Herald*, 2020.

B. Eckhouse, "The U.S. has a fleet of 300 electric buses. China has 421,000", *Bloomberg*, 2019.

J. Falk and O. Gaffney et al, "Exponential climate action roadmap", Future Earth, 2018. Available at: exponentialroadmap.org/wp-content/uploads/2018/09/Exponential-

Climate-Action-Roadmap-September-2018.pdf

T. Frank, "After a \$14-billion upgrade, New Orleans' levees are sinking", *Scientific American*, 2019. Available at: www.scientificamerican.com/article/after-a-14-billion-upgrade-new-orleans-levees-are-sinking/

D. Hoornweg et al, "An urban approach to planetary boundaries", *Ambio*, 45 (5), 2016.

International Energy Agency, "Cities are at the frontline of the energy transition", 2016. Available at: www.iea.org/news/cities-are-at-the-frontline-of-the-energy-transition

S. A. Kulp and B. H. Strauss, "New elevation data triple estimates of global vulnerability to sea-level rise and coastal flooding", *Nature Communications*, 10, 2019.

J. Lelieveld et al, "Loss of life expectancy from air pollution compared to other risk factors: a worldwide perspective", *Cardiovascular Research*, 2020.

B. Mason, "The ACT is now running on 100 renewable electricity", SBS News. Available at: www.sbs.com.au/news/the-act-is-now-running-on-100-renewable-electricity

W. Rees and M. Wackernagel, "Urban ecological footprints: why cities cannot be sustainable – and why they are a key to sustainability", *Environmental Impact Assessment Review*, 16 (4-6), 1996.

H. Ritchie and M. Roser, "Urbanization", *Our World in Data*, 2018. Available at: ourworldindata.org/urbanization

D. Robertson, "Inside Copenhagen's race to be the first carbon-neutral city", *The Guardian*, 2019.

"Scientists disappointed with New Urban Agenda agreed on by nations at Habitat III summit", *International Science Council*, 2016. Available at: council.science/current/press/scientists-disappointed-with-new-urban-agenda-agreed-on-by-nations-at-habitat-iii-summit/

M. Sheetz, "Technology killing off corporate America: Average life span of companies under 20 years", *CNBC*, 2017. Available at: www.cnbc.com/2017/08/24/technology-killing-off-corporations-average-lifespan-of-company-under-20-years.html

G. West, *Scale: The Universal Laws of Growth, Innovation, Sustainability, and the Pace of Life in Organisms, Cities, Economies, and Companies*, Penguin Press, 2017.

14장 완화되는 인구 성장률

M. Roser, E. Ortiz-Ospina, and H. Ritchie, "Life expectancy", *Our World in Data*, 2013. Available at: ourworldindata.org/life-expectancy

M. Roser, H. Ritchie, and E. Ortiz-Ospina, "World population growth", *Our World in Data*, 2013. Available at: ourworldindata.org/world-population-growth

H. Rosling, A. R. Rönnlund, and O. Rosling, *Factfulness: Ten Reasons We're Wrong About the*

World – and Why Things Are Better Than You Think, Flatiron Books, 2018.

V. Smil, *Growth*, The MIT Press, 2019.

S. H. Woolf and H. Schoomaker, "Life expectancy and mortality rates in the United States, 1959 –2017", *JAMA*, 322 (20) 2019.

World Bank, "Fertility rate, total (births per woman) – Japan, Korea, Rep". Available at: data. worldbank.org/indicator/SP.DYN.TFRT.IN?locations=JP-KR

World Health Organization, "Life expectancy", *Global Health Observatory data*. Available at: www.who.int/gho/mortality_burden_disease/life_tables/situation_trends_text/en/

15장 기술의 세계를 길들여라

R. Angel, "Feasibility of cooling the Earth with a cloud of small spacecraft near the inner Lagrange point (L1)", *Proceedings of the National Academy of Sciences*, 103 (46), 2006.

D. Dunne, "Explainer: six ideas to limit global warming with solar geoengineering", *Carbon Brief*, 2018. Available at: www.carbonbrief.org/explainer-six-ideas-to-limit-global-warming-with-solar-geoengineering

A. Gabbatt and agencies, "IBM computer Watson wins Jeopardy clash", *The Guardian*, 2011.

A. Grubler et al, "A low energy demand scenario for meeting the 1.5°C target and sustainable development goals without negative emission technologies", *Nature Energy*, 3 (6), 2018.

International Energy Agency, "Offshore wind outlook 2019". Available at: www.iea.org/reports/offshore-wind-outlook-2019

Oxford Economics, "How robots change the world", 2019. Available at: resources. oxfordeconomics.com/how-robots-change-the-world

D. Silver et al, "A general reinforcement learning algorithm that masters chess, shogi, and Go through self-play", *Science*, 362 (6419), 2018.

B. J. Soden et al, "Global cooling after the eruption of Mount Pinatubo: a test of climate feedback by water vapor", *Science*, 296 (5568), 2002.

M. Tegmark, *Life 3.0: Being Human in the Age of Artificial Intelligence*, Deckle Edge, 2017.

"What is 5G and what will it mean for you?", *BBC News*, 2020.

16장 지구 위험 한계선과 글로벌 경제

K. W. Bandilla, "Carbon capture and storage", *Future Energy*, Elsevier, 2020.

M. De Wit et al, *The Circularity Gap Report 2020*, Circle Economy, 2020.

J. Mercure et al, "Macroeconomic impact of stranded fossil fuel assets", *Nature Climate Change*, 8 (7), 2018.

J. Pretty et al, "Global assessment of agricultural system redesign for sustainable intensification", *Nature Sustainability*, 1 (8), 2018.

17장 지구 회복을 위한 정치와 정책

IRENA, "Measuring the socio-economics of transition: Focus on jobs", *International Renewable Energy Agency*, 2020. Available at: www.irena.org/publications/2020/Feb/Measuring-the-socioeconomics-of-transition-Focus-on-jobs

18장 혼돈의 10년

P. Ball, "The new history", *Nature*, 480 (7378), 2011.

D. Centola et al, "Experimental evidence for tipping points in social convention", *Science*, 360 (6393), 2018.

B. Ewers et al, "Divestment may burst the carbon bubble if investors' beliefs tip to anticipating strong future climate policy", arXiv:1902.07481, 2019.

J. Falk and O. Gaffney et al, "Exponential climate action roadmap", Future Earth, 2018. Available at: exponentialroadmap.org/wp-content/uploads/2018/09/Exponential-Climate-Action-Roadmap-September-2018.pdf

D. F. Lawson et al, "Children can foster climate change concern among their parents", *Nature Climate Change*, 9 (6), 2019.

A. Leiserowitz et al, *Climate Change in the American Mind: November 2019*, Yale Program on Climate Change Communication, 2019. Available at: climatecommunication.yale.edu/wp-content/uploads/2019/12/Climate_Change_American_Mind_November_2019b.pdf

PricewaterhouseCoopers, "Navigating the rising tide of uncertainty", 23, 2020. Available at: www.pwc.com/gx/en/ceo-agenda/ceosurvey/2020.html

M. Taylor, J. Watts, and J. Bartlett, "Climate crisis: 6 million people join latest wave of global protests", *The Guardian*, 2019.

J. Watts, "Greta Thunberg, schoolgirl climate change warrior: 'Some people can let things go. I can't'", *The Guardian*, 2019.

YouGov, "Climate change protesters have been disrupting roads and public transport, aiming to 'shut down London' in order to bring attention the their cause. Do you support or oppose these actions?", 2010. Available at: yougov.co.uk/topics/science/survey-results/daily/2019/04/17/35ede/1

"1000+ Divestment Commitments", *Fossil Free: Divestment*. Available at: gofossilfree.org/divestment/commitments/

19장 슬기로운 지구 생활

D. Grinspoon, *Earth in Human Hands: Shaping our Planet's Future*, Grand Central Publishing, 2016.

감사의 말

정말 많은 분들의 도움과 조언이 없었다면 이 책은 결코 완성되지 못했을 것이다. 놀라운 인류세 그래픽을 선사한 펠릭스 파란드셴네스(Félix Pharand-Deschênes), DK 담당 편집자 베키 지(Becky Gee), 연구 조교 캘라 슬라비크(Kaela Slavik), 퓨의 존 애쉬(John Ash), 피터 킨더슬리(Peter Kindersley)를 위시한 DK의 앙헬레스 가비라(Angeles Gavira), 마이클 더피(Michael Duffy), 조너선 멧케프(Jonathan Metcalf), 리즈 휠러(Liz Wheeler), 실버백 필름스의 존 클레이(Jon Clay), 콜린 벗필드(Colin Butfield), 클레어 새록(Claire Sharrock), 앨리스테어 포더길(Alistair Fothergill), 키스 셜리(Keith Scholey), 아나 타보아다(Ana Taboada). 윌 스테판(Will Steffen), 마테오 윌라이트(Matteo Willeit), 드니스 영(Denise Young)을 비롯해 스톡홀름 회복력 센터와 기후 영향 연구를 위한 포츠담 연구소 동료들의 과학에 대한 열정과 조언에 감사한다. 유용한 최신 자료를 제공한 록스트룀의 프로젝트 '인류세 지구 회복력' 연구팀의 새러 코넬(Sarah Cornell)과 조너선 던지스(Jonathan Donges), 지구 위험 한계선 핵심 팀이 산드린 딕슨드클레브(Sandrine Dixson-Declève), 제임스 로이드(James Lloyd), 버나데트 피슬러(Bernadette Fischler), 엘리스 버클(Elise Buckle), 그리고 무엇보다 이 책의 밑바탕이 된 「전하지 못한 최고의 이야기(Best Untold Story in Town)」를 지원해 준 뉴질랜드 에드먼드 힐러리 재단의 마크 프레인(Mark Prain)에게도 감사를 표한다. 우리 가족, 조지(George), 오스카(Oscar), 소피(Sophie)(오웬 가프니), 베라(Vera), 알렉스(Alex), 아이삭(Isak), 울리카(Ulrika)(요한 록스트룀)에게 깊은 감사를 전한다.

옮긴이 후기

2015년은 인류 문명 발달에 여러모로 의미 있는 해이다. 2015년, 유엔은 제
70차 총회에서 2030년까지 달성하기로 한 의제를 묶어 지속 가능 발전 목
표를 정리해 발표했다. 총 17개로 구성된 이 목표는 인류 문명의 발전 방향
에 대한 명확한 지침을 제시하고, 이를 회원국들이 기꺼이 수용하면서 명실
상부한 글로벌 아젠다로 자리 잡게 되었다. 사실, 이것만으로도 높이 평가
받을 만한데, 연말로 접어든 12월 파리에서는 더욱 극적인 소식이 들려왔
다. 1992년부터 유엔이 매년 의례적으로 개최한 기후 변화 회의는 교토 의
정서와 같은 의미 있는 진전이 있기도 했으나 당사국들의 지난한 다툼으로
별다른 소득을 거두지는 못하고 있었다. 그러나 2015년 커다란 반전이 있었
다. 회의 주최자인 프랑스 외무 장관 로랑 파비위스조차 회의의 결과에 매
우 들떠 있었는데, "야심 차고 균형 잡힌" 이 계획은 지구 온난화에 있어서
"역사적 전환점"이라고 평가했다. 오랜 기간 기후 변화를 연구하고 심각성
을 경고했던 과학자들과 시민 단체 관계자들에게도 상당히 만족스러웠다.
파리 기후 협약이라는 이름이 붙은 이 제안서에는 지구 평균 기온 상승 폭

을 산업화 이전 대비 2도 이하로 유지하고, 더 나아가 온도 상승 폭을 1.5도 이하로 제한하기 위해 국제 협력을 제안하고 있기 때문이다. 이 내용은 매우 획기적인 정책 전환을 담고 있다. 산업 혁명 이후 지속된 화석 연료 중심의 문명을 종결하고, 새로운 전환을 준비해야 한다는 점이 분명해졌기 때문이다. 파리 기후 협약의 달성을 위해 인류는 무거운 짐을 지고 산을 올라야 하는 임무를 가지게 되었다. 목표의 이름은 다양했는데, 현재는 '탄소 중립'이라는 이름이 가장 힘을 얻고 있다.

　파리 기후 협약의 획기적인 제안은 오랜 기간 축적된 과학적 사실에 기반한다. 그 과정을 가장 열정적으로 수행해 온 사람들이 이 책의 저자 요한 록스트룀과 오웬 가프니이다. 록스트룀은 스웨덴 스톡홀름 대학교 교수로 재직하며 100여 편의 과학 논문을 통해 현재의 문명 시스템이 지구의 수용 한계를 넘어서고 있다는 점을 알려왔고, 다방면의 활동으로 2012년과 2013년 환경 이슈 부문 전 세계 가장 영향력 있는 인물로 선정되기도 했다. 그의 동료이자 '인류세 방정식'을 제안한 것으로 유명한 가프니는 문제의 핵심을 파악하는 것을 넘어 새로운 해법을 연구하고, 이를 달성할 수 있는 글로벌 전략을 수립하고 있다. 이들의 연구는 전작 『지구 한계의 경계에서(*Big World Small Planet*)』(에코리브르, 2017년)를 통해 잘 드러나는데, 지구 생태계의 위험 한계선을 9가지로 구분하고 한계선의 위치와 현재 상황을 비교 분석해 큰 호응을 받았다. 이 책의 머리말에서도 드러나듯이 저자들의 관심은 우리 문명의 한계와 안전 지대가 어디인지 구분하고, 우리의 현재 위치와 한계선까지의 거리를 측정하는 것이었다.

　저자들의 연구는 현재까지 매우 성공적이다. 종합적이고 다차원적인 연구를 통해 지구 생태계가 얼마나 위태로운 상태인지 드러났다. 그러나 연구에 대한 확신이 커질수록 답답함도 같이 증가했다. 세상이 바뀔 기미가 보이지 않는 것이다. 이것이 이 책의 배경이다. 사람들에게 현재 상황을 정확하게 알리고, 이 상황을 극복할 수 있는 역량이 우리에게 있다는 점을 보여야 함을 깨달은 것이다. 이 책의 구성을 보면 저자들의 목표가 무엇인지 명확하게 알 수 있다. 과학적인 사실만 전달하는 것이 목적이었다면 지구에 대한 지식(1부)과 기후 상황에 대한 최신의 발견(2부)으로 마무리되었을 것이다. 작가들의 관심은 여기에 더해 문명의 전환을 위한 구체적인 해법(3부)으로 확장되었다. 이 점이 『브레이킹 바운더리스』의 가장 큰 특징이자 장점이다. 물론 이런 점으로 인해 우리말로 옮기는 작업이 힘들고 어려워지기는 했지만 말이다.

역사적으로 거대한 위기가 도래하면 반지성주의와 극단주의가 활개를 치곤 했다. 현재 시점에서 명백하고 거대한 위기는 기후 변화이고, 그 결과는 지구 생태계의 붕괴이다. 인간도 예외일 수 없을 것이다. 그래서인지 기후 변화에 대한 온갖 가짜 뉴스가 판을 치고 있다. 과학의 껍데기를 뒤집어 쓰고 세상을 현혹하는 책들도 쉼 없이 등장하고 있다. 이런 답답한 상황은 거꾸로 번역에 대한 책임감을 상승시켰다. 현 상황에 대한 과학적인 분석과 합리적인 해법을 일상의 언어로 쉽게 전달할 수 있는 참고서가 절실했기 때문이다. 다양한 학문적 배경이 응축되어 있어서 옮긴이로서 어려움이 많았지만 이런 책임감으로 인해 뚜벅뚜벅 작업을 이어갈 수 있었다. 매년 반복되는 이상 기후와 지구 온난화에 대한 뉴스로 인해 불안감을 지닌 독자들에게 『브레이킹 바운더리스』가 훌륭한 안내서가 되기를 기대한다.

2022년 폭염 속에서

전병옥

찾아보기

브레이킹 바운더리스

도판 저작권

A1 Globaïa: data generated using auto-RIFT and provided by the NASA MEaSUREs ITS_LIVE project; A. M. Le Brocq et al, "Evidence from ice shelves for channelized meltwater flow beneath the Antarctic Ice Sheet", *Nature Geoscience*, 6(11), 2013

A2/3 Globaïa: adapted from Burke et al, *PNAS*, 2018. See ww.pnas.org/content/115/52/13288

A4 Globaïa: adapted from the Earth Commission of the Global Commons Alliance

B1 Globaïa: data sourced from Hansen/UMD/Google/USGS/NASA; M. C. Hansen et al, "High-resolution global maps of 21st-century forest cover change", *Science*, 342, 2013

B2/3 Globaïa: adapted from C. M. Kennedy et al, "Managing the middle: A shift in conservation priorities based on the global human modification gradient", *Global Change Biology*, 25 (3), 2019. See doi.org/10.1111/gcb.14549

B4 Globaïa: adapted from J. Rockström et al, "A safe operating space for humanity", *Nature*, 461 (7263), 2009; W. Steffen et al, "Planetary boundaries: Guiding human development on a changing planet", *Science*, 347 (6223), 2015

C1 Globaïa: for a full list of data included in this visualization, see www.globaia.org

C2/3 Globaïa

C4 Globaïa: adapted from W. Steffen et al, "The trajectory of the Anthropocene: The Great Acceleration", *Anthropocene Review*, 2015

D1 Globaïa: upper panel, adapted from Stockholm Resilience Centre/Azote graphic; lower panel, adapted from The World in 2050 Report: Transformations to achieve the Sustainable Development Goals, published by the International Institute for Applied Systems, 2018

D2 Globaïa: adapted from H. Rosling et al, *Factfulness*, Flatiron Books, 2018

D3 Globaïa: adapted from E. Dinerstein et al, *Science Advances*, 2020

D4 Globaïa

40 © Dorling Kindersley

59 Adapted from C. MacFarling Meure et al, 2006, and D. Lüthi et al, 2008, for the data underlying the figure. "High-resolution carbon dioxide concentration record 650,000 – 800,000 years before present", *Nature*, 453, 379 – 382, 15 May 2008

72 S. Montgomery, "Hominin brain evolution: The only way is up?, *Current Biology*, 2016. See doi.org/10.1016/j.cub.2018.06.021

89 Adapted from Simon L. Lewis and Mark A. Maslin's *The Human Planet: How We Created the Anthropocene,* Penguin, 2018

107 T. Juniper, *What's Really Happening to our Planet?*, Dorling Kindersley, 2016

148 Adapted from Will Steffen, Johan Rockström et al, "Trajectories of the Earth system in the Anthropocene", *Proceedings of the National Academy of Sciences*, 115 (33), 8252 – 8259, Aug 2018; DOI: 10.1073/pnas.1810141115

160 Adapted from T. M. Lenton et al, "Climate tipping points: Too risky to bet against", *Nature,* 575, 592 – 595, 2019. See www.nature.com/articles/d41586-019-03595-0

176 Adapted from D. Meadows, "Leverage points: Places to intervene in a system", 1999. Hartland, WI: The Sustainability Institute

200 Adapted from J. Rockström, O. Gaffney et al, "A roadmap for rapid decarbonisation", *Science*, 2017

214 Adapted from J. Poore and T. Nemecek, "Reducing food's environmental impacts through producers and consumers", *Science,* 360 (6392), 987 – 992, with additional calculations by Our World in Data. See ourworldindata.org/grapher/land-use-protein-poore

236 Adapted from Richard G. R. Wilkinson and Kate Pickett, *The Spirit Level: Why More Equal Societies Almost Always Do Better*, Allen Lane, 2009

250 Adapted from UN World Urbanization Prospects, 2018. See ourworldindata.org/grapher/urban-and-rural-population

265 Our World in Data, based on HYDE, UN and UN Population Division [2019 Revision]. See ourworldindata.org/future-population-growth

277 Adapted from The Natural Edge Project, 2004, Griffith University, and Australian National University, Australia

293 Adapted from K. Raworth, "A Doughnut for the Anthropocene: Humanity's compass in the 21st century", *The Lancet: Planetary Health*, 1, 2017

326 Adapted from World Values Survey (2014), sourced from Our World in Data. See ourworldindata.org/grapher/self-reported-trust-attitudes?country =CHN~FIN~NZL~NOR~SWE

334 © Dorling Kindersley

전병옥

서강 대학교에서 화학을 전공하고 포항 공과 대학교에서 고분자 물리 화학 석사 학위를 받았다. 핀란드 헬싱키 대학(현 알토) MBA 과정을 마친 후 성균관 대학교 기술 경영 전문 대학원에서 박사 과정을 수료했다. 삼성전자 화합물 반도체 연구원을 거쳐 이스트만 화학(Eastman Chemical)과 사빅(SABIC)에서 아시아 지역 신사업 개발 임원을 역임했다. 기술 마케팅연구소 대표, 바이오마케팅랩 최고 전략 책임자로 있으며, 고려 사이버 대학교 융합 정보 대학원 외래 교수, 《사이언스 타임즈》 편집 위원, 생태적 지혜 연구소 연구원 / 과학기술 커뮤니케이터로 활동하고 있다. 『스타트업 마케팅 가이드』, 『헬스케어 디지털 마케팅 가이드』(공저), 『포스트 코로나 시대, 플랫폼 자본주의와 배달노동자』(공저), 『혁신기술 마케팅 전략』, 『케미칼 마케팅』을 쓰고 『화학이란 무엇인가』를 우리말로 옮겼다.

브레이킹
바운더리스

1판 1쇄 찍음 2022년 8월 11일
1판 2쇄 펴냄 2022년 11월 15일

지은이 요한 록스트룀, 오웬 가프니
옮긴이 전병옥
펴낸이 박상준
펴낸곳 (주)사이언스북스
출판등록 1997. 3. 24.(제16-1444호)

(06027) 서울특별시 강남구 도산대로1길 62
대표전화 515-2000 팩시밀리 515-2007
편집부 517-4263 팩시밀리 514-2329
www.sciencebooks.co.kr

ISBN 979-11-92107-14-1 03400

유명 인사와 연예인, 방송과 언론, 정치인, 영향력 있는 사람들. 전체 인구에 비하면 소수이지만 이런 사람들이 기후 위기의 진실을 이야기한다면, 그리고 그 영향으로 많은 사람들이 기후 위기에 공감한다면, 변화는 순식간에 일어날 수 있다. 포기하기엔 너무 이르지만 우리가 진실을 이야기할 때에만 가능한 일이다.

사람들은 그들이 실질적으로 할 수 있는 일이 무엇인지 물어보곤 한다. 딱 한 가지만 이야기해야 한다면, 내 대답은 언제나 똑같다. 우리 지구가, 인류가, 그리고 지구 생태계가 직면한 위기 상황에 대해 더 많이 알고, 주위의 사람들에게 전달하는 것이다. 우리가 이 위기에 대한 진실에 더 가까이 접근한다면, 자연스럽게 무엇을 해야만 하는지 알게 될 것이란 믿음이 있기 때문이다. ― 그레타 툰베리(환경 활동가)